高等学校规划教材·材料科学

SHIYOU GONGCHENG CAILIAO

石油工程材料

高惠临　王　宇　主编

西北工業大學出版社

【内容简介】 根据石油行业所用工程材料的不同类型，本书分别介绍了管线钢、油井管材、压力容器钢、低温用钢、耐腐蚀材料、耐磨材料、海洋工程材料、石油矿场工程材料的生产、应用和发展概况。针对石油工业材料服役的特点，着重介绍了材料的基本要求、工艺、组织、性能之间的关系。最后还介绍了新材料在石油工业中的应用等内容。

本书可作为石油类高校材料、储运专业高年级本科生、研究生的教材或参考书，也可供与石油相关的材料研究、生产、应用人员阅读与使用。

图书在版编目(CIP)数据

石油工程材料/高惠临，王宇主编．—西安：西北工业大学出版社，2011.10(2019.2重印)
ISBN 978-7-5612-3206-4

Ⅰ.①石… Ⅱ.①高… ②王… Ⅲ.①石油工程—工程材料 Ⅳ.①TE

中国版本图书馆CIP数据核字(2011)第205573号

出版发行：西北工业大学出版社
通信地址：西安市友谊西路127号　　邮编：710072
电　　话：(029)88493844　88491757
网　　址：www.nwpup.com
印 刷 者：陕西富平万象印务有限公司
开　　本：787 mm×1 092 mm　1/16
印　　张：12.5
字　　数：296千字
版　　次：2011年10月第1版　2019年2月2次印刷
定　　价：45.00元

前　言

石油工业是工程材料的使用大户，随着石油工业的发展，越来越多的材料问题突出地摆在人们面前。为适应石油工业的发展，满足石油工程对材料人才的需求，我国石油类高校的材料和储运等相关专业已把石油工程材料作为特色课程列入本科生及研究生的培养方案中。

本书是根据笔者多年从事石油工程材料的科研与教学实践，在参考国内外有关文献资料的基础上编写的。本书以钢铁材料为重点，以工艺—组织—性能为主线，内容涵盖石油行业中各专业领域的所用材料。根据石油工业中材料的服役环境和使用条件，分别介绍了管线钢、油井管材、压力容器钢、低温用钢、耐腐蚀材料、耐磨材料、海洋工程材料、石油矿场工程钢和新材料在石油工业的应用。本书可以作为石油类高校相关专业高年级本科生和研究生教材，也可供石油工业相关专业人士阅读与使用。

本书由高惠临和王宇主编并统稿，负责编写各章节的为：高惠临（第一章）、王宇（绪言、第三章、第四章、第六章、第七章、第八章）、吕祥鸿（第二章、第五章）和黄敏（第九章）。

本书在出版过程中，得到了西安石油大学出版基金的支持，得到了西北工业大学出版社李恩普、何格夫的指导和帮助，西安石油大学材料学院史新勃、叶晶等同志也提出了宝贵意见，在此一并表示感谢。

由于水平有限，时间仓促，书中疏漏在所难免，欢迎读者批评指正。

编　者

2011 年 8 月于西安石油大学

目　录

绪　言

人类社会的发展历程是以材料为主要标志的。在历史上，材料被视为人类社会进化的里程碑。对材料的认识和利用的能力，决定着社会的形态和人类生活的质量。历史学家也把材料及其器具作为划分时代的标志，如石器时代、青铜器时代、铁器时代、高分子材料时代等。

100 万年以前，原始人以石头作为工具，称为旧石器时代。1 万年以前，人类对石器进行加工，使之成为器皿和精致的工具，从而进入新石器时代。考古发掘证明，我国在8 000多年前已经制成实用的陶器，在 6 000 多年前已经冶炼出黄铜，在 4 000 多年前已有简单的青铜工具，在 3 000多年前已用陨铁制造兵器。18 世纪，钢铁工业的发展成为产业革命的重要内容和物质基础。19 世纪中叶，现代平炉和转炉炼钢技术的出现使人类真正进入了钢铁时代。与此同时，铜、铅、锌也大量得到应用，铝、镁、钛等金属相继问世并得到应用。直到 20 世纪中叶，金属材料在材料工业中一直占有主导地位。20 世纪中叶以后，科学技术迅猛发展，作为发明之母和产业粮食的新材料又出现了划时代的变化。首先是人工合成高分子材料问世，并得到广泛应用。仅半个世纪时间，高分子材料已与有上千年历史的金属材料并驾齐驱，并在年产量的体积上已超过了钢，成为国民经济、国防尖端科学和高科技领域不可缺少的材料。其次是陶瓷材料的发展。陶瓷是人类最早利用自然界所提供的原料制造而成的材料。20 世纪 50 年代，合成化工原料和特殊制备工艺的发展使陶瓷材料产生了一个飞跃，出现了从传统陶瓷向先进陶瓷的转变，许多新型功能陶瓷形成了产业，满足了电力、电子技术和航天技术等领域的发展和需要。

纵观材料的发展史，很长时期，人们对材料本质的认识是表面的、肤浅的。最初，每种材料的发展、制造和使用都是靠工艺匠人的经验，如看火候、听声音或靠秘方等。后来，随着经验的积累出现了“材料工艺学”，这比工匠的经验有了更大的进步，但它只记录了一些制造过程和规律，一般还是知其然而不知其所以然。因此，材料的发展十分缓慢。直到 20 世纪 60 年代初，美国为了加强其在先进材料研究领域的实力，在一些大学相继成立了 10 余所材料科学研究中心。从此，“材料科学”这个词汇开始被广泛使用。材料科学面对的往往是材料的组织、结构与性能的关系，旨在探索自然规律，回答材料领域中的“为什么”，因此，将其归为基础理论研究。

实际上，材料是面向实际、为经济建设服务的，是一门应用科学。研究与发展材料的目的在于应用，而原材料又必须通过合理的工艺流程才能制备出具有实用价值的新材料，通过批量生产，才能成为工程材料。所以，在“材料科学”这个词汇出现不久，就提出了“材料科学与工程”这一词汇。“工程”是指研究材料在制备过程中的工艺和工程问题。

1986 年英国 Pergamon 出版的《材料科学与工程百科全书》对材料科学与工程的定义为：材料科学与工程就是研究有关材料组成、结构、制备工艺流程与材料性能和用途之间关系的知识的产生及其运用。换言之，就是研究材料合成制备、组成/结构、性质和使用性能这 4 个要素以及它们之间的关系。4 个要素反映了材料科学与工程研究中的共性问题。在这 4 个要素中，各种材料相互借鉴、彼此渗透。抓住这 4 个要素，就抓住了材料科学与工程研究的本质。

石油工业是从事石油勘探、石油开发和石油加工的能源和基础原材料生产部门。它由两大部分构成，即石油勘探与生产和石油炼制与石油化工。前者称为石油行业的“上游”，后者称为石油行业的“下游”。“上游保下游，下游促上游”，它们是密不可分的一个整体。石油工业是钢铁需求大户，不论是在石油、天然气的开采过程中还是在运输、炼化过程中都使用着大量的金属材料，并且以钢铁材料为主，需求量大约为 200×10^4 t/a。石油用钢占钢材总量的 7%～10%，由此可见钢铁材料在石油工业中的重要地位。

石油工业的特点决定了石油工程材料的特点。首先，需求大使得石油工程材料必须物美价廉；其次，服役环境和使用条件的恶劣和多样性使得石油工程材料必须品质优良和种类繁多。以上石油工业的特殊性，使得石油工程材料仍以金属材料（钢铁材料）为主。钢铁材料虽然是传统材料，但在石油行业专属领域应用当中，随着科学水平的发展和科技手段的实施，已把许多钢铁材料的性能潜力发挥到了原来只有在理论上才能达到的高度。并且这个过程并没有停止，钢铁材料与其他材料的不断开发，推动着石油工业水平的不断进步。

本书以钢铁材料为重点，以工艺—组织—性能为主线，内容基本涵盖石油行业中各专业领域的所用材料。根据石油工业中材料的服役环境和条件，本书分为 9 章，分别是管线钢、油井管材、压力容器钢、低温用钢、耐腐蚀材料、耐磨材料、海洋工程材料、石油矿场工程钢和新材料在石油工业中的应用。

第一章 管 线 钢

第一节 管线钢的发展过程

管道运输与铁路运输、公路运输、水路运输和航空运输并列为现代五大交通运输方式，其特点是经济、安全和不间断。从最初的工业管道至今，油、气管道建设经历了近两个世纪的发展。由于早期管道的管径小、压力低以及冶金技术的限制，直至 20 世纪 40 年代末，管道用钢一直采用 C，Mn，Si 型的普通碳素钢，其中包括 1926 年 API(American Petroleum Institute)发布的 API 5L 标准的 3 种碳素钢(屈服强度分别为 173 MPa，206 MPa 和235 MPa)。一般认为，普通碳素钢的典型化学成分(质量分数)为：0.10%～0.25%C，0.40%～0.70%Mn，0.10%～0.50%Si，一定的 S，P 和其他残存元素。普通碳素钢的冶金生产主要侧重于性能而不在化学成分的要求。

随着管道工程对管线钢要求的提高，输油、气管材广泛采用低合金高强度钢(HSLAS，High Strength Low Alloy Steel)，其中包括 1947 年 API 5LX 标准中的 X42，X46 和 X52(X 后的数字表示规定的最低屈服强度值，单位为 klb/in^2)3 种钢(屈服强度分别为 289MPa，317 MPa和 359 MPa)。普通低合金高强度钢的名称最先于 1934 年在美国出现，是指在普通碳素钢的基础上加入少量合金元素而发展起来的一种高强度结构钢。普通低合金高强度钢被定义为屈服强度大于 275 MPa，并获得一定的强度、韧性、成型性、焊接性和抗腐蚀性等综合性能而加入某些合金元素的钢种。有人也将其定义为屈服强度在 350～750 MPa 的钢种。普通低合金钢与普通碳素钢一样，主要以热轧或正火状态生产。化学成分(质量分数)范围为：≤0.2%C，≤5%的合金元素。目前世界各国对这种钢的称谓不一，美国称之为高强度低合金焊接结构钢，日本称之为高张力钢，俄罗斯称之为低合金钢，德国则称之为低合金焊接结构钢。据统计，用普通低合金高强度钢代替普通碳素钢，可以节省钢材 1/3～2/3。目前，各主要工业国家普通低合金高强度钢的产量占钢铁总产量的 7%～10%。

自 20 世纪 60 年代开始，随着管道输送压力和输送钢管管径的增大，在 1967 年、1968 年和 1970 年中，API 5LX 和 API 5LS 又增加了 X56，X60 和 X65 这 3 种钢。这些钢突破了传统的 C－Mn 合金化加正火的生产过程，在钢中加入微量(不大于 0.2%)Nb，V，Ti 等合金元素，并通过控制轧制工艺，使钢的综合力学性能得到明显改善。这种钢也称为微合金化高强度低合金钢(Microalloyed High Strength Low Alloy Steel)，简称为微合金化钢(Microalloy Steel)。从此，管线钢进入了微合金化和控轧生产的崭新阶段。这种建立在微合金化原理与控制轧制和控制冷却技术原理基础上的新型管线钢的研究高潮在 20 世纪 70 年代末至 80 年代初。

之后，于 1973 年在 API 标准中又增加了 X70 钢，这是一种 Mn－Mo－Nb 型的微合金化高强度钢。随后于 1985 年 5 月，X80 钢正式列入 API 5L 标准文本，并于 1990 年完成了对

X80 的实际应用。

经历多年的发展，超高强度管线钢 X90，X100 和 X120 已逐步成熟，于 2008 年列入 API 5L。X120 是当今强度级别最高的管线钢。当强度级别超过 X120 时，由于在焊接和断裂控制方面的疑虑，可能的最佳选择是复合材料增强管线钢管（Composite Reinforced Line Pipe，CRLP）的采用。由加拿大 TransCanada Pipelines 于 1996 年开发的这种 CRLP 专利产品不仅在环向上加强了钢管，同时为钢管提供了高的韧性和抗腐蚀性。

我国管线钢的生产和应用起步较晚，1985 年前还没有真正的管线钢生产，当时我国管道的代用钢材主要为国产 A3，16Mn 和从日本进口的 TS52K。然而，近 20 多年来，我国管线钢的研制、开发和应用得到快速发展。继 1989 年完成了 A，B，X42 至 X56 系列管线钢的研究和应用后，通过西部管道、西气东输管道和西气东输二线管道等重大管道工程的推动，又先后完成了 X60，X70，X80 管线钢的生产和应用，并获得了 X100 和 X120 的研究成果。

第二节　管线钢的分类

管线钢的组织结构是决定其使用性能和安全服役的根据。目前，根据显微组织可将管线钢分为以下 4 类。

一、铁素体-珠光体管线钢

铁素体-珠光体是 20 世纪 60 年代以前开发的管线钢所具有的基本组织形态，X52 以及低于这种强度级别的管线钢均属于铁素体-珠光体钢。其基本成分是碳和锰，通常碳含量（质量分数，下同）为 0.10%～0.20%，锰含量为 1.30%～1.70%，一般采用热轧或正火热处理工艺生产。当要求较高强度时，可取碳含量上限，或在锰系的基础上加入微量铌、钒。通常认为，铁素体-珠光体管线钢具有晶粒尺寸约为 7 μm 的多边形铁素体和体积分数约 30%的珠光体。这种合金化和组织设计的制造成本最低。铁素体-珠光体管线钢典型的光学显微组织形态如图 1-1 所示，透射（TEM）电子显微组织如图 1-2 所示。

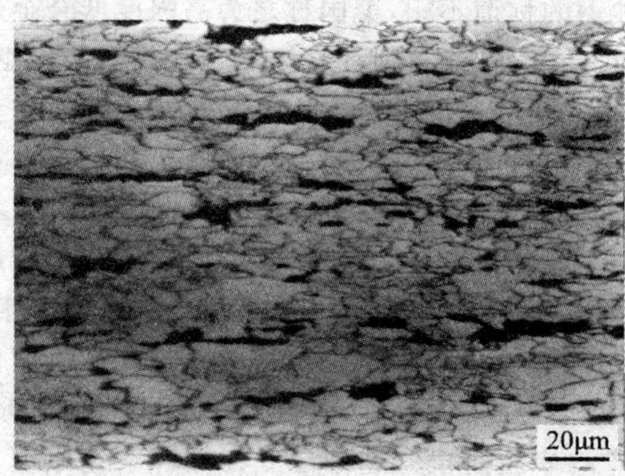

图 1-1　铁素体-珠光体的光学显微组织

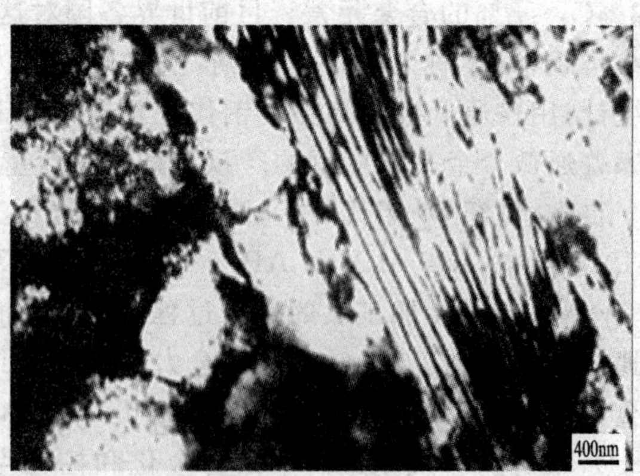

图 1-2　铁素体-珠光体的 TEM 电子显微组织

Pickering 和 Gladman 在低合金高强度钢的强韧性方面进行了大量研究，并通过回归分析的方法提出了估算铁素体-珠光体力学性能的关系式

$$\sigma_s(\text{MPa}) = 15.4 \times [3.4 + 2.1w_{Mn} + 5.4\text{Si} + 23N_f + 1.13d^{-1/2}]$$

$$\sigma_b(\text{MPa}) = 15.4 \times [19.1 + 1.8w_{Mn} + 5.4\text{Si} + 0.25(\text{珠光体}) + 0.5d^{-1/2}]$$

$$\text{FATT}(℃) = -19 + 44w_{Si} + 700\sqrt{N_f} + 2.2(\text{珠光体}) - 11.5d^{-1/2}$$

式中,(珠光体)为组织中珠光体的体积分量,N_f 为自由氮的含量,d 为等轴状或多边形铁素体晶粒尺寸(mm),w 表示钢中相应元素的质量分数。

铁素体-珠光体组织设计的目标是提高强度。由上式可知,铁素体-珠光体管线钢中的珠光体是决定强度的主要因素,而每增加10%的珠光体,将使韧脆转变温度(FATT)升高22℃。同时,如要增加钢中珠光体含量,必然要提高钢的碳含量,这样势必会影响到管线钢的焊接性。因此,通过增加珠光体来提高管线钢强度的方法并不可取,而应在降低碳含量的同时,通过其他手段,充分发挥钢中微合金元素晶粒细化和沉淀强化作用。这就是少珠光体钢产生的背景。

少珠光体管线钢的典型化学成分有锰-铌、锰-钒、锰-铌-钒等。一般碳含量小于0.10%,铌、钒、钛的总含量为0.10%左右,代表钢种是20世纪60年代末的X56,X60和X65。这类钢突破了传统铁素体-珠光体钢热轧、正火的生产工艺,进入了微合金化钢控轧的生产阶段。实践表明,现代控轧工艺可生产出理想的细晶粒钢,对于碳-锰钢,晶粒尺寸最小为6~7 μm;对于少珠光体钢,晶粒尺寸可细化至4~5 μm。由上式可知,由于晶粒细化使屈服强度每增加15 MPa的同时可导致韧脆转变温度下降10℃,所以少珠光体可以获得较好的强韧配合。通常认为,少珠光体管线钢具有晶粒尺寸约为5 μm的多边形铁素体和体积分数约10%的珠光体。

除了晶粒细化以外,少珠光体钢在控轧过程中还产生铌、钒的碳、氮化物第二相的沉淀强化。这种在铁素体基体上弥散析出的不可变形碳、氮化物质点,可引起强度增量达100MPa。由于沉淀强化所导致的韧脆转变温度的升高小于固熔强化和位错强化所产生的韧脆转变温度的升高(如每提高15 MPa的屈服强度,沉淀强化使韧脆转变温度升高4℃,位错强化则使韧脆转变温度升高6℃),因而由铌、钒、钛等微合金元素引起的沉淀强化在管线钢中具有重要作用。特别是掌握了铌、钒、钛等微合金元素碳、氮化物在高温变形过程中的沉淀动力学与基体再结晶之间的关系后,少珠光体钢的强韧水平取得了新的进展。目前已经生产出具有较高强韧性水平的X70级少珠光体管线钢。

常见的铁素体-珠光体和少珠光体管线钢的合金设计见表1-1。可以看出,X70及以下强度级别的管线钢可通过碳-锰-铌-钒的合金设计,使钢的显微组织主要为铁素体-珠光体的组织形态。

表1-1 F-P管线钢的成分(质量分数)

API钢级	主要成分范围/(%)
5LB	≤0.20C,≤1.00Mn,<0.40Si,CE_{pcm}≤0.16
X42	≤0.10C,≤1.00Mn,<0.40Si,≤0.050Nb,CE_{pcm}≤0.16
X52酸性气体	≤0.05C,≤1.10Mn,≤0.003S,<0.30Si,≤0.60(Cu+Ni+Cr),≤0.050Nb(或≤0.10 (Nb+V)),CE_{pcm}≤0.13
X52	≤0.10C,≤1.20Mn,<0.40Si,≤0.050Nb,CE_{pcm}≤0.17
X60酸性气体	≤0.05C,≤1.20Mn,≤0.003S,<0.30Si,≤0.70(Cu+Ni+Cr),≤0.065Nb(或≤0.12 (Nb+V)),CE_{pcm}≤0.15

续 表

API 钢级	主要成分范围/(%)
X60	≤0.10C,≤1.50Mn,<0.40Si,≤0.06Nb(或≤0.12(Nb+V)),CE_{pcm}≤0.23
X65 酸性气体	≤0.05C,≤1.35Mn,≤0.003S,<0.30Si,≤0.70(Cu+Ni+Cr), ≤0.065Nb(或≤0.15 (Nb+V)),CE_{pcm}≤0.15
X65	≤0.10C,≤1.65Mn,<0.40Si,≤0.065Nb(或≤0.15(Nb+V)),CE_{pcm}≤0.23
X70	≤0.10C,≤1.65Mn,<0.40Si,≤0.065Nb(或≤0.15(Nb+V)),CE_{pcm}≤0.20

二、针状铁素体管线钢

具有铁素体-珠光体组织的管线钢,通过采用微合金化和控轧、控冷等强化手段,在保证高韧性和良好焊接性的条件下,可将厚度为 20 mm 的宽厚板的屈服强度提高到 500～550 MPa 的水平。为进一步提高管线钢的强韧性,需要研究开发针状铁素体管线钢。通过微合金化和控轧、控冷,综合利用晶粒细化、微合金元素的析出相和位错亚结构的强化效应,可使针状铁素体管线钢达到 X100 的强韧水平。

针状铁素体管线钢的研究始于 20 世纪 60 年代末,并于 70 年代初投入实际工业生产。当时,在锰-铌系基础上发展起来的低碳-锰-钼-铌系微合金管线钢,通过钼的加入,降低相变温度以抑制多边形铁素体的形成,促进针状铁素体的转变,并提高碳、氮化铌的沉淀强化效果,因而在提高钢的强度的同时,降低了韧脆转变温度。这种钼合金化技术已有近 40 年的生产实践。近年来,另一种获取针状铁素体的高温工艺技术(High Temperature Process,HTP)正在兴起,它通过高铌合金化技术的应用,可在较高的轧制温度条件下获取针状铁素体。

针状铁素体管线钢典型的光学显微组织如图 1-3 所示,可区别其中的多边形铁素体和针状铁素体。然而要辨别针状铁素体的细节,需要依靠电子显微分析。针状铁素体典型的透射电子显微形态如图 1-4 所示,可以看出,针状铁素体的主要显微特征表现在:

(1)板条是针状铁素体最显著的形态特征。若干板条平行排列构成板条束,则板条界为小角度晶界,板条束界为大角度晶界。一般认为针状铁素体板条宽度为 0.6～1 μm。

(2)相邻板条铁素体间分布有粒状或薄膜状 M-A 组元。

(3)板条内有高密度的位错。

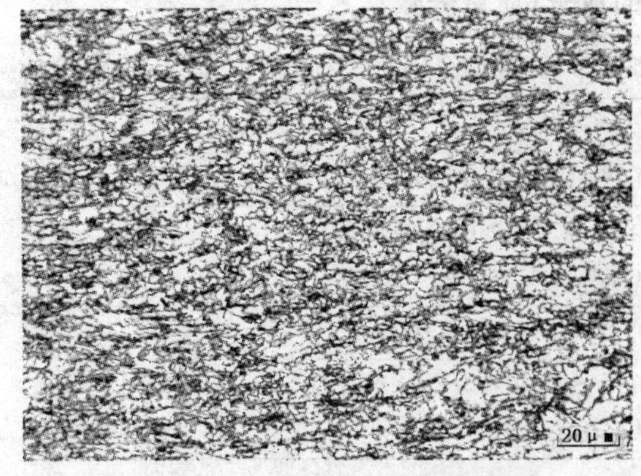

图 1-3　针状铁素体的光学显微组织

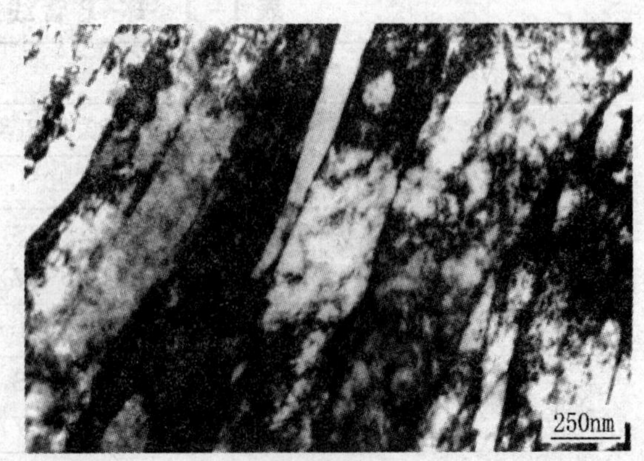

图 1-4　针状铁素体的 TEM 电子显微组织

由于针状铁素体的复杂性，尚不能以充分定量的方式来描述显微组织和力学性能之间的确切关系。目前所获得的关系式有

$$\sigma_s(\text{MPa}) = 88 + 27w_{Mn} + 83w_{Si} + 2900N_f + 15.1d_L^{-1/2} + \sigma_{ph} + \sigma_{dh}$$

$$\text{FATT}(℃) = -19 + 44w_{Si} + 700\sqrt{N_f} + 0.26(\sigma_{ph} + \sigma_{dh}) - 11.5d^{-1/2}$$

式中 d_L—— 针状铁素体板条尺寸；

σ_{ph}—— 碳、氮化物的析出强化；

σ_{dh}—— 位错强化；

d —— 针状铁素体板条束尺寸；

其他符号含义同前。

上述关系式表明，与铁素体-珠光体和少珠光体管线钢相比，针状铁素体钢具有不同的强韧化方式。对断裂过程的观察表明，针状铁素体的解理断裂小裂面（断裂的组织单元）与针状铁素体束的大小相对应。可见，控制针状铁素体强韧性的有效晶粒是针状铁素体板条束。在控轧、控冷针状铁素体管线钢中，针状铁素体板条束的大小不但可以借助降低再热温度、形变量和终轧温度等轧制参数来获得，而且还可以通过改变冷却速率、终冷温度等冷却参数来进行控制，因而针状铁素体管线钢的有效晶粒尺寸将大大细化。通过严格控制轧制和冷却条件，目前可获得这种有效晶粒尺寸达 1～3 μm，因而赋予了针状铁素体管线钢优良的强韧特性。同时，从奥氏体向针状铁素体的转变过程是一种共格切变过程。转变过程中局部地区位错缠结而形成具有较高位错密度（$10^8 \sim 10^9\,\text{cm}^{-2}$）的亚晶。由于体心立方结构层错能高，不易分解成扩散位错而发生交滑移，亚晶的位错具有很大的可动性，因而赋予材料良好的强韧性。同时，针状铁素体中的岛状组织弥散细小，不易激发裂纹，并经常成为裂纹扩展的障碍。管线钢的生产过程表明，针状铁素体管线钢通过微合金化和控轧、控冷技术，综合利用钢的固熔强化、晶粒细化、微合金化元素的析出强化与亚结构的强化效应，可使钢的屈服强度达 700～800 MPa，－10℃的冲击韧性达 400 J 以上。

除了高的强度和良好的韧性外，由于针状铁素体板条中存在着高密度的可移动位错，易于实现多滑移，因而针状铁素体钢具有连续的屈服行为和高的形变强化能力。这种特性可补偿和抵消因包申格效应所引起的强度损失，保证钢管的强度在成型过程中进一步得到提高。

如图 1－3 所示，在针状铁素体管线钢中，总伴有一定量的多边形铁素体。因此，针状铁素体管线钢也被称为针状铁素体-铁素体（AF－F）管线钢。其中的多边形铁素体体积分数的控制对材料的强韧特性有重要影响。图 1－5 所示的研究结果表明，当多边形铁素体体积分数为 15％时，材料能得到强度和韧度的最佳组合。

常见的针状铁素体管线钢的化学成分见表 1－2。可以看出，X70，X80 强度级别的管线钢可通过 C－Mn－Mo－Nb 的合金设计，使钢的显微组织主要为针状铁素体。

表 1－2 AF 管线钢的成分（质量分数）

API 钢级	主要成分范围/(%)
X70	≤0.06C，≤1.65Mn，＜0.40Si，≤0.10Nb（或≤0.15(Nb＋Mo)），CE_{pcm}≤0.18（或 0.21）
X80	≤0.06C，＜1.70Mn，＜0.40Si，≤0.10Nb，Cu，Ni，Cr，CE_{pcm}≤0.18
	≤0.06C，＜1.70Mn，＜0.40Si，≤0.10Nb，Cu，Ni，Mo，CE_{pcm}≤0.21

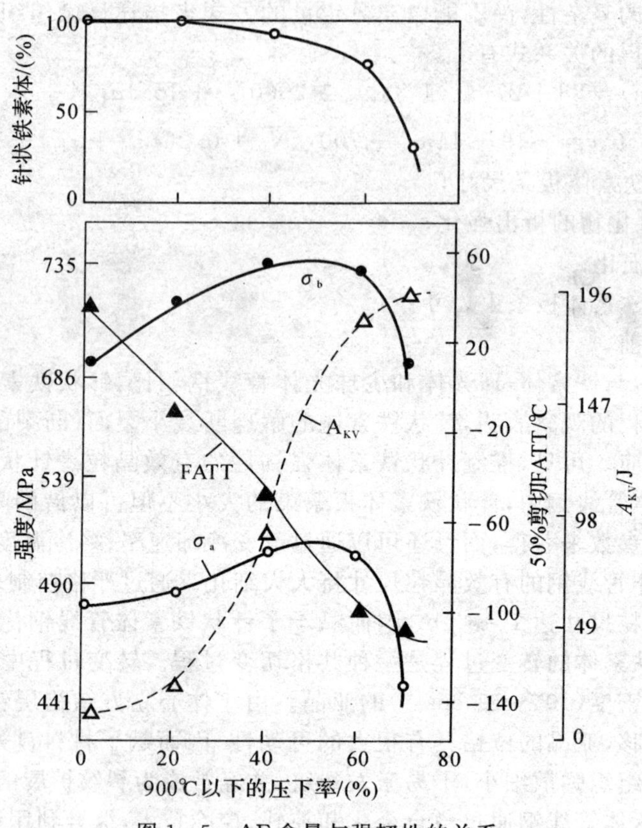

图 1-5　AF 含量与强韧性的关系

三、贝氏体-马氏体管线钢

随着高压、大流量天然气管线钢的发展和对降低管线建设成本的追求，针状铁素体的组织形态已不能满足要求。20 世纪后期，一种超高强度管线钢应运而生，其典型钢种为 X100 和 X120。1988 年日本 SMI 公司首先报道了 X100 的研究成果。历经多年的研究和开发，X100 钢管于 2002 年首次投入工程试验段的敷设。美国 ExxonMobil 公司于 1993 年着手 X120 管线钢的研究，并于 1996 年与日本 SMI 公司和 NSC 公司联手，共同推进了 X120 的研究进程。2004 年 X120 钢管首次投入工程试验段的敷设。

通过低碳、锰-钼-铜-镍-铌-钛的多元合金设计和先进的 TMCP 技术，X100 管线钢可获得全部针状铁素体组织。虽然在对 X100 显微组织的定量分析中，仍有可能存在少量其他组织，但人们习惯称其为全针状铁素体钢，或全粒状贝氏体钢、退化上贝氏体钢。X100 的显微组织如图 1-6 所示。

从组织形态学上分析，如果说 X100 与 X80 等针状铁素体管线钢有较大的相似性，那么 X120 则有完全不同的组织形态，其典型显微组织为下贝氏体-板条马氏体。

X120 管线钢的显微组织如图 1-7 所示。下贝氏体(LB)和马氏体(M)均以板条的形态分布。在下贝氏体的板条内分布着微细的具有六方点阵的 ε-碳化物，这些碳化物平行排列并与板条长轴成 55°～65°取向。在马氏体板条内的碳化物呈魏氏组态分布，板条间存在残余奥氏体。下贝氏体和马氏体板条内有高密度的位错。X120 管线钢的这种组织结构赋予材料高的强韧特性，其屈服强度大于 827 MPa，－30℃时的冲击韧性超过 230 J。

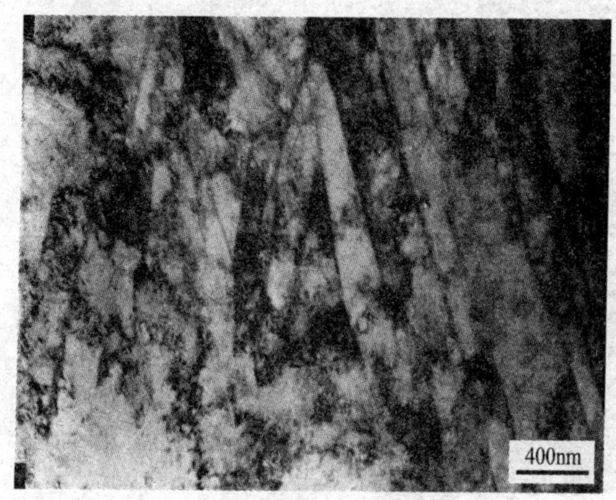

图 1－6 X100 的 SEM 电子显微组织

图 1－7 X120 的 TEM 电子显微组织

贝氏体-马氏体管线钢在成分设计上，选择了碳-锰-铜-镍-钼-铌-钒-钛-硼的最佳配合。这种合金设计思想充分利用了硼在相变动力学上的重要特征。加入微量的硼（0.000 5%～0.003 0%）可明显抑制铁素体在奥氏体晶界上形核，使铁素体转变曲线明显右移。同时使贝氏体转变曲线变得扁平，即使在超低碳（＜0.003%）情况下，通过在 TMCP 中降低终冷温度（＜300℃）和提高冷却速率（＞20℃/s），也能够获得下贝氏体-板条马氏体组织。

常见的贝氏体-马氏体（B－M）管线钢的化学成分见表 1－3。

表 1－3 B－M 管线钢的成分（质量分数）

API 钢级	主要成分范围/(%)
X100	＜0.06C，＜2.0Mn，＜0.40Si，＜0.06Nb，Cu，Ni，Cr，Mo，V，$CE_{pcm}\leqslant 0.23$
X120	＜0.10C，＜2.0Mn，＜0.40Si，＜0.06Nb，Cu，Ni，Cr，Mo，V，B，$CE_{pcm}\leqslant 0.25$

四、回火索氏体管线钢

从长远的发展看，未来的管线钢将要求具有更高的强韧性。如果控轧、控冷技术满足不了这种要求，可以采用淬火＋回火的热处理工艺，通过形成回火索氏体组织来满足厚壁、高强度、足够韧性的综合要求。在管线钢中，这种回火索氏体也称为回火马氏体，是超高强度管线钢 X120 的一种组织形态。一种回火索氏体管线钢的电子显微组织如图 1－8 所示。

目前，有两种生产淬火＋回火超高强度大口径钢管的方法：

1. 采用经热处理的钢板制管

管线钢在板轧厂热轧后直接淬火，然后高温回火，可获得良好的强韧配合。此种方法曾在英国、加拿大进行过广泛的研究。

2. 对热轧板制造的钢管进行热处理

这种方法是由高强度无缝钢管生产工艺中演变出来的，一般使用感应加热和喷水淬火，适用于厚壁、高强韧性的情况。淬火＋回火钢管曾采用水平位置或垂直位置的整体加热奥氏体化，但不适用于大批量生产。可行的方法是采用感应加热和步进喷雾淬火，并于550～680℃炉热或感应回火。

图1-8　回火索氏体管线钢的TEM电子显微组织

由于热轧板比淬火回火钢板制管成型容易，同时高输入焊接脆化区可通过热处理过程得以消除或改善，所以在上述两种方法中，第二种方法具有更大的优越性。

典型回火索氏体管线钢的化学成分和力学性能分别见表1-4和表1-5。

表1-4　典型回火索氏体管线钢的化学成分(质量分数)　　单位：%

钢	C	Mn	P	S	Si	Cu	Ni	Cr	Mo	V	B	Al	Ti	N
A	0.18	1.38	0.007	0.011	0.39					0.058	0.001 8	0.042	0.015	0.007
B	0.17	1.36	0.009	0.010	0.39	0.32	0.24	0.25	0.06	0.056		0.046		0.007
C	0.17	1.35	0.012	0.010	0.38	0.31	0.23	0.24		0.058	0.002 2	0.042	0.016	0.006
D	0.19	1.36	0.009	0.010	0.39	0.31		0.24		0.059	0.002 2	0.038	0.016	0.006
E	0.19	1.38	0.009	0.010	0.39	0.45	0.24		0.17	0.059		0.042		0.006

表1-5　典型回火索氏体管线钢的力学性能

钢	回火温度/℃	屈服强度/MPa	抗拉强度/MPa	CVN冲击性能	
				上平台能/J	50%FATT/℃
A	565	814	848	54	-48
	620	718	786	72	-51
	675	594	676	88	-60
B	565	820	890	62	-37
	620	738	820	68	-43
	675	642	731	90	-62

续表

钢	回火温度/℃	屈服强度/MPa	抗拉强度/MPa	CVN 冲击性能	
				上平台能/J	50%FATT/℃
C	565	882	917	38	−4
	620	786	835	43	−32
	675	696	759	62	−60
D	565	910	958	42	−23
	620	842	876	50	−12
	675	683	752	73	−73
E	565	924	972	54	−62
	620	848	897	68	−73
	675	649	724	84	−93

第三节　管线钢的冶金生产

一、管线钢的合金化

合金设计是获得高性能管线钢的重要基础。为适应现代管线钢高强度、高韧性和优良焊接性的要求，管线钢合金设计的理念和技术不断进步，管线钢的合金设计已成为钢铁材料合金化技术的范例而为人关注。管线钢合金设计的基本特征表现在：

1. 低碳或超低碳

随着对管线钢焊接性、低温韧性和成形性要求的提高，钢中碳含量呈降低的趋势。目前，现代实用管线钢的碳含量远低于 API 标准所要求的最大碳含量的规定，通常采用 0.1%或更低碳含量的钢来制造，甚至保持在 0.01%～0.04%的超低碳水平。

2. 增加锰含量

减少钢中碳含量使屈服强度下降可以通过其他强化机制的应用予以补偿，其中最常用的是在降碳的同时，以锰代碳。Mn 的作用主要体现在 Mn 引起的固熔强化和 Mn 降低钢的 γ－α 相变温度而产生的细晶强化和相变强化。Mn 在提高强度的同时，还提高钢的韧性，降低钢的韧脆转变温度。管线钢的有关标准规定，碳含量比规定最大值降低 0.01%，允许锰含量比规定最大值增加 0.05%。根据管线钢板厚和强度的不同要求，钢中 Mn 的添加范围一般为 1.1%～2.0%。

3. 微合金化

一般而言，在钢中质量分数为 0.1%左右而对钢的微观组织和性能有显著或特殊影响的合金元素，称为微合金元素。在管线钢中，主要是指 Nb，V，Ti 等强烈碳化物形成元素。

微合金元素 Nb，V，Ti 在管线钢中的主要作用表现在：

(1)阻止奥氏体晶粒的长大。在控轧再热过程和焊接过程中，未溶微合金元素 Nb，V，Ti

的碳、氮化物将通过质点钉扎晶界的机制而明显阻止奥氏体晶粒的粗化过程。

(2)延迟 γ 的再结晶。在钢板的控轧过程中,通过固熔微合金元素 Nb,V,Ti 的溶质原子拖曳和应变诱导沉淀析出的微合金碳、氮化物质点对晶界和亚晶界的钉扎作用,可显著阻止形变 γ 的再结晶,从而通过由未再结晶 γ 发生的相变而获得细小的相变组织。

(3)延迟 $\gamma-\alpha$ 的相变过程。在高温形变后的冷却过程中,微合金元素 Nb,V,Ti 在晶界偏聚会阻碍新相形成,从而降低 $\gamma-\alpha$ 相变温度,抑制多边形铁素体相变,促进针状铁素体形成。

(4)沉淀析出强化。在轧制及轧后的连续冷却过程中,通过正确地控制微合金碳、氮化物的沉淀析出过程可达到沉淀强化的目的。微合金碳、氮化合物可在热轧过程中从 γ 中析出,或在相变过程中在相界析出(相间沉淀),或在最终冷却过程中从过饱和 α 中析出。

图 1-9 所示为热轧低碳钢中 Nb,V,Ti 含量对上述的晶粒细化、沉淀析出强化的作用以及由此所引起的强韧性的变化情况。由图可见,Nb 有显著的晶粒细化作用和中等的沉淀强化作用,万分之几的含量即十分有效。含量增加,效果的改善并不明显。Nb 在增加强度的同时还降低韧脆转变温度。但 Nb 对阻止焊接热影响区晶粒长大和改善热影响区韧性并不十分有效,这是因为在焊接峰值温度下,Nb 的碳、氮化物的热稳定性尚感不足。Ti 有显著的沉淀强化作用和中等的晶粒细化作用。在与含 Nb 钢相同的强度水平下,含 Ti 钢的韧脆转变温度略高。钢中加 Ti 可以改善硫化物的分布形态,改善钢板横向性能。Ti 还是一种在焊接峰值温度下能通过生成稳定的氮化物而控制晶粒长大的有效元素。V 有较高的沉淀强化和较弱的细化晶粒作用,因而其韧脆转变温度比含 Nb 和含 Ti 钢都高。在管线钢的合金设计中,一般不单独使用 V。

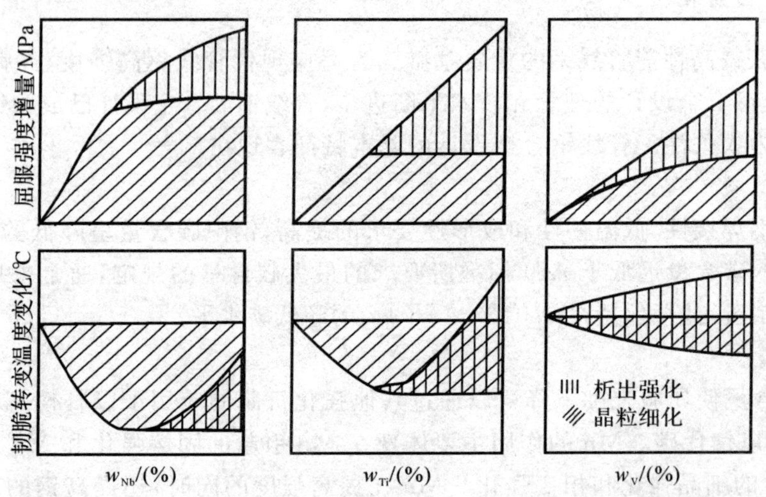

图 1-9　Nb,V,Ti 对晶粒细化、沉淀强化以及由此引起的强韧性的影响

4. 多元合金化

早期的微合金化管线钢常常只含单一的微合金元素,如 Mn-Nb 钢,Mn-V 钢,Mn-Ti 钢等。但后来发现,不同微合金元素之间以及微合金元素与其他合金元素之间的交互作用,能赋予管线钢更完善的性能,因而现代管线钢正向少量多元合金化的方向发展。

Mo 合金化是管线钢多元合金化的一个典型范例。在 Mn-Nb 系基础上发展起来的低碳 Mn-Mo-Nb 系微合金化管线钢开始于 20 世纪 70 年代初。历经 40 年的发展,Mo 合金化已成为管线钢一种成熟的合金设计方法。研究表明，Mo 能降低过冷奥氏体的相变温度，抑制多边形铁素体的形成，促进针状铁素体转变。工业实践表明，含 Mo 管线钢在轧后 5～7℃/s 较低的冷却速率下即可形成针状铁素体，对厚度为 12～16 mm 的 Mo 合金化钢板，在空冷条件下便可获得针状铁素体组织。同时，在含 Nb 管线钢中，Mo 可提高 Nb(C,N)在奥氏体中的固熔度，降低 Nb(C,N)的析出温度，使更多的 Nb(C,N)在低温 α 中析出，从而提高 Nb(C,N)的沉淀强化效果。

Mo 合金化管线钢的显微组织由细小、具有高密度位错亚结构的针状铁素体组成。在 0.04%～0.07% 的含碳量下，仍可保持高强度和优良的韧性。Mo 对管线钢的强度和韧脆转变温度的作用如图 1-10 所示。

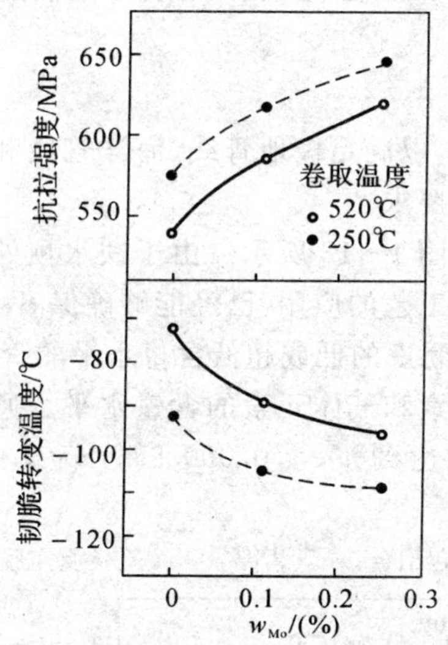

图 1-10 Mo 对强度和韧脆转变温度的影响

随着近海和极地管线的开发，要求管线钢具有低的碳当量，以便在恶劣的现场焊接条件下不预热，不进行焊后热处理以及保证焊接接头的低硬度，以避免硫化物应力腐蚀开裂。因此，在 20 世纪 80 年代初研究开发了 Nb-Ti-B 系管线钢，使管线钢获得 X70 和 X80 的强度级别。

这种合金设计思想充分利用了 B 在相变动力学上的重要特征。B 的原子尺寸较小，由于尺寸效应，B 作为表面活性元素吸附在 γ 晶界上。B 原子在晶界的偏聚，降低了晶界能，阻碍新相在晶界的形核，延缓 γ-α 转变。由图 1-11 可知，加入微量的 B(0.0005%～0.0030%)可明显抑制铁素体在奥氏体晶界上形核，使铁素体转变曲线明显右移，并使贝氏体转变曲线变得扁平，从而即使在超低碳(<0.03%)情况下，在一个较大的冷却范围内，都能获得贝氏体组织。同时，在冷却相变过程中，固熔的 B 原子在基体内析出 Nb(C,N,B)等微合金碳、氮化合物，可进一步强化贝氏体组织。这种以超低碳贝氏体钢为组织特征的超高强度管线钢特别适用于高强、厚壁管线，适应寒带的现场环缝焊接和供酸性环境使用。

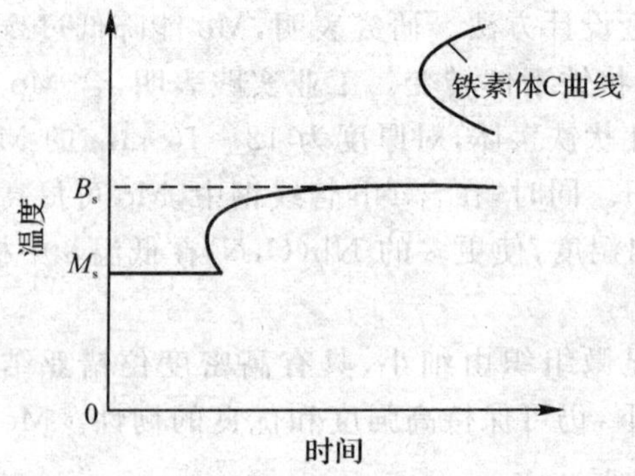

图 1-11　硼对管线钢等温转变曲线的影响

二、管线钢的冶炼

为了改善管线钢的综合性能,以满足极地管线、海洋管线和酸性油气田的需要,对管线钢的纯净度和均匀性提出了更高的要求。

现代管线钢冶金工艺流程如图 1-12 所示。由于铁水预处理、转炉精炼、钢包冶金、真脱气和连铸等多步冶金新技术与新工艺的应用,已经能够确保 S,P 等杂质元素,O,N,H 等气体元素和 Pb,As,Sn,Sb,Bi 等痕迹元素的低或超低含量水平的管线钢的生产。图 1-13 所示为不同冶金方法所能达到的杂质元素和气体元素的含量水平。通过先进的冶金技术,目前国外最有竞争力的管线钢纯净度可达到 $w_S \leqslant 0.000\ 5\%$,$w_P \leqslant 0.002\%$,$w_N \leqslant 0.002\%$,$w_O \leqslant 0.001\%$,$w_H \leqslant 0.000\ 1\%$。

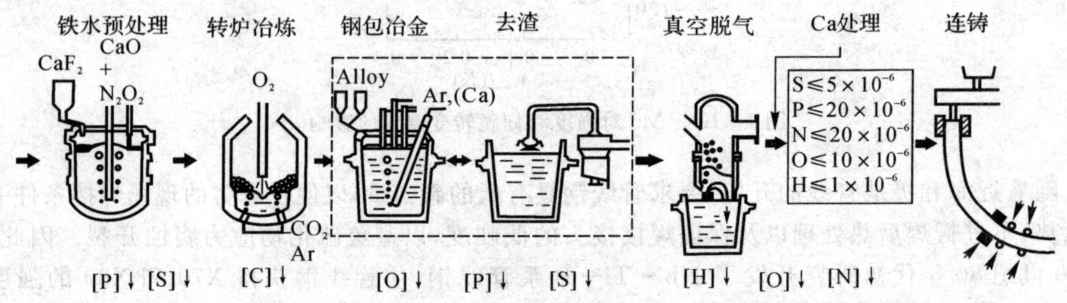

图 1-12　现代管线钢的冶金生产过程

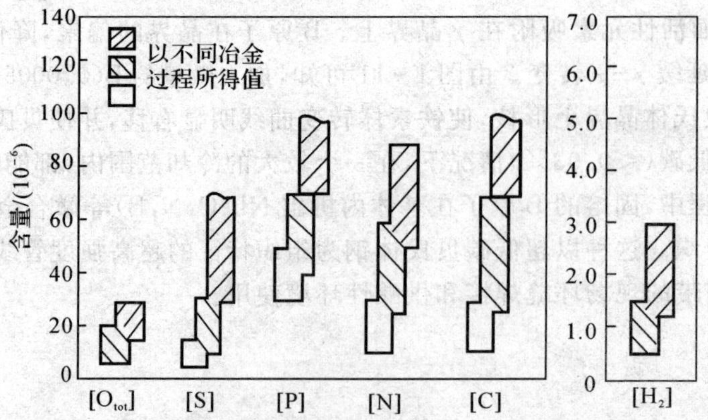

图 1-13　不同冶金方法所能达到的杂质元素和气体元素的含量水平

三、管线钢的控制轧制和控制冷却

控制轧制和控制冷却技术(Thermomechanical Controlled Process，TMCP)代表了高强度低合金钢的发展方向。所谓控轧、控冷，是一种定量的预定程序地控制热轧钢的形变温度、压下量(形变量)、形变道次、形变间歇停留时间、终轧温度以及终轧后的冷却速率、终冷温度、卷取温度等参数的轧制工艺。控轧、控冷是以取得最佳的细化晶粒和组织状态，通过多种强韧化机制改善钢的性能为根本目标的。

1. 控制轧制

通常将控轧分为3个阶段(见图1-14)：

(1)奥氏体再结晶阶段(>1 000℃)。在这一温度范围内，奥氏体变形和再结晶同时进行，因再结晶而获得的细小奥氏体晶粒将导致铁素体晶粒的细化。

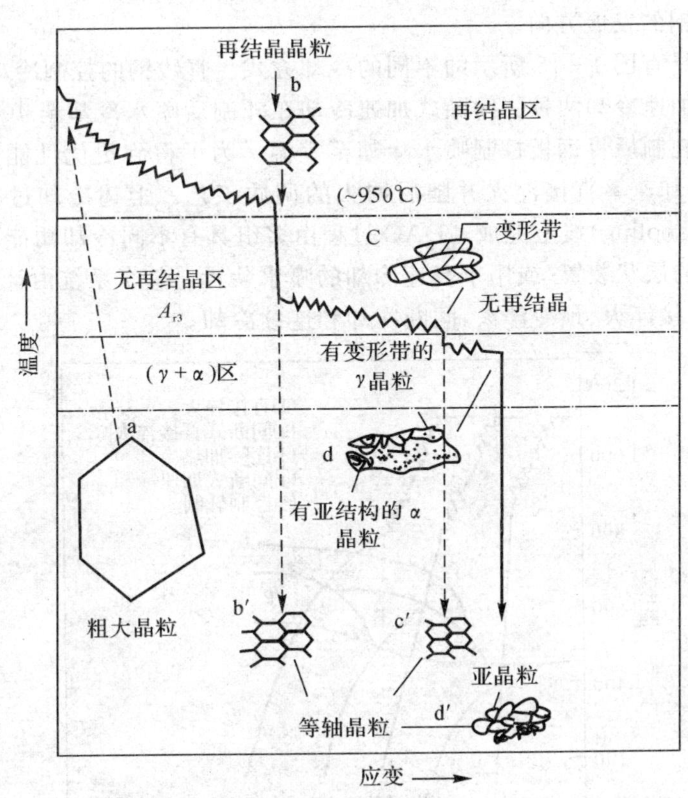

图1-14　控制轧制的3个阶段

(2)奥氏体非再结晶阶段(950℃～A_{r3})。在这一温度范围内，形变使奥氏体晶粒被拉长。在伸长而未再结晶的奥氏体内形成高密度的形变孪晶和形变带，同时微合金碳、氮化物因应变诱导析出，因而增加了铁素体的形核位置，细化了铁素体晶粒。

(3)$(\gamma+\alpha)$两相区轧制阶段(A_{r3}～A_{r1})。在这一温度范围内，奥氏体和铁素体均发生变形，形成亚结构。亚晶强化使强度进一步提高。实践表明，非再结晶区变形突破了再结晶区所能达到的奥氏体晶粒尺寸极限，但在一定的变形量下，非再结晶的晶粒细化也会达到某一极限，这一极限只有通过两相区变形才能突破。

控制轧制的主要目的在于在相变过程中，通过控制热轧条件而在奥氏体基体中引入高密度的铁素体形核地点，包括奥氏体晶粒边界、由热变形而激发的孪晶界面和变形带，从而细化相变后钢的组织。通过控轧，铁素体可细化到 ASTM11～ASTM13 级，即小于 10 μm，以至达到 4 μm，由此引起的强化作用约等于 210～300 MPa。通过形变诱导铁素体相变等工艺的实施，可进一步使铁素体细化至 1～2 μm。

2. *控制冷却*

控轧管线钢的一个近代发展是轧后的控制冷却。管线钢控制轧制后引入加速冷却，使 $\gamma-\alpha$ 相变温度降低，过冷度增大，从而增加了 α 的形核率。同时，由于冷却速率增加，阻止或延迟了碳、氮化物在冷却中过早析出，因而易于生成更加弥散的析出物。进一步提高冷却速率，则可形成针状铁素体或贝氏体，进一步改善钢的强韧性。由此看出，微合金管线钢的控轧、控冷工艺代表了管线钢的发展方向。

管线钢轧制后具有图 1-15 所示的不同的冷却方式。管线钢的控制冷却通常采用间断式加速冷却和连续式加速冷却两种。间断式加速冷却在轧制后喷水冷却至 400～600℃后空冷；连续式加速冷却在轧制后将钢板控制喷水冷却至室温。为了得到更优性能的管线钢，可进行以 50～70℃/s 的冷却速率直接淬火并随后回火的调质工艺。上述冷却过程可在 DAC(Dynamic Accelerated Cooling)线上完成。DAC 过程由多组具有不同冷却功能的装置来完成，如用于较低冷却速率的层状装置，或用于高速冷却的喷水装置。整个系统由计算机控制，可按照不同的要求，进行直接淬火、预冷淬火、间断冷却和连续冷却。

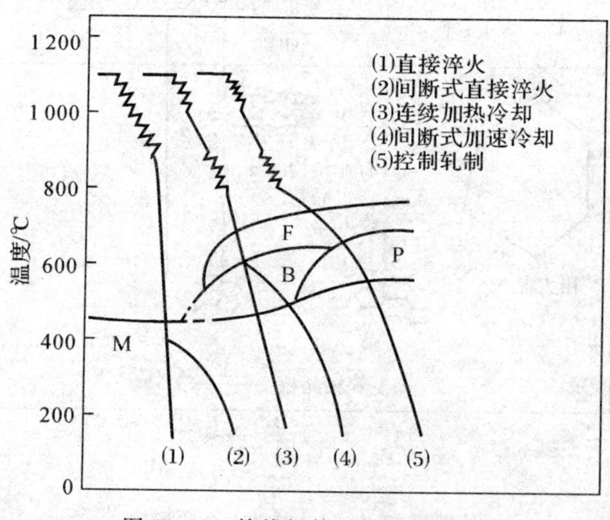

图 1-15　管线钢轧后的冷却方式

在管线钢控轧、控冷基本理论研究的基础上，国外主要钢铁生产厂家在 X80 和 X100 的生产过程中所采用的控轧、控冷工艺参数如表 1-6 所示。

表 1-6 国外主要钢铁生产厂家的控轧控冷工艺参数

生产厂家	再热温度/℃	终轧温度/℃	冷却速率/(℃·s^{-1})	终冷温度/℃
Europipe	1168	772	15	560
ExxonMobil	1 000～1 250	未明确	≥10	150～550
IPSCO	≤1 200	未明确	10～20	350～450
JFE	1 100～1 300	≥750	≥20	≤400
NKK	1 000～1 250	750～950	≥2	≤750
NSC	≥950	未明确	≥10	≤400
SMI	950～1 200	600～900	≥4	≤300
POSCO	1 150～1 250	≥900	≥20	未明确

第四节 管线钢的显微组织

一、概述

现代管线钢是一种控轧、控冷状态的低碳微合金化钢。由于低碳、超低碳和多元的微合金化设计，以及在控轧、控冷过程中温度、变形量、冷却速率等不同工艺参数的变化，管线钢的显微组织形态呈现多样性和复杂性。虽然管线钢的相变过程大多在类似于中碳钢典型贝氏体形成的温度范围内进行，然而由于管线钢含碳量较低，在其非平衡的相变产物中通常不含有渗碳体，而表现出一些特殊的组织形态特征。几十年来，国际上对管线钢的显微组织结构经过长期的研究，对管线钢在不同微合金化和不同 TMCP 条件下形成的显微组织有过不同的理解和描述。20 世纪 90 年代日本钢铁学会(ISIJ)和欧美 G. Krauss，B. L. Bramfitt 等学者对微合金化钢在连续冷却条件下的显微组织进行了系统的研究，其研究成果逐渐为人们所广泛引用和接受。当前普遍接受的观点是，在管线钢的连续冷却过程中，根据转变温度的高低不同，所形成的主要组织形态有：多边形铁素体(Polygonal Ferrite，PF)，准多边形铁素体(Quasi-Polygonal Ferrite，QF)，粒状铁素体或粒状贝氏体(Granular Ferrite 或 Granular Bainite，GF 或 GB)和贝氏体铁素体(Bainitic Ferrite，BF)。90 年代之后，在对 X100 和 X120 等超高强度管线钢的研究中，对微合金化管线钢组织结构有了进一步的认识。在 C-Mn-Cu-Ni-Mo-Nb-V-Ti-B 的合金设计和先进的 TMCP 条件下，管线钢还会形成下贝氏体(Lower Bainite，LB)和板条马氏体(Lath Martensite，LM)。本节对有关管线钢显微组织的主要特征予以简要的分析和评述。

二、多边形铁素体

多边形铁素体(PF)是在高的转变温度、慢的冷却速率下形成的先共析铁素体，因具有等轴或规则的晶粒外形而称为多边形铁素体或等轴铁素体。

PF 优先在原奥氏体晶界形核，图 1-16 所示为 PF 在原奥氏体晶粒的三叉晶界及晶界拐角处形核的情形。PF 在原奥氏体晶界形核后，其生长可越过原奥氏体晶界，使原奥氏体晶界轮廓被掩盖。若发生部分 PF 转变，则沿原奥氏体晶界形成网状或仿晶型 PF，可勾画出原奥氏体晶界的轮廓。PF 与母相有确定的位向关系，部分界面与母相保持共格或半共格，所形成的 PF 呈规则的多边形。图 1－17 和图 1－18 所示分别为 PF 的光学显微组织和 SEM 电子显微组织，可见 PF 具有规则的晶粒外形，晶界清晰、光滑、平直。在光学显微镜下基体呈亮白色，晶界呈灰黑色；在 SEM 下，基体呈灰黑色，晶界呈亮白色。

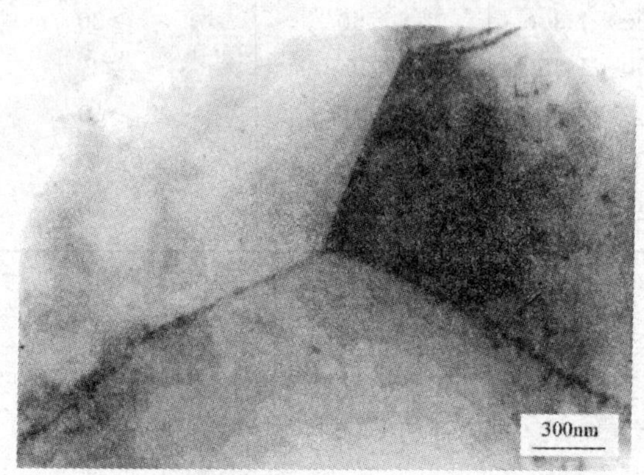

图 1－16　PF 在原奥氏体晶粒的三叉晶界处形成

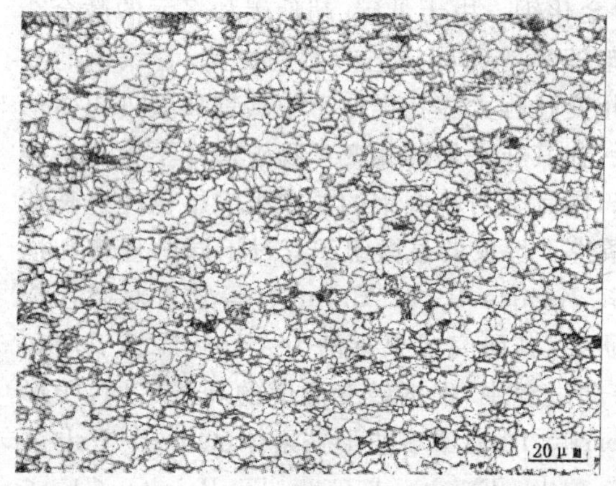

图 1－17　PF 的光学显微组织

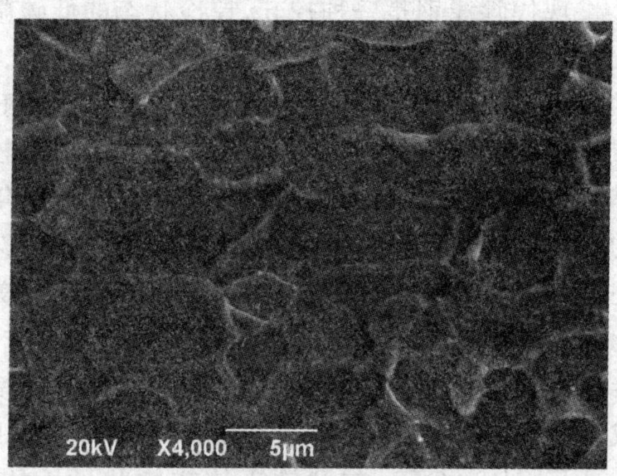

图 1－18　PF 的 SEM 电子显微组织

在转变机理上，多边形铁素体的生长表现为置换原子的快速迁移和碳原子的长程扩散。这种置换原子和碳原子的重新配分，使得 PF 的成分与原奥氏体不同。若碳含量超过 PF 的固熔度，则在 PF 基体旁形成富碳区。富碳奥氏体较稳定，不形成 PF，在继续冷却过程中发生复杂的转变，在光学显微镜下呈现为黑色蚀刻区（见图 1－19）。此黑色蚀刻区为 M－A 的退化组态，通常为珠光体（P）、退化珠光体（P′）或典型贝氏体（UB，LB）。图 1－20 所示为 PF 与珠光体（P）共存的情形。

PF 在高的转变温度下形成，生长速率慢，因而 PF 接近平衡相，有低的位错密度，没有明显的亚结构。图 1－21 所示为在 PF 中的低密度的位错组态和亚结构。通常认为，PF 的位错密度为 $10^7 \sim 10^8 \mathrm{cm}^{-2}$，位错强化的效果不明显。PF 有较低的强度和较大的塑性。

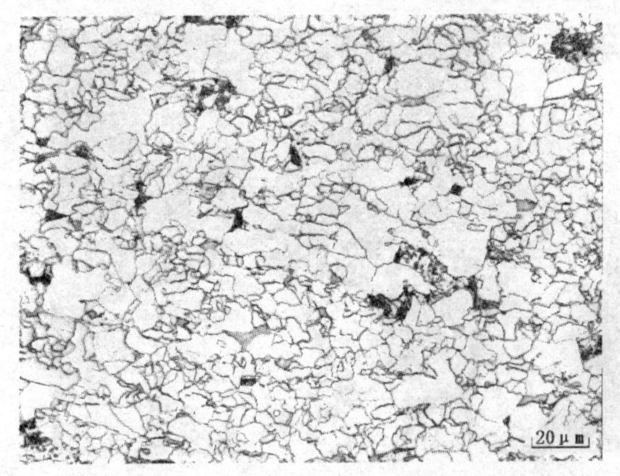

图 1-19 PF 及黑色蚀刻区

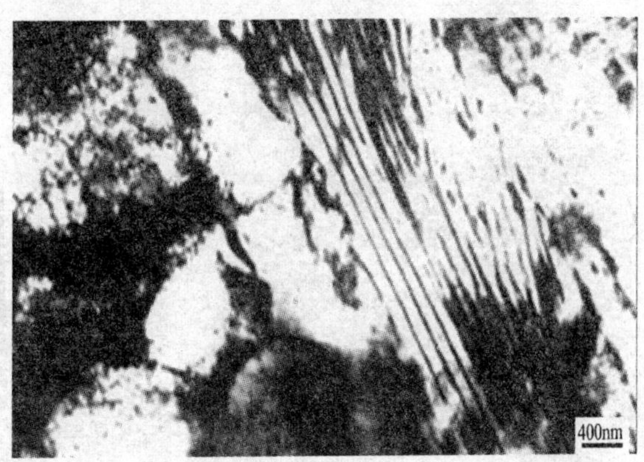

图 1-20 PF 与 P 共存

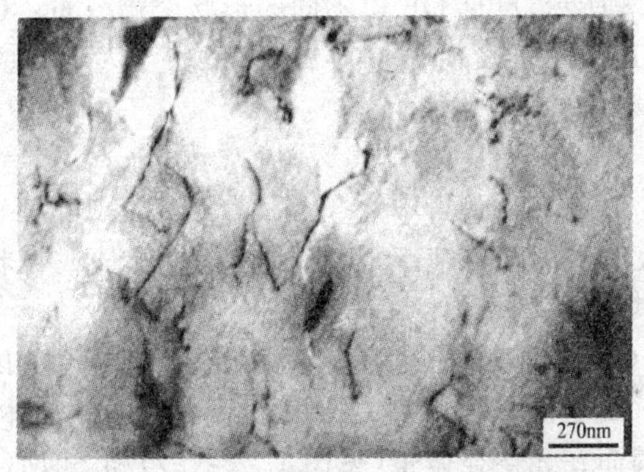

图 1-21 PF 中低密度的位错组态和亚结构

三、准多边形铁素体

在较 PF 低的转变温度和快的冷却速率下，管线钢的显微组织为准多边形铁素体（QF）。由于 QF 通过块状转变形成，因而 QF 又称为块状铁素体（Massive Ferrite，MF）。

在组织形态上，QF 与 PF 多有相似之处。QF 在母相晶界或晶内形成，当优先在原奥氏体晶界形核时，其生长可越过原奥氏体晶界，使原奥氏体晶界轮廓被掩盖。

然而，QF 是在较低的温度下以块状转变的机制形成的。其主要特征是：生成相 QF 与原奥氏体成分相同，相变过程不需要长程扩散。由于在相变过程中，间隙原子或置换原子在迁移界面上进行再分配，相变受界面上的短程扩散所控制，转变速率快，致使 QF 形态不规则，大小参差不齐，呈无特征的碎片。同时 QF 边界粗糙、模糊，凸凹不平，呈锯齿状或波浪状。一种 X80 的显微组织如图 1-22 所示，其中含有 PF 和 QF。可以看出，在光学显微镜下，QF 与 PF 的主要差别是：①PF 为等轴晶或规则的多边形；QF 的形态则高度不规则。②PF 呈明亮白色；QF 则相对较暗。③PF 的内部洁净；QF 则可见稀疏的黑色点状蚀刻区。④PF 的晶界清晰、完整、光滑、平直；QF 晶界则相对模糊、不连续、呈锯齿状。

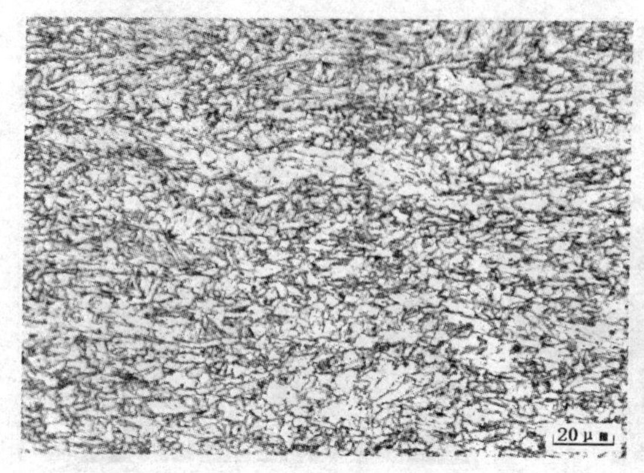

图 1-22 QF 的光学显微组织

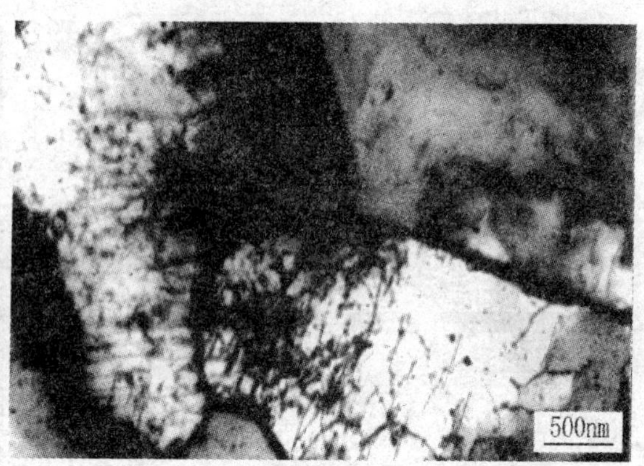

图 1-23 QF 的 TEM 显微组织

QF 的 TEM 如图 1-23 所示，可见 QF 以不同的形状交错分布。QF 内有较 PF 高的位错密度和亚结构；在 QF 之间还偶尔可发现 M-A 岛状组织。这些组织特征使得 QF 有较好的强度、塑性、低的屈强比和高的应变硬化能力。

四、粒状贝氏体

在较 QF 低的转变温度和快的冷却速率下，形成粒状铁素体或粒状贝氏体铁素体（GF 或 GBF），在管线钢中通常称其为粒状贝氏体（GB）。

GB 属中温转变产物。GB 以切变和扩散混合型相变机制而形成，因而 GB 呈伸长的条状，具板条的轮廓并排列成束。由于同一板条束中的板条具有相同的晶体学位向，板条之间为小角度晶界，对侵蚀不敏感，因而在光学显微镜（见图 1-24(a)）和 SEM（见图 1-24(b)）下，GB 通常表现为不规则的块状，在块状的内部和边界可见粒状 M-A 岛状组织。原奥氏体晶界部分存在。

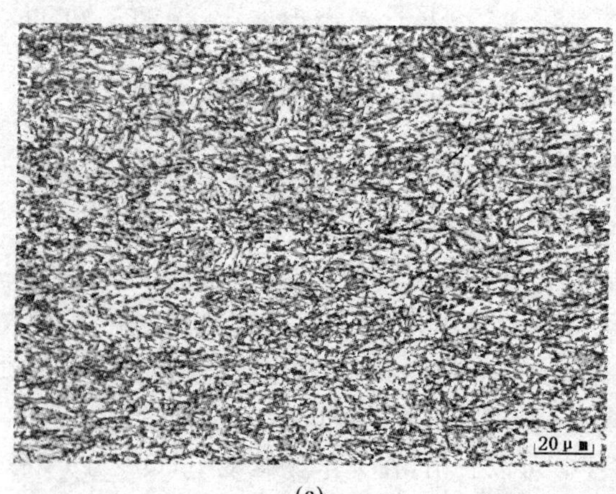

(a)

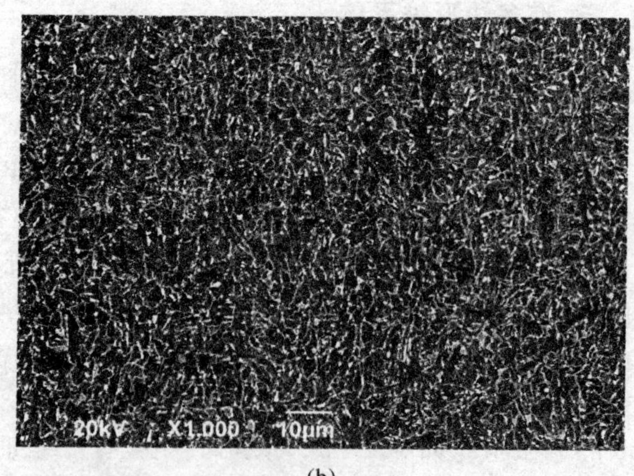

(b)

图 1-24 GB 的光学显微组织和 SEM 电子显微组织

GB 在光学显微镜和 SEM 下呈现的不规则块状，实际上由板条组成，其板条的形态可借助 TEM 分辨。图 1-25 所示为 GB 在 TEM 下的典型形态，GB 以条状分布，在条间分布有块状或条状的 M－A 组织，条内为高密度的位错。GB 板条之间为小角度晶界，板条束之间为大角度晶界。GB 板条束以不同的位向交错分布，有效地细化了晶粒。这些组织特征赋予 GB 较好的强韧特性。

在中温相变区的较高温度下，可形成另一种形态的 GB(见图 1－26)。这种 GB 不呈板条状，而表现为不规则、无特征的外形。这种不规则外形可能是在较高温度下片状恢复或熔合的结果。这种 GB 在形态上与 QF 颇为相似，也被称为粒状组织。

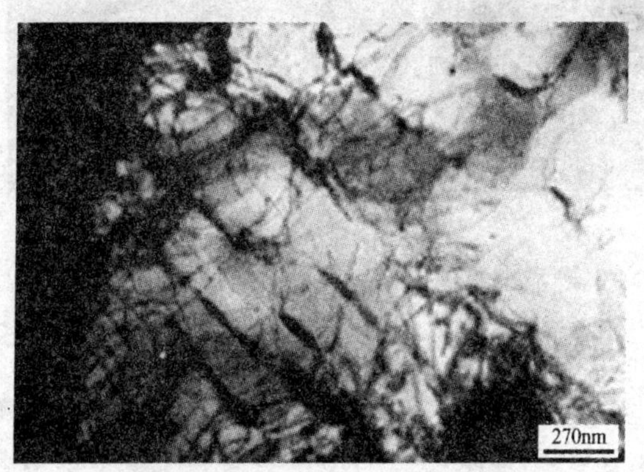

图 1－25 GB 的 TEM 电子显微组织

图 1－26 另一种 GB 的 TEM 电子显微组织

五、贝氏体铁素体

贝氏体铁素体(BF)在较 GB 低的转变温度、快的冷却速率下形成。

BF 和 GB 同属中温转变，具有相同的相变机理。然而，BF 相变是在较低的相变温度下完成的，因而 BF 的板条化倾向更为明显。如图 1－27 所示，BF 板条在光学显微镜下依稀可见，BF 由原奥氏体晶界以相互平行的板条向晶内生长，不同位向的 BF 束将原奥氏体晶粒分割成不同区域，勾勒出原奥氏体晶界，使原奥氏体晶界被保留。BF 的这种板条特征在 TEM 下可得到更清晰的显示。图 1－28 所示为 BF 在 TEM 选区衍射下的明场、暗场。BF 板条成束分布，板条间分别有针状或薄膜状的 M－A 组元，板条内有缠结的位错。

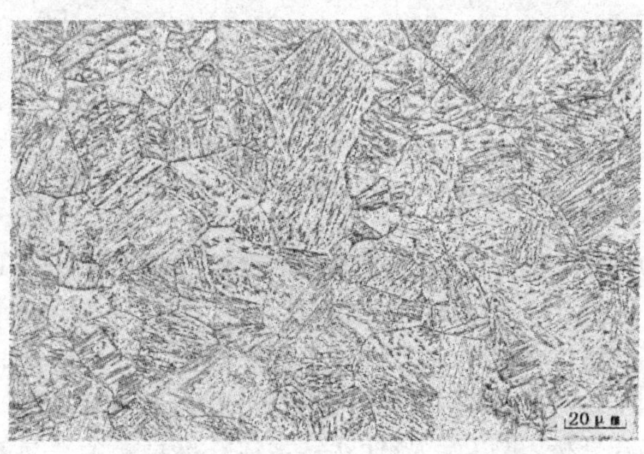

图 1－27 BF 的光学显微组织

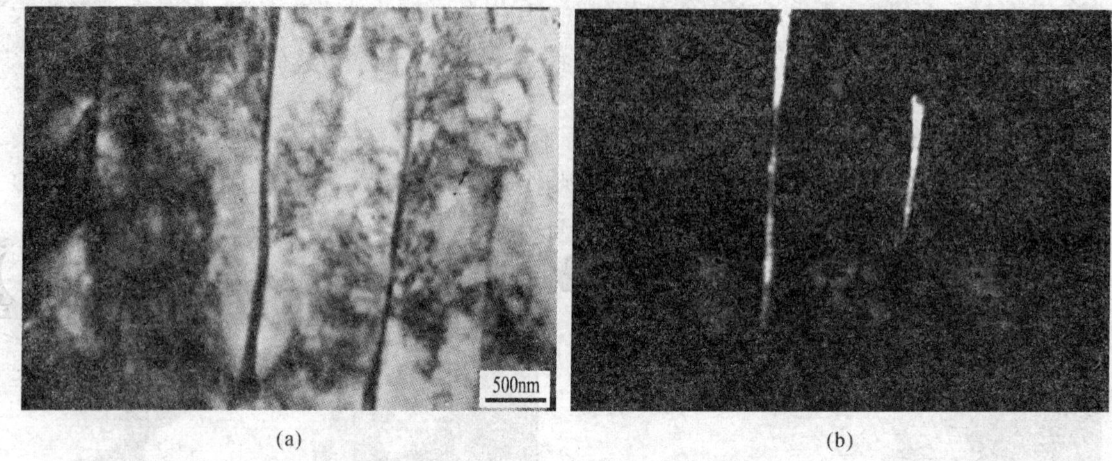

(a) (b)

图 1-28 BF 的 TEM 电子显微组织

(a)明场；(b)暗场

BF 和 GB 有相近的形态特征，辨识这两类组织十分重要。对比图 1-29(a)，(b)可以看出，BF 和 GF 的形态特征的主要差别为：①BF 板条更为细长、平直、清晰。②BF 板条内有更高的位错密度。③BF 板条间的第二相呈针状或薄膜状；GF 板条间的第二相呈块状或条状。

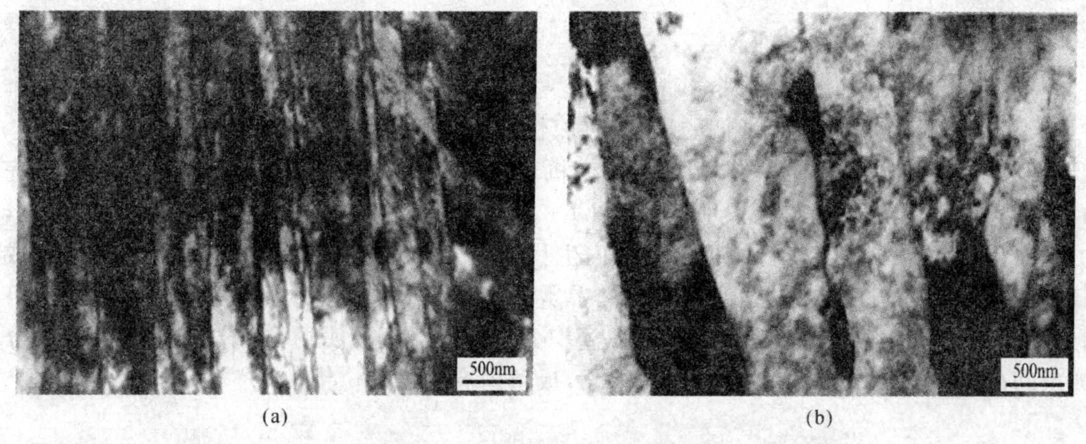

(a) (b)

图 1-29 BF 与 GB 的比较

(a)BF； (b)GB

六、针状铁素体

针状铁素体(AF)是现代管线钢中广泛使用的显微组织专用术语。1971 年，Y. E. Smith 最早对针状铁素体进行了定义："针状铁素体是在稍高于上贝氏体的温度范围，通过切变相变和扩散相变而形成的具有高密度位错的非等轴铁素体。"结合 Y. E. Smith 对针状铁素体的定义和日本钢铁学会(ISIJ)以及 G. Krauss 等学者的研究成果，从相变机理、相变动力学和相变产物的形态特征等方面综合分析，可以认为，针状铁素体并不是一个独立的组织形态。在管线钢中的所谓针状铁素体，其实质是粒状贝氏体、贝氏体铁素体或是粒状贝氏体与贝氏体铁素体组成的复相组织。图 1-30 所示为 AF 的典型形态。对针状铁素体形态的具体描述应该是：

针状铁素体具有不规则的非等轴形貌，在非等轴铁素体之间存在 M－A 组元，在铁素体内具有高密度位错。

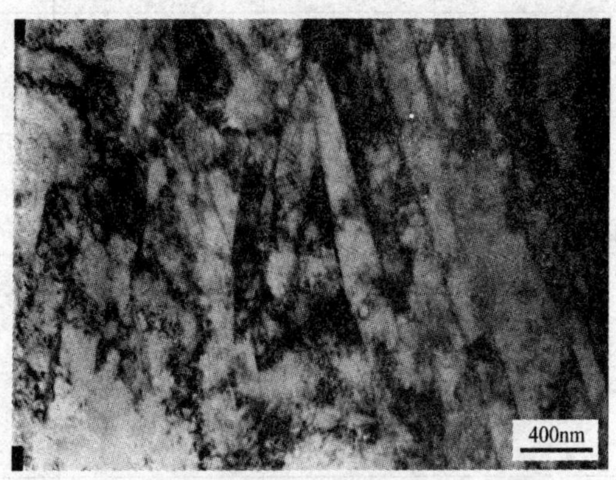

图 1－30　AF 的 TEM 电子显微组织

针状铁素体是管线钢焊缝组织中经常可见的组织形态，这不仅是因为焊缝具有形成中温转变产物的冷却条件，还因为焊缝中难以避免的夹杂物对针状铁素体的形成有着重要的促进作用。研究表明，焊缝金属中的 TiO，TiN，BN，Al_2O_3 · MnO，MnS，SiO_2 等都可诱发针状铁素体的形核和成长，形成所谓的晶内形核针状铁素体（Intragranular Nucleated Acicular Ferrite，IAF）。在焊缝金属的组织中，当使用“针状铁素体”这一术语时，人们更倾向于强调它的非平行的、伸长的、多位向析出的针片状形态。在光学显微镜下，这种针状铁素体表现为具有一定长宽比（一般认为，长宽比小于 1/4）的铁素体片相互交错，宛如筐篮的编织结构。管线钢焊缝针状铁素体的光学显微组织和 TEM 电子显微组织分别如图 1－31(a)，(b)所示。

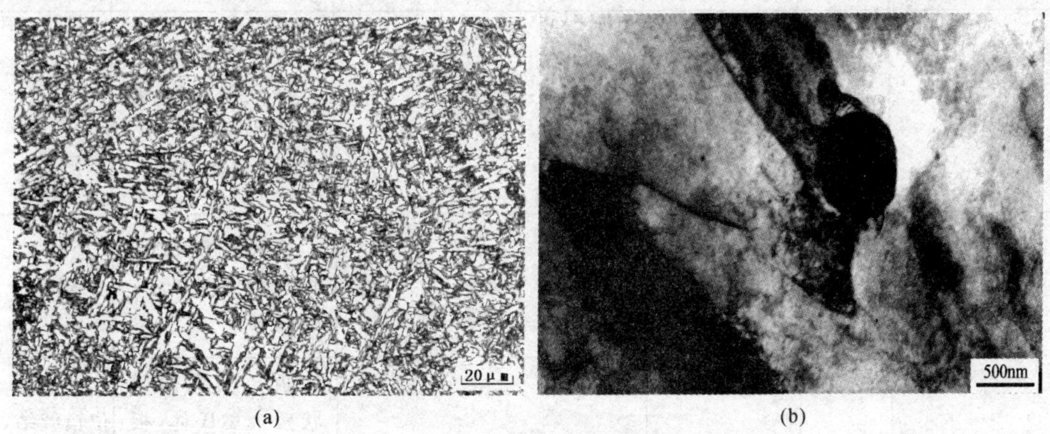

(a)　　(b)

图 1－31　焊缝 AF 的光学显微组织和 TEM 电子显微组织

七、其他组织

管线钢及其在随后的焊接和管件的二次热过程中，因不同工艺参数的作用，有可能形成马氏体、上贝氏体、下贝氏体和珠光体等。管线钢的这些显微组织与其他低碳钢的没有本质区别，其组织特征如表 1－7 所示。

表 1-7　管线钢不同组织结构的基本特征

名称	符号	转变机理	基体组织形态	第二相	位错密度
多边形铁素体	PF	扩散型	等轴或规则的多边形；晶界光滑、清晰、平直		低
魏氏铁素体*	WF	扩散和切变混合型	从晶界向晶内生长；呈侧板条		低
准多边形铁素体	QF 或 MF	块状转变	形态不规则，呈无特征的碎片，大小参差不齐；边界粗糙、模糊，凸凹不平，呈锯齿状或波浪状	偶尔见 M-A	高
粒状贝氏体**	GB 或 GF	扩散和切变混合型	条状（形成温度高时可呈不规则、无特征外形）	条间分布有粒状或条状 M-A	高
贝氏体铁素体**	BF	扩散和切变混合型	板条状	板条间分布有薄膜状或针状M-A	很高
珠光体	P	扩散型	层片状 F 与 Fe_3C（若 Fe_3C 不连续，则称为退化 P）		
上贝氏体	UB	扩散和切变混合型	板条状	板条之间为片状或杆状碳化物（若板条之间为 M-A，则称为退化 UB）	很高
下贝氏体	LB	扩散和切变混合型	板条状	板条内碳化物沿板条轴线呈 55°～65°分布	很高
板条马氏体	LM	切变型	板条状	板条间为薄膜状残余奥氏体，板条内存在呈魏氏组态分布的碳化物	位错缠结，局部微孪晶

注：　* 在微合金化管线钢中，除焊缝金属外，较少涉及魏氏铁素体。

　　** 所谓针状铁素体，其实质是粒状贝氏体、贝氏体铁素体或是粒状贝氏体与贝氏体铁素体组成的复相组织。

第五节 管线钢的性能

一、强度

1. 概述

大管径、高压输送是当前油、气管道工程的发展趋势之一。这种发展趋势只有通过提高钢的强度或增加钢管的壁厚才能实现。虽然微合金高强度钢的价格比普通钢的价格高约5%～10%，然而由于高强度钢的采用，可使钢管自重减少1/3、制造和焊接过程容易、敷设费用降低，因而高强度钢管的成本仅为同样压力、同样管径普通钢管成本的1/2，而且由于管壁减薄，脆性断裂的可能性减少。所以从经济性和安全性考虑，一般是选择提高钢的强度的方法而不是增加钢管的壁厚。图1-32所示为管线钢强度级别和管线钢冶金水平的发展趋势。可见，随着微合金化、超纯静冶炼和现代控轧、控冷技术的进步，自20世纪50年代后，管线钢的强度级别每10年跃变一次。

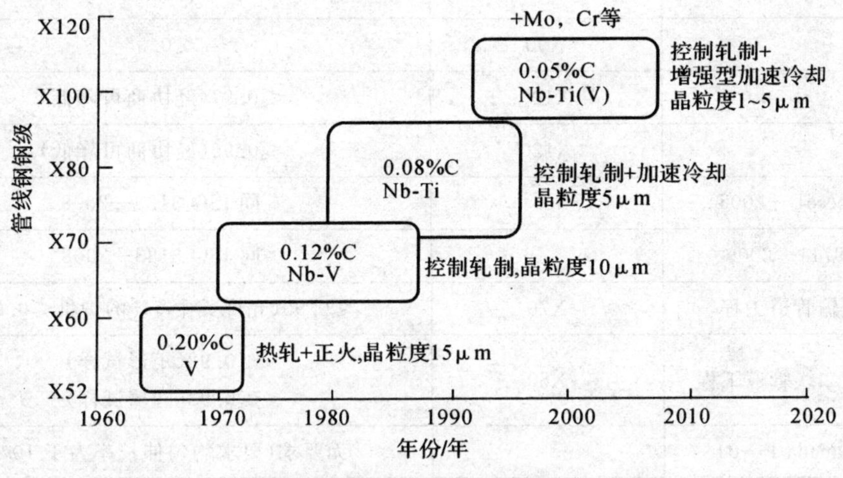

图1-32 管线钢强度级别的变化

2. 强度设计

长输管道传统的强度设计方法是应力设计，即以管道内压和压力波动为基础的设计。应力设计的基本计算式为

$$\sigma_h = \frac{PD}{2t\eta} \tag{1-1}$$

式中 σ_h—— 环向应力，MPa；

P—— 管道设计压力，MPa；

D—— 钢管外径，mm；

t—— 钢管壁厚，mm；

η—— 焊缝因数，按API 5L标准生产的钢管η取为1.0。

$$\sigma_s = \frac{1}{f}\sigma_h \tag{1-2}$$

式中　σ_s —— 管线钢屈服强度,MPa;

　　　f—— 设计因数。

在输送压力、管径和壁厚确定后,可通过式(1-1)确定沿钢管壁厚圆周方向的环向应力,该环向应力即为钢管的许用应力。再通过式(1-2)可确定管线钢的最低屈服强度(Specified Minimum Yield Strength,SMYS),其中的设计因数 f 分别为 0.625,0.72 和 0.80 等。对长输管线而言,目前中国、美国、英国等国家通常取 f 为 0.72,加拿大等国家通常取 f 为 0.80。根据管线途经地区情况应采用不同的设计因数。

石油天然气长输管线的服役条件要求管线钢应有大的极限塑性变形能力和抗断裂能力,通常对屈强比提出要求。不同的规范对管线钢屈强比的规定有所差别,通常要求屈强比低于 0.85～0.93 的范围,表 1-8 列出了部分标准的屈强比的限值。实际上,用户一般对管线钢屈强比经常提出更严格的要求。

表 1-8　部分标准对屈强比的要求

标准	材料	屈强比的限值
ISO 3183—2008	X42～X80	≤90
	X90	≤0.95
	X100	≤0.97(经协商可降低)
	X120	≤0.99(经协商可降低)
API Spec5L—2008		同 ISO 3183—2008
GB/T9711—2009		同 ISO 3183—2008
西气东输管道工程	X70	≤0.90(允许其中 5%的炉批≤0.92)
西气东输二线管道工程	X80	≤0.92(矩形试样) ≤0.93(圆棒试样)
TransCanada P—04		无要求(要求均匀伸长率大于 10%)
DNV 海上钢管安装规范		≤0.85(扩径管:≤0.90)

在屈服强度确定后,可根据屈强比(σ_s/σ_b)的要求确定材料的抗拉强度 σ_b。

为保证环焊接头的强度匹配,使焊接易于进行,通常要确定屈服强度的偏差范围。屈服强度典型的上偏差为 100～120 MPa。如对于 X80,屈服强度的上限值不超过规定最小屈服强度 100 MPa;X100 和 X120 屈服强度的上限值则分别不应超过规定最小屈服强度 150 MPa 和 220 MPa。对管线钢抗拉强度的偏差范围则一般不加限制。

环向强度决定了管道的承压能力,纵向强度不直接影响承压能力。因此,在管道的应力设计中,通常只对横向拉伸性能提出要求。

目前,各国制造管道钢管都按照 API SPEC 5L 标准所规定的强度水平选用钢材。根据国内需要,我国也制定了适合本国情况的国家标准。API SPEC 5L—2008 对各种等级管线钢的强度要求见表 1-9。

表 1-9 管线钢管拉伸试验要求

钢管等级	屈服强度/MPa		抗拉强度/MPa		屈强比	伸长率/(%)	焊缝抗拉强度/MPa
	最小	最大	最小	最大	最大	最小	最小
L245 或 B	245	450	415	760	0.93	按规定的公式确定	415
L290 或 X42	290	495	415	760	0.93		415
L320 或 X46	320	525	435	760	0.93		435
L360 或 X52	360	530	460	760	0.93		460
L390 或 X56	390	545	490	760	0.93		490
L415 或 X60	415	565	520	760	0.93		520
L450 或 X65	450	600	535	760	0.93		535
L485 或 X70	485	635	570	760	0.93		570
L555 或 X80	555	705	625	825	0.93		625
L625 或 X90	625	775	695	915	0.95		695
L690 或 X100	690	840	760	990	0.97		760
L830 或 X120	830	1050	915	1145	0.99		915

3. *强度测试*

为测试管线钢的强度，应按图 1-33 取样。可采用矩形压平试样(Flattened Tensile Specimen)或圆棒试样(Round Specimen)。如果需要，可使用环扩试样(Ring - Expansion Specimen，或称胀环试样)测定横向屈服强度。

在管线钢管的强度测试中，通常采用矩形压平试样。由于高钢级管线钢管压平试样产生较大的包申格效应，因而当管线钢的强度级别高于 X70 时，推荐采用圆棒试样，圆棒试样直径不宜超过壁厚的 2/3。由于纵向试样的包申格效应较小且矩形试样易于加工，纵向拉伸推荐采用矩形压平试样。管线钢的屈服强度通常测定 $\sigma_{t0.5}$，当管线钢级别高于 X80 时，宜测定 $\sigma_{0.2}$。

4. *强度的控制*

管线钢的高强度可通过多种强化机制和强化方法来获取，其中最为有效的手段是：合金设计中的微合金化(如 Nb，V，Ti)和多元合金化(如 Mn，Mo，B)；控制轧制和控制冷却中的低的终轧温度、低的终冷温度和高的冷却速率等。如图 1-34 所示，管线钢的高强度通常可通过图中 A，B，C 3 种不同的技术路线来实现。

技术路线 A 以钢的成分控制为主要特征，重点通过提高钢中碳和合金元素的含量来提高钢的强度水平。这种技术路线的优点是对 TMCP 的要求不高；缺点是合金化成本较高，钢的焊接性和韧性偏低。

技术路线 B 以 TMCP 过程参数控制为主要特征，重点通过低的终轧温度、低的终冷温度和高的冷却速率来提高钢的强度水平。这种技术路线的优点是避免了钢的富成分对焊接性和韧性的影响;缺点是对 TMCP 的装备水平和工艺水平要求较高,焊接热影响区软化的倾向性较大。

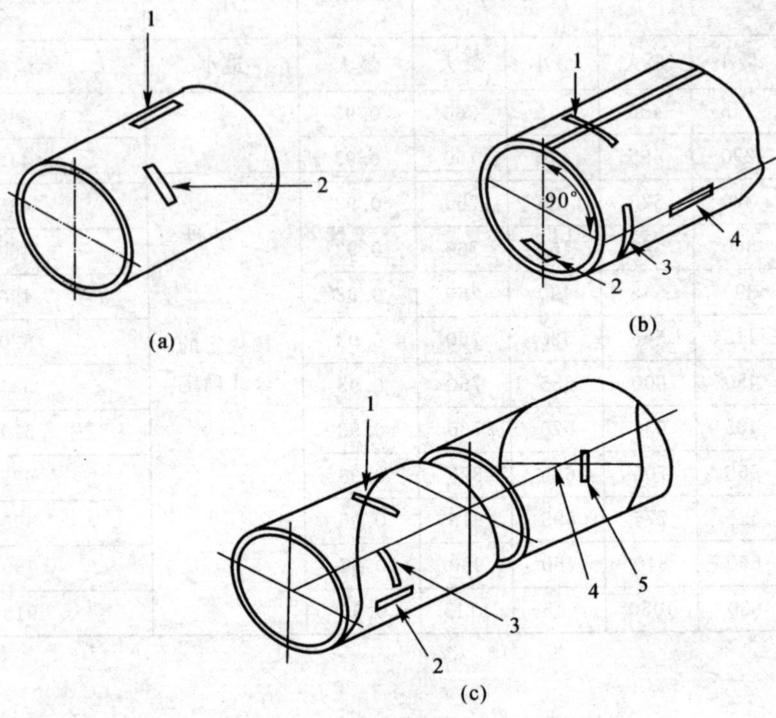

图 1－33　钢管力学性能试样的方向和位置

(a)无缝钢管;(b)直缝焊管;(c)螺旋缝焊管

技术路线 C 介于 A,B 两者之间。

生产企业可根据自身的装备条件、技术水平和成本核算,优选出高强度管线钢的技术路线。

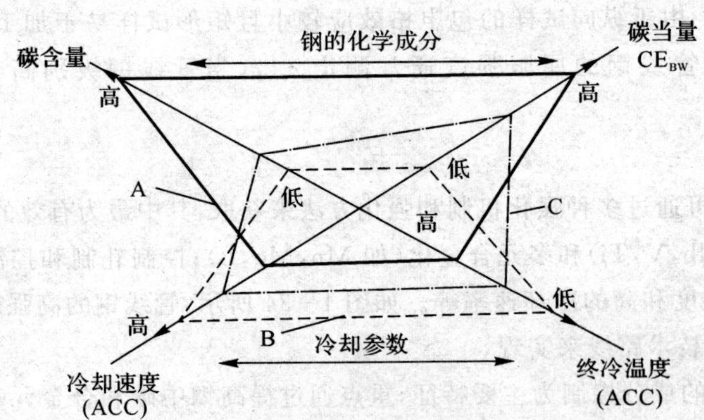

图 1－34　获取高强度管线钢的技术路线

典型高强度管线钢的化学成分和力学性能分别见表 1－10 和表 1－11。

表 1-10 典型高强度管线钢的化学成分(质量分数)

钢级	生产厂家	w_C/(%)	w_{Mn}/(%)	w_{Mo}/(%)	w_{Ti}/(%)	w_B/(%)	其他元素	CE_{pcm}
X80	JFE	0.04	1.76	0.14	0.010		Cu,Ni,Nb,V	0.17
X100	Europipe	0.07	1.90	0.17	0.018		Cu,Ni,Nb,V	0.20
X120	NSC	0.041	1.93	0.32	0.020	0.0012	Cu,Ni,Cr,Nb	0.21

表 1-11 典型高强度管线钢的力学性能

钢级	生产厂家	壁厚/mm	σ_s/MPa	σ_b/MPa	σ_s/σ_b	δ/(%)	CVN 试验		DWTT 试验	
							A_{KV}/J	T/℃	S_A/(%)	T/℃
X80	JFE	16.9	594	765	0.78	28	187	0	100	0
X100	Europipe	19.1	737	800	0.92	18	200	20	85	20
X120	NSC	19.0	853	945	0.90	31	318	−30	75	−5

二、韧性

1. 概述

由于全世界能源的需求不断增加,人们正在偏远地区寻找和开发新的油、气田,与此相配套的管道多在气候恶劣、人烟稀少、地质地貌条件极其复杂的地区建设。如美国横穿阿拉斯加的管道,途经冰冻地区,气温低达−70℃。位于俄罗斯西伯利亚的管道,沿线积雪 70~90cm,气温低达−63℃。墨西哥湾北部海域管道的最低服役温度为−40℃。我国的新疆油田和大庆油田外输管道,冬季最低温度为−34℃或更低。随着服役温度的降低,管线钢管的断裂机理由微孔积聚型变为穿晶解理型,断口特征由纤维状变为结晶状,韧性明显下降,材料由韧性状态变为脆性状态。为满足在这种低温条件下的安全服役,管线钢必须有大的韧性储备。与此同时,由于天然气输送的发展、富气输送工艺的实施和高强度管线钢的应用,为防止管道的断裂,要求管线钢有更高的起裂韧性和止裂韧性。图 1-35 所示为不同年代对管线钢韧性要求的变化趋势。可见,随着管道工程的发展,对管线钢韧性的技术要求日益提高,韧性已成为管线钢最重要的性能指标。

2. 韧性设计

管线钢的韧性设计包括脆性断裂韧性设计,起裂韧性设计和韧性断裂的止裂韧性设计。管线钢的韧性通常用 Charpy V 型缺口冲击试验所测定的冲击吸收能 A_{KV} 和落锤撕裂试验(Drop Weight Tear Test,DWTT)所测定的韧脆转变温度(Fracture Appearance Transition Temperature,FATT)来表示。

在对管线钢管进行韧性设计时,恰当地提出韧性参数指标,并不是一件容易的事情,这是因为韧性的确定受到多方面因素的影响。下面结合具体实例评价影响韧性指标的相关因素。

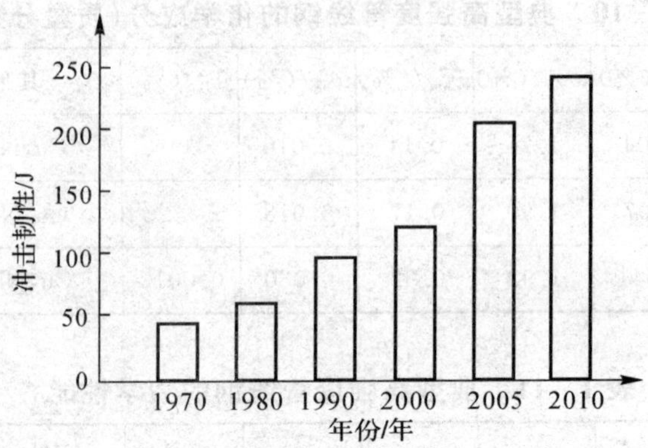

图 1-35　不同年代对管线钢韧性的技术要求

(1)管线钢的强度和应力水平。管线钢的强度是由管线设计的应力水平所决定的,所以强度和应力水平这两项因素对韧性要求的作用往往是相同的。

韧性是材料强度和塑性的综合性能指标,因而为了保证断裂前具有相同的塑性变形量,对强度较高的管材,要求它应具有更高的韧性值。图 1-36 所示为两种具有相同韧性管线钢的示波冲击曲线,虽然它们都具有相同的断裂能量值(曲线所包围的面积相等),但是在断裂前所产生的塑性变形量明显不同,因而其断裂韧脆程度必然有别。由图可见,如果要求高强度材料 A 与低强度材料 B 的塑性变形量相等,则高强度材料 A 的实际韧性必须增大。事实上,这一点已在许多国家的技术条件中得到反映。

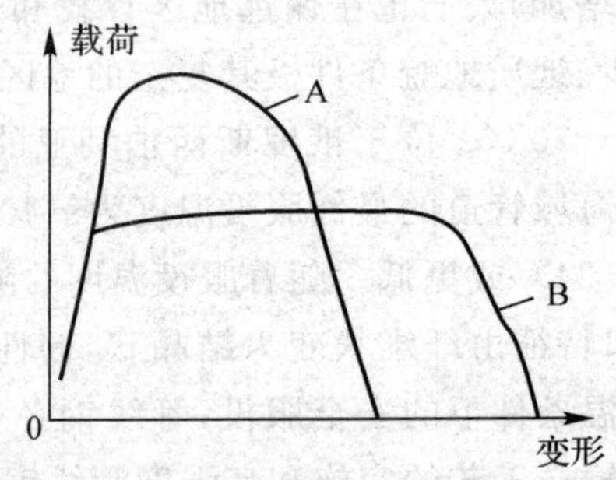

图 1-36　两种管线钢的示波冲击曲线

例如,对焊接船板而言,对其冲击韧性曾提出以下要求:

$$A_{KV}=K\sqrt{\sigma_s+\sigma_b}$$

式中　σ_s,σ_b—— 分别为材料的屈服强度和抗拉强度;

K—— 比例系数。

后来,英国能源部、挪威船级社在输油管线钢和近海采油平台等结构的规范中提出下列标准:

$$A_{KV}\geqslant 0.1\sigma_s$$

式中　A_{KV}—— 在规定温度下的冲击值,J;

σ_s—— 屈服强度,MPa。

依照这一标准,英国能源部对不同强度级别管线钢的韧性要求见表 1-12。

表 1-12 英国能源部对管线钢的韧性要求

钢级	X52	X56	X60	X65	X70
平均/J	36	39	42	45	49
最小/J	27	30	32	34	37

从一般概念而言,材料随强度的升高,其韧性降低,可见上述标准对管线钢提出了更高的要求。目前管线钢的微合金化、超纯净冶炼以及现代控轧控冷技术已为实现上述要求提供了可能。

表 1-13 列出了 20 世纪 60～80 年代著名输油、输气管线对韧性的技术要求,总的趋势是随着管线钢强度级别的提高,对韧性的要求愈高。

随着油、气输送水平的提高和冶金手段的完善,管线钢的强度级别和韧性要求提高到一个新的水平。新一代高强高韧管线钢在设计温度时的 A_{KV} 已超过 400 J;DWTT 的 85%FATT 已降至 -60℃以下。

(2) 管壁厚度。厚壁管比薄壁管应具有更大的韧性要求。这一方面是因为当厚壁管受到外力作用时,沿厚度方向的收缩和变形受到约束,在缺口处容易引起较高的弹性三轴应力分布,形成所谓的平面应变状态。这种多轴应力状态,抑制了材料的塑性变形,引起材料的脆化。另一方面,从冶金角度分析,厚板的缺陷较多,组织的不均匀倾向明显。

例如,英国桥梁规程 BS5400—1980 提出

$$A_{KV} \geqslant \frac{\sigma_s}{355} \times \frac{t}{2}$$

式中,t 为壁厚。

表 1-13 20 世纪 60～80 年代著名输油、气管线对韧性的要求

建设年代	管线名称	钢号	对母材 CVN 的要求		对其他区域要求	DWTT	
			试验温度/℃	A_{KV}/J		试验温度/℃	FATT/(%)
1967	伊朗输油管线	X60	-10	≥27	W*,HAZ	—	—
1970	阿拉斯加输油管线	X65	-10	≥46	W,HAZ	—	—
1972	北海油田输油管线	X65	-10	≥82	W,HAZ	—	—
1973	澳大利亚输气管线	X65	0	≥82	W,HAZ	0	≥50
1973	北海油田输油管线	X65	-40	≥82	W,HAZ	0	≥75
1975	阿拉斯加输气管线	X65	-24	≥92	W,HAZ	-24	≥75
1975	俄罗斯输气管线	X70	-20	≥92	W,HAZ	-20	≥85
1978	加拿大输气管线	X70	-20	≥92	W,HAZ	-20	≥60
1980	北海输气管线	X65	-10	≥147	W,HAZ	-10	≥60
1983	美国 CO_2 管道	X70	-18	≥88	W,HAZ	—	—
1984	阿拉斯加输油管线	X65	-46	≥27	W	0	≥40

注:* W 为焊缝。

另一些情况则建议

$$A_{KV}=\frac{\sigma_s}{5}(t+0.25)$$

可见，上述有关构件材料韧性的考虑都把壁厚作为主要的影响因素。有鉴于管壁厚度的作用，英国能源部对输油、气管线的试验温度作了规定（见表 1－14）。

表 1－14　Charpy 冲击试验温度的规定/℃

管壁厚度/mm	输气管	输油管
＜20	管线设计温度－10℃	管线设计温度
20～26	管线设计温度－20℃	管线设计温度－10℃

（3）管径。不同大小的管径对韧性的要求各异。由前述的 $\sigma_f=\frac{PD}{2t}$ 一式可见，在相同的设计压力 P 和壁厚 t 下，随着钢管管径 D 的增大，钢管的环向应力增大，要求管材的强度水平提高。可见，大的管径对韧性提出了更高的要求。

表 1－15 列出了为加拿大管线公司输气管线的不同外径对韧性的要求；表 1－16 列出了俄罗斯干线管道的设计规范，均显示了管径对韧性的不同要求。

表 1－15　加拿大管线公司 AHP 气管线韧性要求（X70，设计温度－5℃）

外径/mm	最小 A_{KV}/J	平均 A_{KV}/J	DWTT SA/（%）
1 442	51	≥68	≥85
1 219	51	≥68	≥85
1 066	41	≥54	≥85
914	35	≥47	≥85
762	30	≥40	≥85

表 1－16　俄罗斯干线管道设计规范（НИП2.05.06－85）

管径/mm	压力/MPa	最小 A_{KV}/J	DWTT SA/（%）
＜500	≤10	19.6	—
500～800	≤10	23.5	50
1 000	＜5.5	23.5	50
	7.5	31.4	60
	10	47.0	60
1 200	≤5.5	31.4	60
	7.5	47.0	70
	10	62.5	80
1 400	7.5	62.4	80
	10	86.2	85

(4)输送介质。输送介质对钢管的断裂过程构成重要影响。钢管的脆性断裂速率为460～900 m/s,延性断裂速率为90～275 m/s,混合型断裂的扩展速率为275～460 m/s。石油的减压波速率为1 500 m/s,天然气的减压波速率为380～440 m/s。对于液体介质,减压波速率大于裂纹在金属中的扩展速率,因而造成裂纹尖端的压力降低,裂纹扩展的驱动力减小,易于实现止裂。相反,对于气体介质,减压波速率小于脆性断裂在金属中的扩展速率,不会造成裂纹尖端压力的降低,因而扩展中的脆性断裂得不到止裂。同时,当条件符合时,可发生延性断裂的长程扩展,也存在止裂的可能性。如果天然气含有 C_2～C_5 烃类的富气,因其热值较高,减压波速率降低,则需要更高的止裂韧性。可见,输气管道应比输油管道有更高的韧性要求。由表1-13可见,阿拉斯加和北海输气管线的 A_{KV} 分别是这两地区输油管线 A_{KV} 的2倍左右。表1-17则列出了意大利 Snamprogett 公司对输油和输气管线所分别提出的韧性标准。

表1-17 意大利 Snamprogett 公司的韧性要求

输油管线	X42	X52	X60	X65	X70
平均 A_{KV}/J	35	35	42	48	48
最小 A_{KV}/J		28	32	38	38
输气管线	X42	X52	X60	X65	X70
平均 A_{KV}/J	40	40	48	60	60
最小 A_{KV}/J		32	40	45	45

(5)钢管部位。在管线钢管的韧性设计中,对钢管的焊接区只有起裂韧性的要求,因而焊缝和热影响区的韧性可低于母材。我国造船规范中也规定,允许焊缝区韧性低于母材的20%～25%。同时,焊接接头的韧性要求还必须考虑到服役条件的需要。在UOE埋弧直缝焊管中,由于母材、焊缝和焊接热影响区的受力方向都与钢管的受力的主轴一致,因而在表1-13中,对母材、焊缝和焊接热影响区的韧性要求基本一致。在螺旋埋弧焊管中,考虑到焊缝和热影响区的受力方向与钢管的受力的主轴不一致,因而可以降低对焊缝和热影响区的韧性要求。这种钢管不同部位具有不同韧性要求的特征可在横穿阿拉斯加输油管线系统(TAPS)的韧性规范(见表1-18)中得到反映。

表1-18 TAPS 管线螺旋埋弧焊管的韧性要求

(X65;工作压力:7MPa;设计温度:-10℃)

部位	试验温度/℃	平均 A_{KV}/J	最小 A_{KV}/J	DWTT SA/(%)
母材	-10	≥64	≥44	≥50
HAZ	0	≥40	≥25	≥50
焊缝	0	≥40	≥25	≥45

(6)环境因素。服役于不同环境的管道,其韧性要求是不相同的。

海洋管道对韧性的要求较高。由表1-13可见,海洋输油管道的 A_{KV} 比陆地输油管道的

A_{KV}都高，海洋管道和陆地管道韧性要求的差异正是海洋管道的高压、厚壁化这一特点所决定的。

极地管道的高寒环境，是材料致脆的三大因素之一。因此为了保证极地管道的安全服役，必须提供足够的韧性储备。

对在严重腐蚀环境中服役的管道的基本要求是低硬度（≤HRC22 或≤HV248）、高的成分纯净性（<0.002%S）和高的组织均匀性（夹杂物和偏析控制等），而这一切正是改善韧性的有效途径，因而在腐蚀环境中服役的管道通常具有高的韧性水平。

3. 韧性的控制

为获取高韧性管线钢，可通过多种韧化机制和韧化方法，其中低碳或超低碳，纯净或超纯净，均匀或超均匀，细晶粒或超细晶粒以及以针状铁素体为代表的组织优化是高韧性管线钢最重要的特征。

20 世纪 70 年代之前，管线钢的韧性不足 50 J。目前，由于冶金技术的进步，现代管线钢的韧性大都在 200～300 J 以上，厚度不大于 16 mm 的管材，其 50%FATT 可达－45℃以下。经过精心控制的管线钢，其韧性可高达 400～500 J。

典型高韧性管线钢的化学成分见表 1－19。

表 1－19　典型高韧性管线钢的化学成分（质量分数）

钢级	组织	C	Mn	Mo	V	Nb	Cu+Ni+Cr	CE_{pcm}
X65	F－P	0.08	1.55	NA	0.05	0.065	0.1	0.17
X70	F－AF	0.05	1.5	0.25	NA	0.08	0.2	0.18
X80	F－AF	0.045	1.75	0.30	NA	0.085	0.65	0.2

三、应变能力

1. 概述

随着油气输送管道向极地、海洋和地质非稳定区域的延伸，油气管道面临着冻土、洋流、滑坡、泥石流、大落差地段、移动地层和地震等大位移环境的威胁。此时，管道失效的主要形式是由于地层移动引起的局部屈曲和延性断裂，如图 1－37 所示。

2. 应变设计

为适应管道的大位移环境，一种应变极限状态法开始引入管道结构的设计领域，以代替基于应力的传统许用应力设计方法。这种基于应变的设计方法对通过冻土带、沉陷带、滑坡带和地震带的管道，以及海洋管道和具有大跨距的悬空管道等在拉伸、压缩和弯曲载荷下抵抗屈曲、失稳和延性断裂的极限应变能力进行设计和提出要求，以适应位移控制载荷的作用。

基于应变的设计是根据管道的实际应变能力进行设计计算，其基本要求是钢管的许用应变小于设计应变。典型的设计应变量在 1%～2%的范围内。例如加拿大的 Machennie Valley输气管道的设计拉伸极限应变为 1%～2%，弯曲极限应变为 1%～1.5%。

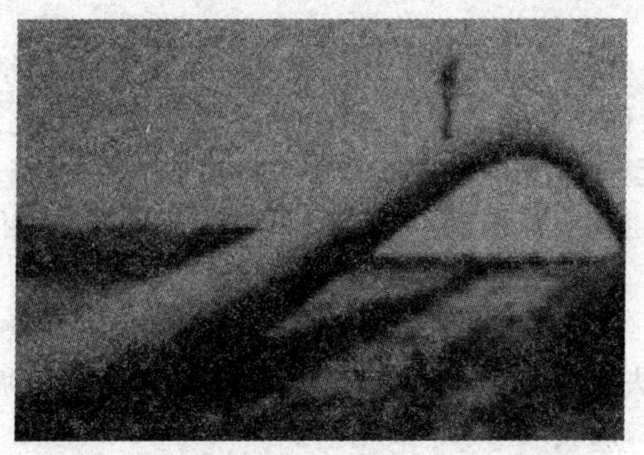

图 1-37 管道由于地层移动产生的变形

在一定条件下，钢管的许用应变可视为临界应变。图 1-38 所示为在轴向压缩状态下，管道临界屈服应变与结构尺寸 D/t 的关系。可以看出，随钢管 D/t 的增加，管道的临界屈曲减小。为保证钢管在大位移环境的适应能力，厚壁管是必要的。厚壁化已成为海底管线的发展方向。

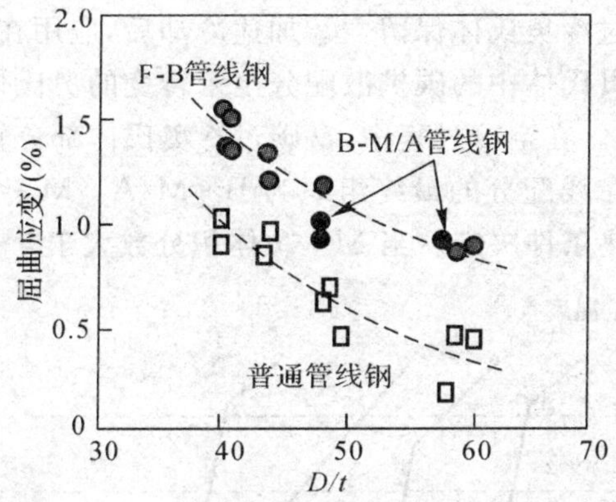

图 1-38 管线钢管屈服应变与 D/t 的关系

如图 1-38 所示，管道临界屈服应变还与管线钢的材料特性有关，具有双相组织的管线钢比普通管线钢有较大的应变能力，这种管线钢称为大变形管线钢。所谓大变形管线钢，是一种适应大位移服役环境的，在拉伸、压缩和弯曲载荷下具有较高极限应变能力和延性断裂抗力的管道材料。这种管线钢既可满足管道高压、大流量输送的强度要求和防止裂纹起裂和止裂的韧性要求，同时又具有防止管道因大变形而引起的屈曲、失稳和延性断裂的极限变形能力，因此大变形管线钢是管道工程发展的迫切需要，也是传统油、气输送管道材料的一种重要补充和发展。

大变形管线钢的主要性能特征是：

(1)拱形或连续的应力-应变曲线；

(2)高的形变强化指数(如 $n>0.1$)；

(3)高的均匀伸长率(如 $\delta_u>8\%$)；

(4)低的屈强比(如 $\sigma_s/\sigma_b<0.85$)；

(5)优良的纵向拉伸性能。

3. 应变能力控制

大变形管线钢的主要组织特征是双相组织。双相大变形管线钢不同于传统的管线钢，也不同于一般意义上的双相钢。它通过低碳、超低碳的多元微合金化设计和特定的控制轧制和加速冷却技术，在较大的厚度范围内分别获得 B－F 和 B－M/A 等不同类型的双相组织。从图 1－38 可以看出，与普通管线钢相比，具有 B－F 和 B－M/A 双相组织的管线钢具有高的屈曲应变。

大变形管线钢双相组织可以通过图 1－39 所示的不同的方法获取。

(1)适度加速冷却方法(见图 1－39(A))。在管线钢 TMCP 的加速冷却过程中，通过适度冷却速率的加速冷却方法，以获取 B－F 双相组织。

(2)临界区加速冷却方法(见图 1－39(B))。通过始冷温度位于(A_{r3}～A_{r1})临界区的加速冷却方法，以获取 B－F 双相组织。

(3)延迟加速冷却方法(见图 1－39(C))。通过始冷温度位于(A_{r1}～B_S)温度区间的加速冷却方法，以获取 B－F 双相组织。

(4)在线配分方法(见图 1－39(D))。通过在线配分方法，以获取 B－M/A 双相组织。该方法包括如图 1－39(D)的三步工艺过程：①在贝氏体转变开始温度与终止温度之间停止加速冷却，使部分未发生相变的过冷奥氏体保留。②加速冷却后，应用在线加热装置进行在线配分处理。在配分处理过程中，贝氏体中的碳扩散配分至未转变的奥氏体，使碳在未转变的奥氏体中富聚。③在线加热后空冷。在空冷过程中，富碳过冷奥氏体部分转变为马氏体，少量奥氏体未发生转变，形成 M－A。在线配分的最终组织为 B－M/A。M－A 的体积分数由材料的成分、加速冷却过程和在线加热条件决定。当 M－A 体积分数大于 5%时，屈强比可低于 0.8。

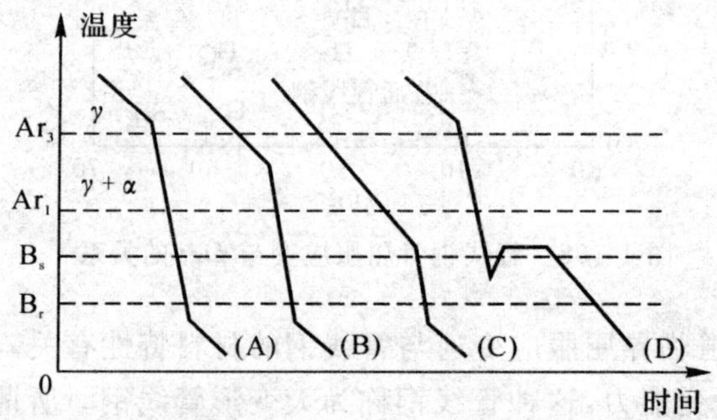

图 1－39　大变形管线钢双相组织的获取方法

典型的大变形管线钢的力学性能见表 1－20 和表 1－21。

表 1－20　B－F 大变形管线钢的力学性能

钢级	钢管尺寸			纵向拉伸性能				冲击韧性	
	管径/mm	壁厚/mm	D/t	σ_s/MPa	σ_b/MPa	σ_s/σ_b	n	A_{KV}/J	FATT/℃
X65	762.0	19.1	40	463	590	0.78	0.16	271	－98
X80	610.0	12.7	48	553	752	0.74	0.21	264	－105
X100	914.4	15.0	61	651	886	0.73	0.18	210	－143

表 1－21 B－M/A 大变形管线钢的力学性能

钢级	钢管尺寸			纵向拉伸性能				冲击韧性	
	管径/mm	壁厚/mm	D/t	σ_s/MPa	σ_b/MPa	σ_s/σ_b	n	A_{KV}/J	FATT/℃
X80	762.0	15.6	49	532	702	0.76	0.12	271	−98
X80	610.0	17.5	58	581	734	0.79	0.14	264	−105

四、耐腐蚀性

1. 概述

在输送酸性油气时，管道内壁与酸性油气中的 H_2S,CO_2和 Cl^- 接触。由于管道外保护层老化等原因出现局部损伤，钢管外壁与土壤和地下水中的硝酸根离子(NO_3^-)、氢氧根离子(OH^-)、碳酸根离子(CO_3^{2-})和酸式碳酸根离子(HCO_3^{2-})等介质接触。由此可见，管道内、外壁的腐蚀问题是难以避免的。表 1－22 的统计结果表明，腐蚀是输送管道最主要的失效形式。

表 1－22 我国某天然气管线失效原因分析(1969—2003 年)

原 因	失效比例/(%)
腐蚀	39.5
制造缺陷	22.7
材料缺陷	10.9
第三方破坏	15.8
地层移动	5.6
其他	5.5

由于含 H_2S 油井、含 CO_2 油井和 H_2S 与 CO_2 共存油井的开发，在管道的各种腐蚀形态中，尤以酸性介质的腐蚀最为严重。在这种酸性环境介质中，硫化氢应力开裂、氢致开裂和 CO_2 局部腐蚀是管道腐蚀的主要形式。有关这些腐蚀形态的特征在第五章有详细论述。

2. 耐腐蚀性控制

随着酸性油气田的开发，研究耐酸管线钢的问题日显迫切。高抗酸管线钢的生产，代表了一个国家管线钢生产的最高水平。目前实用耐酸管线钢通常为 X65；实用耐酸管线钢最高钢级为 X70，最大壁厚为 41 mm(1997 年日本 SMI 公司曾报道了耐酸 X80 管线钢的研究成果)。现有试验结果表明，X90～X120 等超高强度钢不适用于输送湿气，特别是含有 H_2S 和 CO_2 的流体。

为提高长输管道的耐酸能力，对高抗酸蚀管线钢的基本要求是：

(1)含碳量小于 0.06%；

(2)硬度小于 HRC22 或小于 HV250；

(3)含硫量小于 0.002%；

(4)通过钢水钙处理，改善夹杂物形态；

(5)通过减少 C,P,Mn，以防止偏析和减少偏析区硬度；

(6)通过对 Mn,P 偏析的控制,以避免带状组织。

典型实用耐酸管线钢的化学成分和力学性能分别见表 1-23 和表 1-24。

表 1-23　典型耐酸管线钢的化学成分(质量分数)

钢级	生产厂家	壁厚/mm	C/(%)	Si/(%)	Mn/(%)	P/(%)	S/(%)	其他	CE_{IIW}/(%)	CE_{pcm}/(%)
X65	Europipe	33.1	0.04	0.28	1.38	0.015	0.001 5	Nb,V	0.33	0.13
X70	JFE		0.05	0.28	1.13	0.014	0.000 5	Mo,Ni,Cr,Cu,Nb		0.14
X70	Europipe	34.3	0.038	0.30	1.43	0.009	0.000 5	Mo,Ni,Cr,Cu,Nb,V	0.41	0.17

表 1-24　典型耐酸管线钢的力学性能

钢级	生产厂家	σ_s/MPa	σ_b/MPa	σ_s/σ_b	δ/(%)	CVN 试验		DWTT 试验		CLR (%)	CSR (%)
						A_{KV}/J	T/℃	S_A/(%)	T/℃		
X65	Europipe	480	564	0.86	50.0	433	−10	89	0	≤5	≤0.5
X70	JFE	531	613	0.87	23.0	373	−10	100	0	0	
X70	Europipe	521	619	0.84	54.2	452	−20	94	0	≤4	≤0.2

五、焊接性

油气管道工程是一项大规模的焊接成型和长距离的焊接安装工程。这种焊接是在复杂的气候和地域条件以及不稳定的机械负荷作用下进行的。尤其是当今长输管线的焊接施工多面临沙漠、戈壁、碱滩、峡谷、荒原、沼泽地、大落差地段、冻土和海底等恶劣环境,给焊接施工造成了困难。表 1-25 表示了在不同地域条件下管道建设的困难程度。为适应在这些恶劣环境下的焊接施工,对管线钢的焊接性提出了更高的要求。

表 1-25　不同地域条件下管道建设的困难程度

地域类型	困难程度
草地和荒原	1.0
森林	1.0～1.25
丘陵	1.25～1.5
沙漠	1.4～1.7
沼泽和高沼地	1.5～2.0
50～100 m 海底	1.8～2.2
大山	2.0～2.5
150～500 m 海底	2.2～2.5
永久冻土	2.4～2.7
极地	2.5～2.9
500～2 000 m 海底	2.5～3.0

所谓焊接性即是金属是否适应焊接加工而形成无缺陷的、具备优良使用性能的焊接接头的特性。焊接性主要包括两方面要求，其一是工艺焊接性，即在焊接过程中是否容易产生裂纹等缺陷；其二是使用焊接性，即焊接接头能否达到所需要的性能，如强度、韧性、疲劳性能和耐腐蚀性能等。

焊接性是管线钢最重要的特性之一。具有优良焊接性的管线钢可称为易焊管线钢。现代易焊管线钢可分为焊接无裂纹钢和在焊接高热输入下的无脆化或无软化钢。

1. *焊接无裂纹管线钢*

冷裂纹是管线钢焊接过程中可能出现的一种严重缺陷。大量生产实践和理论研究表明，钢的淬硬倾向、焊接接头中含氢量和焊接接头的应力状态是管线钢焊接产生冷裂纹的三大主要因素。就钢的淬硬倾向而言，主要取决于钢的碳含量，其他合金元素也有不同的影响。综合这两方面的因素，提出了以"碳当量"作为衡量钢的焊接裂纹倾向性的依据。Graville 建立的低合金高强度钢焊接裂纹与碳含量和碳当量的关系如图 1-40 所示。可见，低的碳含量和碳当量可以达到焊接无裂纹的要求。为适应焊接无裂纹的要求以及韧性的需要，现代管线钢通常采用 0.1%或更低碳含量，甚至保持在 0.01%～0.04%的超低碳水平。目前国外管线钢碳当量 CE_{IIW}控制在小于 0.40%，用于高寒地区的管线则要求 CE_{IIW}在 0.32%或 P_{CM}在 0.12%以下。

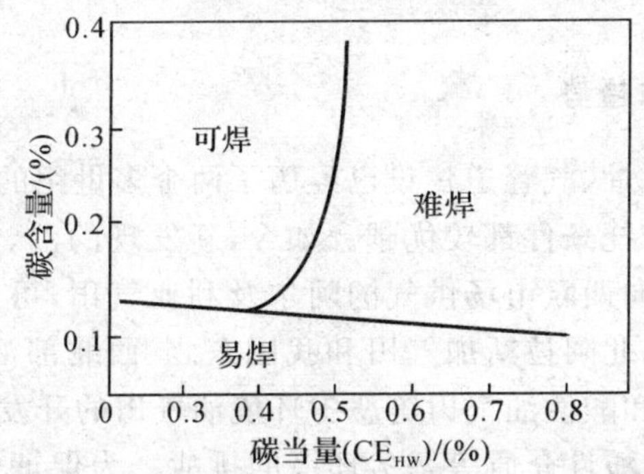

图 1-40　焊接冷裂纹与碳含量和碳当量的关系

2. *焊接无脆化或无软化管线钢*

采用高的焊接热输入可提高焊接的生产效率，但对热影响区的性能产生重要影响。高的焊接热输入一方面促使晶粒长大，另一方面使焊接冷却速率降低而导致相变温度升高，从而形成不良组织，引起焊接热影响区的局部脆化或软化。研究表明，因焊接局部脆化引起管线钢热影响区的韧性损失为 20%～60%。

为控制管线钢焊接热影响区在高热输入下的晶粒长大，可以通过向钢中加入微合金元素来实现。由图 1-41 可见，Ti 是一种在焊接峰值温度下能通过生成稳定的氮化物而控制晶粒长大的有效元素。研究表明，即使在高达 1 400℃的高温下，TiN 仍表现了很高的稳定性，从而有效地抑制在高热输入下的奥氏体晶界迁移和晶粒相互吞并的长大过程。目前，管线钢中推荐的最佳 Ti 含量为 0.01%～0.03%，并保持 Ti/N＜3.5。

为避免在高焊接热输入下热影响区中脆化和软化组织的形成，在 20 世纪 80 年代初研究开发了 Nb-Ti-B 系管线钢。这种合金设计思想充分利用了 B 在相变动力学上的重要特征。

由前述图 1－11 可知，加入微量的 B(0.000 5%～0.003 0%)可明显抑制铁素体在奥氏体晶界上形核，使铁素体转变曲线明显右移。同时使贝氏体转变曲线变得扁平，从而即使在高的焊接热输入下，在一个较大的冷却范围内，都能获得贝氏体组织，使管线钢热影响区的强韧性与母材的相当。

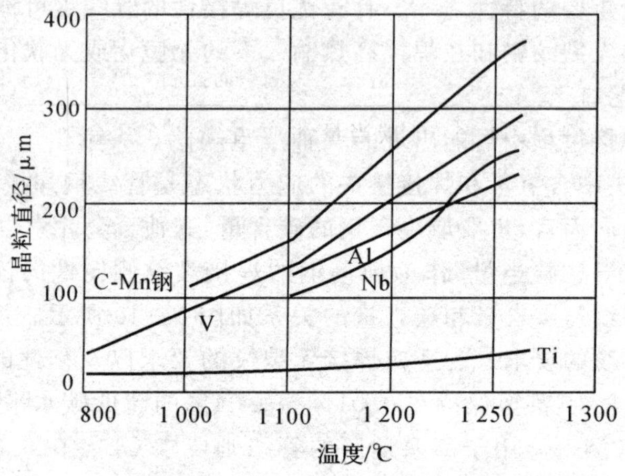

图 1－41　金元素对晶粒直径的影响

六、管线钢发展的动态和趋势

从最初的工业管道至今，油、气管道建设已经历了两个多世纪的发展。早期的管道离中心城市较近，地理环境和社会依托条件都较优越。如今，新发现的油、气田大都在边远地区和地理、气候条件恶劣的地带，如向西欧市场供气的阿尔及利亚气田，可向远东市场供气的西伯利亚气田，可向美国市场供气的北阿拉斯加气田和我国东北、西北部油、气田等。随着边远油气田、极地油气田、海上油气田和酸性油气田等恶劣环境油气田的开发，油、气管道工程面临着高压输送和低温、大位移、深海、酸性介质等恶劣环境的挑战。为保证管道建设和运行的经济性和安全性，管线钢的基本要求和发展趋势是高强度、高韧性、大变形性、厚壁化、高耐蚀性和良好的焊接性。图 1－42 所示为管线钢基本性能要求的变化过程，表 1－26 概括了现代管道特征与相应的管线钢的基本要求、关键技术和当代水平。

表 1－26　现代管道特征与管线钢的基本要求、关键技术和当代水平

管道特征	管线钢要求	关键技术	当代水平
高压输送	高强度	微合金化和多元合金化，低的终轧温度、低的终冷温度和高的冷却速率	X80，X100，X120
低温	高韧性	低碳或超低碳，纯净或超纯净，均匀或超均匀，细晶或超细晶	$A_{KV}\geqslant 200\sim300$ J FATT$\leqslant -45^{\circ}$C
大位移	大变形性	F－B 双相组织的获取，B－M/A 双相组织的获取	$n>0.15$，$\delta_u>8\%$ $\sigma_s/\sigma_b<0.8$

续 表

管道特征	管线钢要求	关键技术	当代水平
深海	厚壁化	低含碳量,低S,P含量,低的断口分离和层状撕裂	X70,X80 $t \geqslant 40$ mm
酸性油气	抗硫化氢应力开裂,抗氢致开裂	低含碳量,低S,P含量,夹杂物、偏析和带状组织的控制	X70 <22HRC,S<0.002%
在恶劣环境下的焊接	焊接无裂纹,焊接无脆化或无软化	低碳当量,微合金化和多元合金化	CE_{IIW}<0.40,CE_{pcm}<0.20

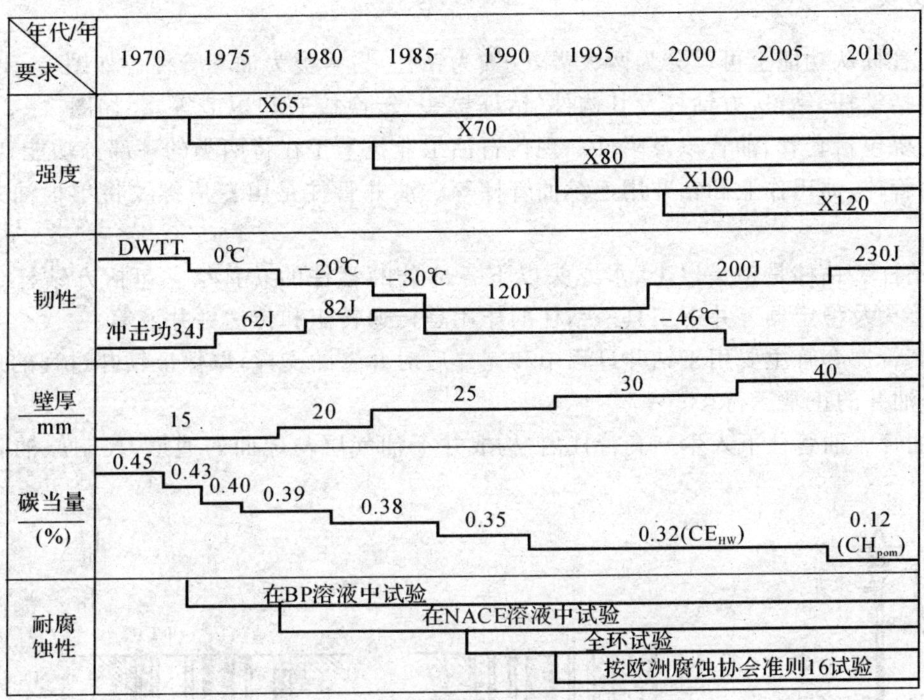

图 1－42　管线钢基本性能要求的变化

第二章 油井管材

第一节 概述

一、分类

油井管柱从功能上可以分为两大类，一类为钻柱，另一类为油套管柱。如图 2-1 所示，钻柱主要包括钻杆、钻铤、方钻杆及其构件（钻杆接头、转换接头和短节等）。如图 2-2 所示，油套管柱主要包括套管、油管以及附件。现代石油工业技术正在将两类的一部分功能合并，如套管钻井用管柱、油田作业和钻井用连续油管柱等。油井管柱是由专用螺纹将单根油井管连接而成的。

（1）钻柱。钻柱是钻头以上、水龙头以下各部分的管柱的总称。它包括方钻杆、钻杆、钻铤、各种接头及稳定器等井下工具。钻柱的作用是传递转矩和传送钻井液等。

（2）套管。套管主要用于钻井过程中和完井后对井壁的支撑，以保证钻井过程的进行和完井后整个油井的正常运行。

（3）油管。油管柱下入生产套管柱内，构成井下油气层与地面的通道，控制原油和天然气的流动。

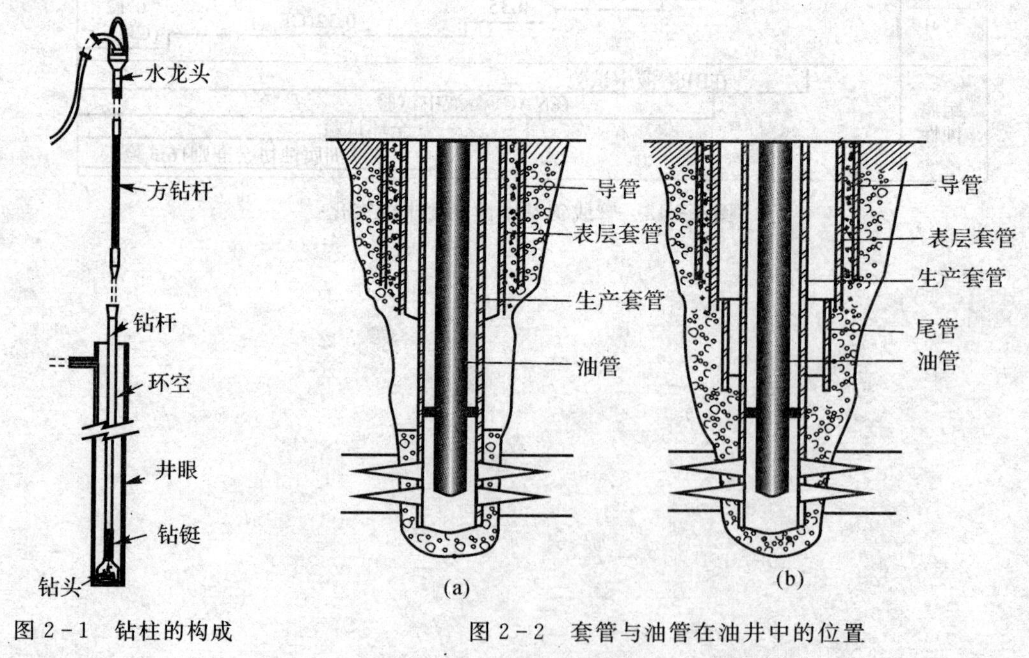

图 2-1 钻柱的构成

图 2-2 套管与油管在油井中的位置

(a)正常压力井；(b)异常压力井

二、地位和作用

石油工业的发展离不开石油钻井、完井和采油(气)工程。钻井、完井和采油(气)工程能否顺利实现均和油井管密切相关,油井管贯穿钻井、完井和采油(气)工程作业的各个环节,可以说油井管在石油工业发展中占有重要的地位,是石油工业实现勘探开发不可缺少的重要原材料和载体。

油井管通过各种各样的螺纹连接构成油井管柱,组成油井管柱的每一根油井管、每一个构件、部件及其连接在油气井和开发过程中都起着举足轻重的作用。每一次油井管事故都有可能使大量的投资付之东流。

1.油井管用量大、投资巨大

油井管是石油工业用量最大、花费最多的石油装备物资,在整个建井成本中平均占20%~30%。可以说石油工业勘探开发的过程就是大量使用和消耗油井管的过程。随着我国经济的发展和对石油需求量的增大,石油与天然气勘探与开发的力度也不断加大,每年钻井量维持在较高水平。目前我国钻井量已达每年1500多万米,已成为世界第三大钻井最多的国家。石油工业的发展有力地促进了我国油井管的发展,近年来油井管的需求量也在逐年递增,用量达到120万吨/年,每年耗资达100多亿元人民币,未来几年还有增长的趋势。我国油井管市场潜力巨大,在世界范围内也占有重要地位。例如,2006年至2010年,国内某油田累计使用油套管332 106 t,年均使用量66 421 t,其中国产油套管239 806 t,平均使用国产化率72.21%。近5年来油套管使用国产化率逐年提升,近3年使用国产化率已达到75%以上,特别是2010年已超过90%,详见表2-1。

表2-1 国内某油田2006年1月至2010年10月使用的油套管数量

油套管来源	油套管使用数量/t				
	2006年	2007年	2008年	2009年	2010年1—10月
进口油套管	33 145	26 431	14 692	12 259	5773
国产油套管	45 398	43 152	49 979	48 878	52 399
合 计	78 543	69 583	64 671	61 137	58 172
国产化率	57.80%	62.02%	77.28%	79.95%	90.08%

油井管的消耗量可按每年钻井进尺推算。根据我国的具体情况,大体上每钻进1 m需消耗油井管约60 kg,其中套管48 kg,油管10 kg,钻杆2 kg,钻铤0.5 kg。表2-2列出了1999—2002年国内每年钻井数量统计。

表2-2 中油股份公司近年来每年钻井数量

年份/年	1999	2000	2001	2002
进尺/万米	1 113.8	1 163.79	1 224.8	1 326
井口数	7 304	7 342	7 099	8 082

2. 保证油田的安全可靠和开采寿命

油井管是保证钻井、完井和采油(气)安全可靠性以及油(气)井使用寿命的重要基础,钻柱或套管柱损坏有时会导致油井报废。钻柱是实现安全高速钻井的重要工具,使用工况十分恶劣,除承受拉、压、弯、扭载荷外,还承受强烈的振动(包括纵振、横振和扭振)。钻井过程中若发生早期刺穿、断裂等失效事故,轻则打捞损失钻时,重则导致全井报废,往往造成巨大的经济损失。据国际钻井承包商协会(IADC)统计,每起钻柱断裂事故平均直接损失为10.6万美元。我国每年钻具断裂事故损失上亿元,由于钻具质量问题和使用不当造成的事故占全部事故约占70%以上,见图2-3。

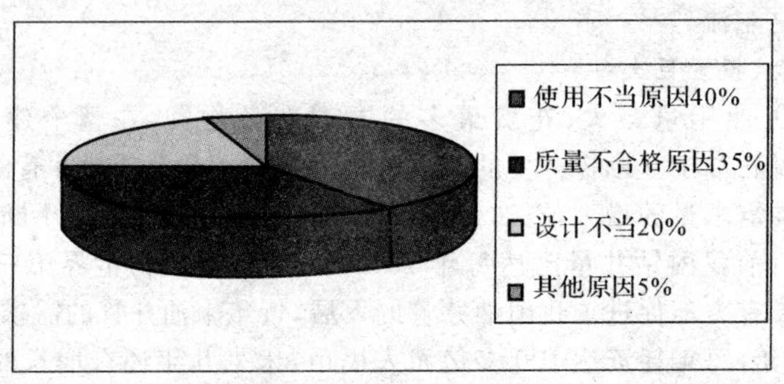

图2-3 钻具失效原因分析

油井管使用工况条件恶劣,失效事故频繁发生。例如套管柱通常要承受几百甚至上千个大气压的内压或外压,几百吨的拉伸载荷,还有温度及严酷的腐蚀介质的作用。套管柱是保证油气井安全和使用寿命的主要基础,套管的寿命决定了油井的寿命,油井的寿命又决定了油田的寿命。油井管的安全可靠性、使用寿命和经济性对石油工业关系极其重大。这是因为套管柱在油井管系列中非常特殊,一旦下井投产则管柱无法回收,套管一旦发生损坏,不但导致油气减产,更严重的是破坏了储层,影响正常的勘探开发与生产,全国各油田每年因套管损坏造成的油井破坏或报废的经济损失达几十亿元。

油管柱是试油试气、采油采气的唯一通道。发生油管事故虽然不像套损导致全井报废,但每年由于更换油管作业、原油漏失、报废油管造成的经济损失也是非常巨大的。最为严重的是测试等作业管柱,在深井、超深井、高压井作业中一旦发生事故,往往造成严重的后果,不但会造成油气井失效,还会导致人员伤亡。

3. 油井管对石油工业技术进步的重要影响

油井管对石油工业采用先进工艺和增产增效起着重要的作用。油井管的技术进步使得石油工业过去无法开采的油气田可以开采,过去无法采用的钻采技术可以采用。如钻杆质量和寿命的提高使得水平井、大位移井等钻井技术得以实现;高强度油井管的开发使深井、超深井的开发成为可能;特殊螺纹接头油、套管的应用,使天然气井和高压井的开发安全性得到提高;耐磨蚀材料油井管的开发,解决了酸性油气田开发中的技术难题;热采井用套管的开发推动了稠油热采技术的发展;高抗挤、高钢级厚壁套管的开发为解决盐岩层、泥岩层、膏盐层等塑性流动地层套管的变形问题提供了支持。同时,一些新技术和新工艺由于受制于油井管的性能而无法推广。如提高钻速是强化钻井、降低成本的关键措施,但长期以来,钻井设计和施工作业顾及钻柱的强度和寿命,致使提高钻速的措施严重受限。另外,一些新的钻井技术,如深井、超深井、大位移井、水平井等也受制于钻柱的性能,还没有达到很好的解决。

第二节　油井管的服役条件

油井管的服役条件是指油井管在使用过程中所承受的工作载荷、环境介质和温度等。因为油井管的服役环境在井下，所以无论是在钻井过程或者是在采油、采气过程中，必然受到地质条件的影响，另外在工作过程中要受到各种载荷及环境介质的影响。油井管服役条件主要受两大方面的影响，一是力学条件，二是环境因素。油井管的力学条件包括载荷的性质（静载荷、冲击载荷、交变载荷、局部压入载荷等）、加载次序（载荷谱）和应力状态（拉、压、弯、扭、剪切及其复合）。而环境因素包括工作温度、接触介质以及地层应力变化等。不同的油井管所受到的这两方面的影响不同，从复杂程度和危险性讲，钻柱所受到的服役条件最复杂，失效概率最高；从危险性来讲，套管失效最为危险。

一、钻柱的服役条件

（1）在起下钻时，上部钻具由于自重而承受轴向拉力，越接近井口承受的轴向拉力越大；而下部钻具为了给钻头施加作用力而受到轴向压应力。

（2）在转盘钻井时，钻柱处于旋转状态而承受转矩和离心力。在轴向压力和离心力的共同作用下，钻柱发生弯曲。弯曲的钻柱在钻井过程中旋转而产生交变应力。特别是在井眼偏斜、方位变化大的情况下，钻柱承受的交变应力很大。

（3）除拉、压、弯、扭载荷外，钻柱还承受强烈的振动。另外起下钻作业中的猛提猛刹，容易使钻柱瞬时超载。

（4）钻柱内壁受高压、高速钻井液的冲刷，外壁受套管或井壁的摩擦。

（5）地层中的腐蚀介质（H_2S，CO_2，Cl^-，O_2等）对钻柱的腐蚀也是不可忽视的服役条件。

二、套管柱的服役条件

套管柱在建井、完井和油气生产过程长期承受复杂的载荷和环境作用。通常有：

（1）下套管柱时首先上卸扣，螺纹之间所承受到的摩擦力大小直接影响螺纹的黏扣和泄漏，同时管柱要承受轴向载荷及外挤力、内压力 3 种外载。另外在某些情况下，也承受弯、扭载荷。

（2）采用射孔方法完井的生产套管柱需承受射孔弹高能量的瞬时冲击载荷。

（3）在生产过程中，套管柱承受环境方面的影响，如油、气及地下水中腐蚀介质的浸蚀和温度的影响。

（4）由于在长时间的油、气开采以及为提高产量而采取的一些增产措施（如注水开发等）会引起地应力的改变，从而使地层间发生相对位移或膨胀，对套管柱产生径向载荷。

三、油管柱的服役条件

我国各油田绝大多数是抽油机井，油管柱所承受的载荷及服役特点为：

（1）油管所承受的载荷随着上、下冲程发生变化，两者之差大体上相当于液柱作用力以及液柱与油管间摩擦力之和，这种轴向拉-拉交变载荷引起油管柱发生疲劳。

（2）根据油井情况的不同，油管柱还承受不同程度的弯曲应力。

(3)腐蚀介质是油管柱重要的服役条件。

(4)环境温度(井下温度、稠油热采等)也是不可忽视的。

第三节 失效模式

由于力学条件和环境因素的作用,油井管在使用过程中会发生各种类型的失效。概括起来,油井管的失效模式可用“脱、漏、黏、挤、破、裂、磨、蚀”8个字概括。“脱”指的是管体螺纹从接箍内滑脱;“漏”指的是螺纹连接处失去密封而发生泄漏;“黏”指的是螺纹连接过程或使用过程中发生黏结或黏扣;“挤”指的是管体挤毁;“破”指的是管体受内压爆破;“裂”指的是拉断、错断、纵裂、射孔开裂以及疲劳、应力腐蚀开裂等;“磨”是指油井管的磨损,如套管与钻柱之间的磨损,井壁对钻柱的磨损;“蚀”指的是油井管不同类型的腐蚀。

一、钻柱的主要失效模式

钻柱作业时,其工作状态可大致归纳为起下钻和正常钻进两种。在起下钻时,钻柱由于自重而承受轴向拉应力,其值越接近井口越大。因井眼内钻井液浮力的作用,下部一段钻柱受到轴向压应力,同时使上部钻柱的拉伸应力减小。在正常钻进过程中,下部钻柱承受轴向压力。转盘钻井时,钻柱处于旋转状态,承受转矩和离心力。在轴向压力和离心力共同作用下,钻柱发生弯曲。弯曲的钻柱在钻井过程中旋转而产生交变弯曲应力。在井眼偏斜、方位变化大的情况下,钻柱承受的交变弯曲应力很大。

除承受拉、压、弯、扭载荷外,钻柱还承受强烈的振动(包括纵振、扭振、横振)。同时,钻柱内壁受高压、高速钻井液的冲刷,外壁受套管或井壁的摩擦。起下钻作业中的猛提猛刹,产生较大的冲击载荷,容易使钻柱瞬时超载。此外,腐蚀介质、温度、井下压力等也都是不可忽视的服役条件。

在上述服役条件下,钻柱的主要失效模式为:

1. 过量变形

过量变形是由于工作应力超过材料的屈服强度所致。如钻杆接头螺纹部分的变形伸长(见图2-4),钻杆管体的弯曲及扭曲(见图2-5)。

图2-4 钻杆接头螺纹部分的过量变形

图2-5 钻杆弯曲和扭曲

2. 断裂

钻柱的断裂包括过载断裂、低应力脆断、应力腐蚀破裂、疲劳和腐蚀疲劳断裂等。在钻柱失效事故中，断裂失效比例最大，危害也较严重。

(1) 过载断裂。过载断裂是由于工作应力超过材料的抗拉强度所致，如提升遇卡时钻杆薄弱环节（如焊缝热影响区）的断裂及蹩钻时钻杆管体折断。

(2) 低应力脆断。油井管表面或内部存在缺陷或组织不良，在较低应力下脆性断裂。图 2-6所示为钻铤材料的韧-脆转化温度高于工作温度时而导致的低应力脆断宏观断口形貌。

(3) 应力腐蚀破裂。在含硫油气井作业时，硬度高于 HRC22 的钻柱构件易发生硫化物应力腐蚀开裂（见图 2-7）。高强度钻杆长时间与某些介质（如盐酸）接触也可能发生应力腐蚀破裂（见图 2-8）。

图 2-6　钻铤低应力脆断

图 2-7　钻杆硫化物应力腐蚀断裂

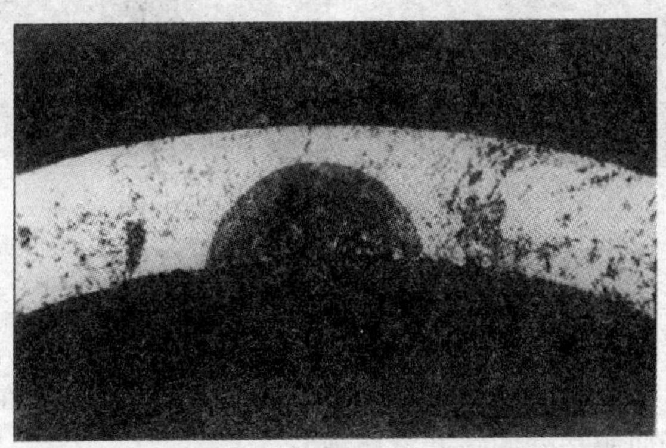

图 2-8　钻杆在盐酸中的应力腐蚀断口

(4) 疲劳和腐蚀疲劳断裂。一般发生在钻杆接头、钻铤和转换接头螺纹部位、钻杆管体内加厚过渡区等截面变化区域或因表面损伤形成的应力集中区，图 2-9 为发生在钻铤螺纹根部的疲劳断裂。腐蚀疲劳是交变载荷和钻井液等腐蚀介质联合作用的结果，图 2-10 所示为钻杆内加厚过渡区的腐蚀疲劳失效。

图 2-9　钻铤疲劳断裂

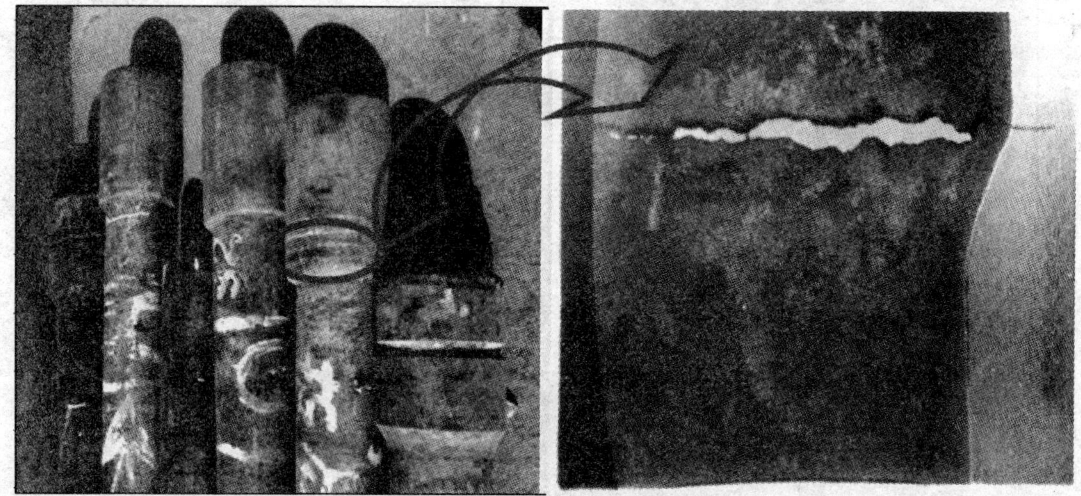

图 2-10　钻杆内加厚过渡区腐蚀疲劳失效

3. 表面损伤

钻柱的表面损伤主要有腐蚀、磨损和机械损伤 3 类。

(1) 腐蚀。腐蚀包括均匀腐蚀(如钻具表面锈蚀)、点蚀(多发生在钻杆内表面,见图 2-11)和缝隙腐蚀(如钻杆表面皱褶处的钻井液腐蚀)。

(2) 磨损。磨损包括黏着磨损(如钻具螺纹黏扣)、磨料磨损(如井壁对钻柱的磨损)和冲刷磨损(如钻井液对钻柱内外表面及螺纹连接部分的冲蚀损伤)。

(3) 机械损伤。机械损伤如表面碰伤、大钳咬痕等。

表 2-3 中列出了国内某油田钻柱失效模式统计结果,从中可以看出,疲劳失效占总失效的 61%,脆性断裂失效占 17%,两者之和达 78%。这一数据说明,如果有效地控制了疲劳和脆性断裂失效,则可有效地减少钻柱失效损失。

图 2-11　钻杆内表面点蚀

表 2-3　钻柱失效模式统计结果　　单位:次

失效类型及原因	钻杆管体	钻杆接头	底部钻具(BHA)的螺纹接头	合计
腐蚀疲劳	179	0	0	170
疲劳	30	74	353	457
脆断	2	13	120	135
应力腐蚀断裂	32	18	0	50
塑性变形及断裂	15	8	2	25
磨损	3	30	55	38
其他	13	8	23	44
合计	252	151	498	901

二、套管柱的主要失效模式

套管柱在油气田开发过程中经受长期考验。在下井及固井过程中，套管柱承受外挤力、内压力和轴向拉伸载荷等 3 种外载。在采用射孔方法完井的过程中，生产套管柱承受射孔弹的大能量高温瞬时冲击载荷。在长期的油气开采过程中，套管柱除承受地层外挤力外，还可能经受长期高压注水、多次压裂酸化和多种腐蚀介质的作用。

在上述服役条件下，套管柱的主要失效模式为：

1. 挤毁

地层中的油、气、水压力及地层岩石侧压力所形成的外挤力使套管柱管体部分失稳，包括弹性失稳和塑性失稳(见图 2-12)。

2. 滑脱

在外力作用下，螺纹连接部分的外螺纹接头从接箍内脱开。

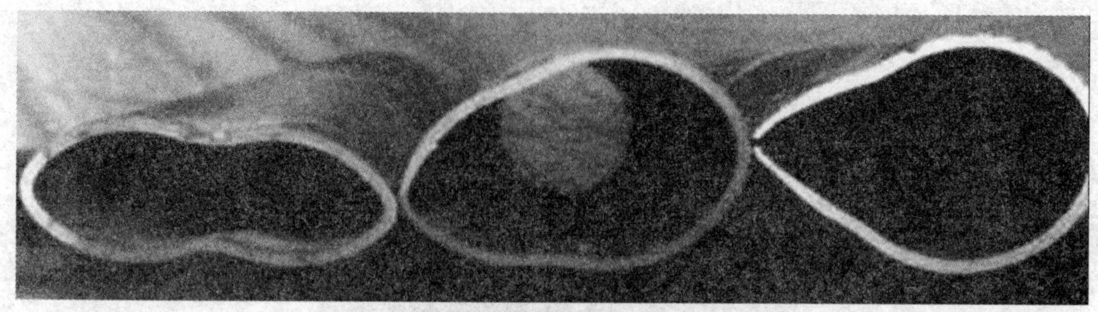

图 2-12　套管挤毁形貌

3. 破裂

(1) 管体爆裂。套管柱承受地层流体(油、气、水)的压力及特殊作业(压裂酸化、挤水泥等)时所施加的压力超过管体承压极限所致。

(2) 管体错断。在不均匀外挤力作用下,套管柱管体局部承受较大的剪切力,使管体横向断开。

(3) 接箍纵裂。套管柱内压力较大而接箍比较薄弱或上扣转矩过大所致。

(4) 管体断裂。在较大的轴向拉力下,外螺纹接头在螺纹最后啮合处断裂。特殊螺纹接头套管也可能在螺纹区以外断裂。

(5) 射孔开裂。管体韧性较差,承受不了射孔弹的大能量冲击载荷。

(6) 应力腐蚀开裂。天然气或伴生气中的 H_2S 易引起高强度套管发生应力腐蚀开裂。

4. 泄漏

在复合载荷作用下,内压尚未达到规定值,套管柱螺纹连接部位即失去密封。

5. 表面损伤

(1)磨损。如螺纹黏结及套管管体磨损(见图 2-13)。

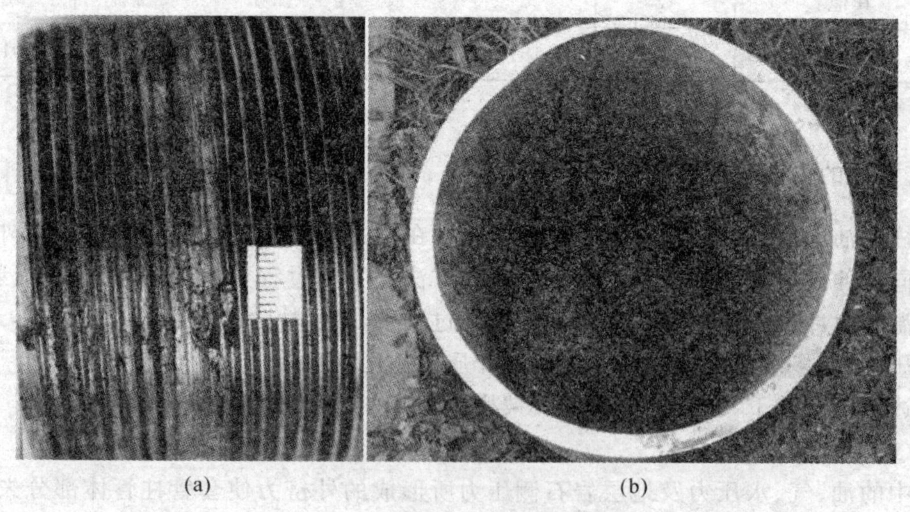

(a)　　(b)

图 2-13　套管外螺纹黏结及磨损形貌

(a)黏结;(b)磨损

(2) 腐蚀。当油气田底水、边水或油层水的矿化度有时超过 30×10^5 mg/L,天然气或伴生气含有 H_2S,CO_2 等酸性气体时,均使套管腐蚀加剧。

三、油管柱的主要失效模式

对抽油机井而言,油管所受载荷随着上、下冲程发生变化,下冲程高于上冲程。两者之差大体上相当于液柱作用力以及液柱与油管间摩擦力之和。这样,油管柱实际上主要承受轴向拉-拉交变载荷。此外,根据油井情况不同,油管柱还承受不同程度的弯曲应力。腐蚀介质也是油管柱的重要服役条件。

油管柱的主要失效模式为:

1. *滑脱*

类似于套管柱的滑脱。

2. *破裂*

破裂包括管体爆裂、接箍纵裂、管体断裂、应力腐蚀开裂和疲劳(腐蚀疲劳)断裂,前 4 种失效与套管柱类似。油管柱独具特色的失效形式是疲劳或腐蚀疲劳断裂,它是由油管柱承受的轴向拉-拉交变载荷引起的。

3. *泄漏*

类似于套管柱的泄漏。

4. *表面损伤*

油管柱的腐蚀和螺纹黏结等表面损失失效与套管柱相似,图 2-14 所示为油管在不同井深位置被 CO_2 腐蚀的情况。

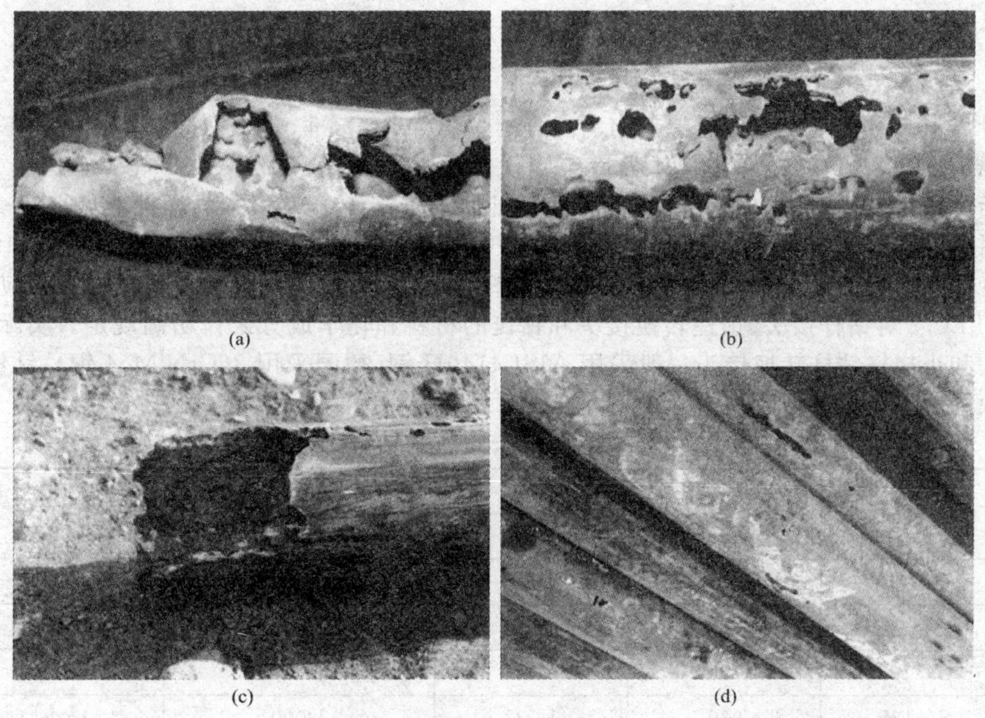

图 2-14　某油田油井在不同井深因 CO_2 所致的油管腐蚀

(a)井深 2 000 m;(b) 井深 2 500 m;(c) 井深 3 000 m;(d) 井深 3 500 m

四、螺纹的主要失效模式

钻铤和钻杆两种钻具失效频率最高，而螺纹连接部位是最薄弱环节，最常见的两种失效模式是疲劳和脆性断裂。

从油井管自身分析，上述失效模式归根结底是两个方面因素作用的结果，即材料因素和结构因素。材料因素包括材料的成分、组织、性能及冶金质量，集中体现在钢级上；结构因素是指油井管的几何形状和尺寸，主要体现在螺纹连接上。因此，油井管的根本问题是钢级和螺纹连接的问题。

第四节　油井管材料

钢种的选用对油井管的性能起着决定性的作用，油井管的发展进步，很重要的一个方面就是高性能油井管钢种的开发。

针对油井管高性能的要求，许多生产厂进行了大量的研究开发工作，生产出比 API 规范钢级范围更广的钢种，同时制定了与 API 相对应而又比其要求更严、适用面更广的企业标准。生产油井管的主要钢种有碳素钢、低合金钢、含铬钢、双相不锈钢及高级合金钢。同一钢级、同样规格的油井管，各国甚至各生产厂所选定的钢种并不一定相同。根据有关方面对国外样本和对进口油井管进行的分析发现，普通管一般采用碳素钢，屈服强度小于 500 MPa。高强度和超高强度管则采用锰系、锰-钼系、铬-钼系、锰-钼-钒系、铬-锰-钼系、铬-锰-钼-钒系等低合金高强度钢，高强度管屈服强度在 500～900 MPa 之间，而超高强管的屈服强度大于 900 MPa。一些特殊环境下则需要高铬钢甚至双相不锈钢及高级合金钢。

一、钻柱构件

1. API 钢级

世界上大多数国家的石油管采用美国石油学会(API)标准，其中钻柱采用 API SPEC 5D。列于 API SPEC 5D 的钻杆按管体强度级别依次有 E75，X95，G105，S135 等 4 个钢级(E，X，G，S 后的数字为标准规定的管体材料的最低屈服强度，千磅/英寸^2)，力学性能见表 2－4。钻铤、方钻杆、钻柱转换接头等采用 API SPEC 7 中碳 Cr－Mn－Mo 系，调质处理。ISO11961 将钻杆管体和钻杆接头合二为一，形成了新的钻杆标准，API 近期也对相应规范作了相应调整。API SPEC 7 对钻杆接头、钻柱转换接头和钻铤的材料和化学成分未作明确规定。实际上，钻杆接头和小规格钻柱转换接头一般采用 AISI 4140H 钢(德国采用 36CrNiMo4 钢)，钻铤及尺寸较大的转换接头采用改型的 4145H 钢。

表 2－4　API SPEC 5D 所列钻杆力学性能

钢级	σ_s/MPa		σ_b/ MPa	A_{KV}/J
	min	max	min	
E—75	517	724	690	41～54
X—95	655	860	724	41～54
G—105	724	930	792	41～54
S—135	930	1 137	1 000	41～54

无磁钻铤采用 Cr－Ni 奥氏体钢及铍青铜，国内已用 Cr－Mn－N 奥氏体钢成功试制无磁钻铤，无磁钻铤材料有以下几种：

(1)蒙乃尔钢。这是一种含铜 30%，含镍 65%的合金钢，其抗钻井液腐蚀性能好，但价格昂贵。

(2)铬-镍钢。这种钢约含 18%的铬和 13%的镍。这种钢易于塑性变形而导致螺纹过早损坏，特别是对需要大上紧扭矩的大钻铤更加不利。

(3)以铬和锰为基础的奥氏体钢。这种钢含锰大于 18%，目前多数无磁钻铤都是用奥氏体钢制造的，其制造方法为半热锻形变强化方法。这种钢的缺点是对盐水钻井液应力腐蚀很敏感。

(4)铍铜合金。用铍铜巴氏合金 25 制造的无磁钻铤抗钻井液腐蚀性好，尤其硫化物应力破坏抗力较好。同时磁化率低，接头不易磨损，机加工性能好。由于其成分中铜占 98%，铍占 2%，所以价格很贵。

(5)SMFI 无磁钢。SMFINM 钻铤采用高抗腐蚀、高磁特性的优质无磁材料制造。

2. 非 API 钢级

为了满足严酷的服役条件，减少钻杆失效事故，石油公司与钻杆制造厂商研制了一系列非 API 钢级钻杆，包括超高强度钻杆(如新日铁的 ND—150D 和 ND—165D 钻杆，V&M 的 MW—V—170 钻杆等)；高韧性钻杆(如 Grant 的 S135TM 钻杆，其 －20 ℃ 的 $A_{KV} \geqslant 98.9$ J)；酸性环境油气井钻杆(如 V&M 公司的 MW—CE—75 和 MW—CX—95 钻杆)；强酸性环境用钻杆(如 V&M 公司的 MW—CS—95 和 Grant 的 XD—105 钻杆)等。

二、套管和油管

套管和油管采用 API SPEC 5CT 标准，为中碳(0.2%～0.4%C)、Mn－Mo 系(微量 Nb，V，Ti)合金。主要使用的是热轧无缝管或高频直缝管。表 2－5(API SPEC 5CT 标准)中套管和油管分为 4 组、17 个纲级，目前，所有钢级均可以国产化。

表 2－5　API SPEC 5CT 所列油套管钢级及力学性能

组别	钢级	σ_s/MPa		σ_b/MPa	热处理
		最小	最大	最小	
Ⅰ	H—40	276	552	414	无
	J—55	379	552	517	
	K—55	379	552	655	
	N—80	552	758	689	
Ⅱ	L—80	552	655	655	正火或调质
	C—90	620	724	690	
	C—95	655	758	724	
	T—95	655	758	724	
Ⅲ	P—110	758	965	862	正火或调质
Ⅳ	Q—125	860	1035	930	

三、螺纹

油井管柱是由专用螺纹将单根油井管连接而成的。油井管柱在不同井段要长时间承受拉伸、压缩、弯曲、内压、外压和热循环等作用，螺纹连接部位是最薄弱的环节。油管和套管失效事故的80%左右发生在螺纹连接处。因此，油井管的螺纹主要应具备两个特性：①结构完整性，就是螺纹啮合后应具备足够的连接强度，不致于在外力的作用下使结构受到破坏。②密封完整性，就是要能保证含有数以百计螺纹连接接头的管柱在各种不同受力状态下承受内外压差（一般为几百个大气压）的长期作用而不泄露。螺纹连接强度和密封性能是油井管极为重要的两个技术指标。API SPEC 5CT 规定套管和油管采用短圆螺纹、长圆螺纹、偏梯形螺纹等连接形式。上述连接形式采用的圆螺纹和偏梯形螺纹在保障管柱的结构完整性和密封完整性方面都存在一定的问题。例如圆螺纹管柱，其螺纹连接部位只能承受相当于管体强度60%～80%的拉伸载荷；偏梯形螺纹的密封性较低，水密封使用压力一般不超过28 MPa，气密性压力有时接近于零。而且，API 圆螺纹和偏梯形螺纹都是借助于 API 螺纹脂来实现密封，一般只能在95℃以下的温度有效使用。

第五节　油井管的发展

油井管在石油勘探开发中占有重要地位，面对巨大技术和市场需求，各种新技术、新工艺不断涌现。强化钻井（大钻压、高钻速、高泵压）对钻柱构件用钢的强度（特别是抗扭强度）、韧性、疲劳和腐蚀疲劳抗力提出了新的、更高的要求。国外近10年来发展的钻井新技术（如水平井、多底分支井、大位移井、小井眼钻井）使钻杆构件和套管的服役条件更为苛刻，对材料有更为特殊和严格的要求。所以各石油大国，对油井管的研究和开发都非常重视，无论是从资金还是人员都投入很大，使得油井管在近20年发展到一个新的水平。

在钢材的冶炼方面，由于采用先进的转炉复合冶炼、超高功率电炉冶炼及炉外精炼技术，通过对钢的均匀度和纯净度的控制，使得在材料性能方面得到大幅度提高。目前，除了符合API SPEC 5CT 18个钢级的油套管质量有很大提高外，还开发出适应现代勘探开发需求的深井和超深井的超高强度油套管、寒冷地区的低温高韧性油套管、高抗挤套管、抗 H_2S 应力腐蚀的油套管、同时兼顾抗硫和高抗挤性能的油套管、耐 CO_2 腐蚀的油套管、耐 CO_2+H_2S 腐蚀的油套管、耐 $CO_2+H_2S+Cl^-$ 腐蚀的油套管以及热采油套管等。目前在国际上实际使用的油套管约40%是非 API 钢级的。在钻柱方面开发出寒冷地区钻杆、抗硫钻杆以及非金属钻杆等。

在管材轧制方面，采用先进的 MPM，Accu－Roll 等长芯棒连轧管机组，保证油井管优良的表面质量和高的尺寸精度；采用温矫工艺和先进的表面处理工艺降低表面残余应力；采用多层次完善的在线和线外检测系统、测长称重系统、温度测量控制系统以及钢管内在与表面缺陷探伤检测装置，保证油井管的质量。

在螺纹连接方面，由于管加工装备和工艺的技术进步，螺纹精度得到很大提高，加工 API 螺纹已不再是少数生产厂的专利。过去所熟悉的 API 圆螺纹和偏梯形螺纹使用的比例越来越少，取而代之的是更加安全、更符合油田地质情况的特殊螺纹连接方式。国外已有30多家著名油井管厂商的科研机构开发了100多种有专利权的特殊螺纹油套管接头。这种特殊螺纹接头不再单纯依靠螺纹过盈配合及螺纹脂的封堵作用实现密封，普遍增加了主密封结构，即在光滑的金属表面过盈配合而实现密封，有的同时设计有弹性密封结构，从而实现了多级密封（金属、弹性、螺纹、台肩等），其气密封压力可达管体内屈服压力。另外大螺距特殊螺纹实现快速上卸扣等，从而使螺纹连接更加个性化、实用化。在钻柱方面开发出高抗扭接头、超高抗扭接头。

一、用于深井和超深井的超高强度油井管

为适应深井的需要和节约油井管，各国都积极研制屈服强度在 883 MPa 以上的超高强度套管。这类管材的化学成分，NKK 采用铬-锰-铝系，新日铁采用铬-锰-钼-钒系，均经调质处理。除 API 标准规定的检验外，还进行一些补充试验，其中包括 V 形缺口夏比冲击试验，NKK 还规定进行延迟破坏试验（测定 K_{ISCC}）。为了保证在高强度下有足够的塑性、韧性，对硫、磷等有害元素含量有严格限制，硫一般规定小于 0.010％。

代表性牌号如 V&M 公司的 VM—140，VM—150，VM—155；住友的 SM—140G，SM—150G，SM—155G；NKK 的 NK—140，NKV—150；川崎的 KO—140V 和 KO—150V；上海宝山钢铁股份有限公司（上海宝钢）的 BG140，BG150；天津钢管集团有限公司（天津钢管）的 TP125，TP140，TP150 等。它们在具有高强度的同时，具有足够的韧性。以 SM—140G 为例，其最低屈服强度为 140ksi（ksi 为千磅/英寸^2），25℃时的横向冲击功约 80 J，－46℃的横向冲击功约54 J，50％FATT＜－46℃。

二、耐酸环境腐蚀用油井管

在含硫油气井中使用的油井管，法国主要采用铬-钼-铝系和铬-钼-钒系，NKK 采用铬-钼系，新日铁采用铬-钼-铌系，川崎制铁采用铬-钼-铌-铜-硼系，表 2-6 列出了川崎制铁抗硫系列油井管的成分设计。表 2-7 列出了国产抗硫油套管管体的化学成分分析结果，从中可以看出，国产抗硫油套管通常降低含碳量及 Mn 含量，严格控制 S，P 等有害杂质元素的含量，同时添加一些微量合金元素，如 V，Mo，Ti，Nb 等强碳化物形成元素，降低了材料的 SSC 敏感性。

表 2-6　川崎 KO—S 和 KO—SS 钢级的成分设计（质量分数）　　单位：％

钢级	C	Si	Mn	P	S	Cu	Ni	Cr	Mo	Nb	B
KO—S	0.15～0.35	＜0.35	＜1.35	＜0.030	＜0.015	0.30	＜0.10	＜1.60	0.05～1.0	＜0.050	＜0.004
KO—SS	0.15～0.35	＜0.35	＜1.00	＜0.030	＜0.015	＜0.30	＜0.10	0.80～1.60	0.05～1.10	＜0.050	＜0.004

表 2-7　国产油套管管体化学成分分析结果（质量分数）　　单位：％

材料	C	Si	Mn	P	S	Cr	Mo	Ni	Ti	Nb	V	Cu
BG80SS	0.27	0.2	0.55	0.005	0.0015	0.61	0.298	0.13	—	0.001	—	0.13
BG90SS	0.25	0.251	0.56	0.008	0.001 5	0.93	0.37	0.04	—	0.01	—	/
BG110SS	0.29	0.22	0.44	0.01	0.002	0.50	0.84	0.021	0.004	0.020	0.066	0.045

续表

材料	C	Si	Mn	P	S	Cr	Mo	Ni	Ti	Nb	V	Cu
TP90S	0.26	0.24	0.67	0.01	0.001 6	1.04	0.38	—	0.008 8	0.001 4	0.003 7	0.055
TP100S	0.27	0.24	0.67	0.008	0.001 6	1.04	0.39	—	0.009 2	0.000 9	0.004	0.056
TP110S	0.26	0.23	0.44	0.007	0.001 9	0.51	0.72	—	0.003	0.019	0.081	0.087
TP125S	0.26	0.28	0.45	0.008	0.001 1	0.52	0.72	—	0.008 3	0.031	0.088	0.063
TP110SS	0.29	0.28	0.44	0.02	0.001 8	0.42	0.73	0.025	0.004 2	/	0.070	0.065
HS80SS	0.27	0.35	0.50	0.012	0.002 2	0.96	0.39	0.028	0.017	/	0.006	0.068
HS90SS	0.27	0.36	0.51	0.012	0.002 2	0.98	0.40	0.030	0.019	/	0.006	0.072
HS95SS	0.27	0.26	0.51	0.011	0.001 8	1.01	0.51	0.030	0.016	/	0.006	0.068
HS100SS	0.25	0.25	0.50	0.011	0.001 2	0.99	0.49	0.027	0.015	/	0.006	0.061
HS110SS	0.21	0.26	0.53	0.011	0.002	0.95	0.59	0.036	0.030	/	0.006	0.078
API SPEC 5CT C90	≤0.50	—	≤1.90	≤0.030	≤0.010	—	—	—	—	—	—	—
API P110	—	—	—	≤0.030	≤0.030	—	—	—	—	—	—	—

为了确保抗硫性能,采取的方法是:

1. 成分设计

(1) 钢中加入适量Al,Cr和Mo。目的是改变钢的表面膜组成,促进钢在酸性介质中表面形成富Al,Cr的致密氧化铝、氧化铬膜,阻碍氢原子进入基体金属,提高钢的抗HIC性能。为在提高钢的抗HIC性能的同时提高对CO_2腐蚀的抗力,采用小于1%的Cr,不大于0.06%的Al,少量的Ni和Mo,可以阻滞钢的阳极溶解(但在低合金钢中Ni含量大于或等于1%对钢的抗SSC不利),降低腐蚀过程的阴极还原反应速率,从而控制腐蚀过程的阴极反应。

(2) 钢中加入适量的Nb,细化热轧控冷态或热处理后的组织。在超低碳含量(0.07%以下)时可以控制Nb的加入量不超过0.10%,抑制以至阻止钢热轧后的奥氏体再结晶,细化热轧控冷态组织。当碳含量较高(0.07%以上)时,Nb含量可以控制在0.06%以下,在热加工中通过分布在奥氏体晶界的碳化铌阻碍奥氏体晶粒的长大,以期获得细小的显微组织,提高钢的强韧性。

(3) 钢中加入适量的B,提高钢的淬透性。微量硼能使钢的淬透性显著提高。一般认为,只有处于固熔体中的硼才对淬透性产生有利的影响,硼分布在奥氏体的晶界是最有利的。为了提高淬透性,固熔体中硼的浓度应不低于0.000 8%。目前较为一致的看法是奥氏体在淬火冷却过程中硼原子偏聚于晶界上,降低了晶界能,抑制了铁素体的形核,推迟了铁素体的形成,同时晶界上的硼原子也阻滞晶界原子的扩散,使铁素体在晶界上的扩散形核减缓,从而增加了淬透性。

2. 制管及热处理工艺

(1) 超纯净钢技术。采用预脱磷、硫铁水炼钢技术,炉外精炼(RH、喷钙、吹氩)技术,以获得超纯净钢以提高抗 HIC 和 SSC 能力。高抗 HIC 钢要限制硫含量小于 0.005%。

(2) 夹杂物变态钙处理。应控制钙、硫含量比大于或等于 1.5,变态钙处理使硫化锰夹杂球化,降低 HIC 阶梯状裂纹敏感性。

(3) 控制钢的显微组织和减少控制钢中的应力集中。一般淬火加高温回火的组织为细小弥散球状碳化物分布在铁素体基体上,抗 HIC 性能最好,而回火马氏体由于高的应力集中,对 HIC 最敏感。

(4) 降低钢管内表面的残余拉应力。如果钢管经冷校直或在低于 510℃校直,则应在不低于 480℃消除应力;如果管子受到冷变形和残余永久变形大于 5%,冷变形区应至少在 595℃热消除应力。硬度高于 HRC22 冷成型时,也应在至少 595℃热消除应力。

除这些基本要求外,这类钢的出厂检验非常严格,特别要进行较多的硬度试验、无损探伤检验和硫化物应力腐蚀试验。除抗硫油套管外,日本住友金属还开发了高强度抗硫钻杆,典型牌号如住友的 SM—80～95S,SM—C100,SM—C110,SM—80SS～100SS;V&M 公司的 VM—90S,VM—95S,VM—80SS～110SS;NKK 的 NKAC—110SS,川崎的 KO—110SS。它们在最低屈服强度达到标准的前提下,临界应力 σ_{th} 可达 85%SMYS。如新日铁的 NT—95SSS,NKK 的 NKAC—95MS,在最低屈服强度达到 95 ksi 的前提下,σ_{th} 达到 90%SMYS。上海宝钢的 BG80S,BG95S,BG80SS,BG95SS,BG110SS,天津钢管的 TP80S(S),TP90S(S),TP95S(S),TP110S(S),与国外抗硫油井成分设计相似,在力学性能上优于国外同类产品,并且在抗 SSC 性能上比它们提高了许多。

三、高抗挤压油井管

高强度抗挤毁油井管主要用于深井、超深井和地层条件复杂环境。因此,要求这种管子具有良好的综合性能,如高抗拉及连接强度、优异的抗挤毁性能及良好的密封性能,而其中的核心要求是管子具有良好的抗挤毁性能。

1. 成分设计

高抗挤油井管材料化学成分的设计,不仅要保证产品的力学性能、工艺性能和加工性能,还要考虑材料的冶金生产工艺的可行性和经济性。经过对高强度抗挤油井管材料化学成分的分析,结合材料的冶金生产的实际情况并兼顾经济性,高强度抗挤油井管材料主要选用稍高 C,Mn 含量的碳锰钢或以 Mn,Cr,Mo 为主要合金元素的铬钼钢,同时尽量降低 S,P 和 Si 的含量,合理控制回火温度,以满足高强度和抗挤毁的要求。

表 2-8 列出了碳锰钢高强度抗挤油井管材料的化学成分要求,Mn 的上限为 1.50%,C 的上限为 0.45%;表 2-9 列出了国产铬钼钢高抗挤套管材料的化学成分要求,锰的上限为 1.10%,Cr 的上限为 0.80%,Mo 的上限为 0.25%。碳锰钢系列比较经济,成本低,但钢的强度、韧性相对差一些,一般国产 110 钢级高强度抗挤套管选用此成分设计。铬钼钢的强度、韧性及耐高温性能较好,因此,一些国产高钢级抗挤套管(如 125,130 及 140 钢级)选用此成分设计。

综合以上分析,国产高抗挤油井管材料的成分设计主要是通过加入提高抗拉强度和抗挤强度元素(如 Cr,Mo,W 等),控制 C 含量,控制 P,S 含量,加入细化晶粒元素(Nb,B 等)及改善钢的显微组织,达到套管抗挤毁性能要求。

表 2-8 国产碳锰钢高强度抗挤套管材料的化学成分(质量分数) 单位:%

元素	C	Si	Mn	P	S	Ni	Cr	Cu
最大	0.33	0.35	1.50	0.020	0.010	0.20	0.45	0.20
最小	0.27	0.20	1.30	—	—	—	—	—

表 2-9 国产铬钼钢高强度抗挤套管材料的化学成分(质量分数) 单位:%

元素	C	Si	Mn	P	S	Ni	Cr	Cu	Mo
最大	0.29	0.35	1.10	0.020	0.010	0.20	0.80	0.20	0.80
最小	0.23	0.17	0.90	—	—	—	0.50	—	0.10

2. 高强度抗挤毁油井管尺寸精度的控制

降低管体椭圆度和壁厚不均度将有利于提高抗挤毁强度,因此,应对管体的外径和壁厚精度进行严格的控制。钢管的几何尺寸精度主要由制管工艺和制管设备决定。钢管的几何尺寸精度一般是指钢管的外径和壁厚精度,而内径公差一般不作要求。钢管的外径公差决定于定径方法和定径设备的运转情况和精度、定径工艺制度等,定径方法是决定外径公差的首要因素。工艺制度对外径的精确度的影响取决于定径机的轧制温度和温度的稳定性。轧制温度高,轧后钢管收缩量大,往往容易超出外径负公差;相反,轧制温度低可能超出正偏差。因此,根据定径钢管的尺寸规格、钢种以及温度情况和工具磨损情况要不断调整轧机。钢管的壁厚精度取决于壁厚的不均程度以及实际壁厚与名义壁厚之差。横向壁厚不均(每一截面上最大壁厚和最小壁厚之差与平均壁厚或名义壁厚之比)是衡量钢管几何精度的主要指标。影响钢管横向壁厚不均的因素有加热、穿孔、轧管和定(减)径。管坯加热不均很容易造成钢管的横向壁厚不均,如果管坯加热温度一面高一面低,则毛管低温面壁厚,高温面壁薄,即形成壁厚不均;穿孔机的调整和穿孔工艺的不当容易造成钢管的壁不均,穿孔时坯料咬入不良,穿孔前顶头的中心线与顶杆中心线不重合,穿孔时顶头不能对准管坯中心,从而造成毛管前端壁厚不均;工具安装不当或磨损使轧制线不正、轧辊角度不一致、定心辊调整不当等因素都将造成钢管全长壁厚不均;张力减径对减少钢管的壁厚不均有一定的作用。选用两辊锥形穿孔+连轧工艺路线,再配以张力减径,有利于钢管壁厚精度的控制和提高,精细调整轧机和工模具及合理制定加热工艺等,从而保证钢管的壁厚精度。

3. 力学性能

经过合理的成分设计及调质处理的钢管的力学性能均要符合 API 相关标准的要求。屈服强度在标准范围的中限偏上,这样既保证了强度偏上限的要求,又不至于太高而使材料的韧性降低(见表 2-10)。

4. 抗挤毁强度

API 相关标准对油井管的力学性能有明确的要求。同时,抗挤毁套管是用于深井和地质条件复杂的油井中，受到挤压力较大。按照用户要求和行业习惯，抗挤毁值要大于标准 30% 以上才能满足抗挤毁条件。国外高强度抗挤毁油井管典型牌号如住友的 SM—80S～110TT，SM—95TT～125TT；V&M 公司的 VM 80HC～140HC；NKK 的 NKHC—125，NKHC—140，川崎的 KO—95CTYS，KO—110T，它们的抗挤性能比相同钢级的 API 油套管高出 20%～50%以上。国内高强度抗挤毁油井管典型牌号如上海宝钢的 BG80T～125T，天津钢管的 TP80T、TP110T～140TT。其中，天津钢管还可以生产非 API 规格（超厚）的 TP110TT，TP125TT，TP130TT，TP140TT 超级抗挤套管，其抗挤强度是同钢级、同内径 API 规格套管的 2～4 倍。

表 2－10　高强度抗挤毁油井管管体拉伸性能试验结果

样品	试样规格（直径×标距长）	屈服强度/MPa	抗拉强度/MPa	伸长率/(%)
HS110TT	8.9 mm×35 mm	905	1005	21.0
		915	1000	20.0
		925	1010	21.0
参考 API SPEC 5CT P110		758～965	≥862	≥12

四、寒冷地区高强度油井管

这类油井管主要用于寒冷地区，典型牌号如住友的 SM—95L～110L，SM—110LL；新日铁的 NT—95～110LS；V&M 公司的 VM—55LT～125LT；NKK 的 NKCT—110～125；川崎的 KO—95L～125L；上海宝钢的 BG80L～125L。其强度较低者采用锰系，强度较高者采用铬-锰或铬-锰-钼系。在力学性能方面，对－46℃时的 V 形缺口夏比冲击功有很高的要求，例如新日铁规定大于 40.2 J。为了保证低温冲击性能，对钢的硫、磷含量有严格限制，一般规定硫含量小于 0.01%。这些材料在屈服强度达到规定值的同时，有很高的低温韧性。如 KO—125L 纵向 50%FATT<－100℃，横向 50%FATT 为－60℃；－60℃时纵向冲击功为 140 J，横向冲击功为 40J。

五、耐 CO_2 腐蚀管材

20 世纪 70 年代以来，随着含 CO_2 深井的开发，抗 CO_2 腐蚀的油井管也相应地发展起来。这些油井管的用钢通常为低 Cr 钢（0.5%Cr，3%Cr，5%Cr），9Cr，13Cr 及 15Cr 马氏体不锈钢，双相不锈钢等，其中 13Cr 马氏体不锈钢的使用量最大。

1. 低 Cr 钢

低 Cr 油井管的开发和使用主要集中在 3%Cr 上，这主要是因为 Cr 是提高合金耐 CO_2 腐蚀最常用的元素之一。在 90℃以下的饱和 CO_2 水溶液中，很少量的铬就能明显地提高合金材料的耐腐蚀效果，这主要是因为 Cr 元素在腐蚀产物膜中的富集可以显著改善膜的保护性，在较低温度（60℃）下尤为明显。至于 Cr 的氢氧化物或氧化物是以单独腐蚀产物层存在，还是堆积在 $FeCO_3$ 腐蚀产物的孔隙中来改善膜的稳定性，到目前为止，国内外还存在很多争议。国内外研究表明，Cr 含量达到 3%时，低 Cr 钢抗 CO_2 腐蚀性能提高非常明显，但是 3Cr 和 5Cr

钢抗CO_2腐蚀的能力区别则不明显。为了提高基体中 Cr 的利用效率，应当降低 C 的含量。同时添加一些微量合金元素，如 V，Mo，Ti，Nb 等强碳化物形成元素，以提高 Cr 的合金化效果，确保其固熔于基体而不是形成碳化物，从而提高固熔的有效 Cr 含量，以此提高材料抗腐蚀能力。

目前，阿根廷和日本各大钢铁公司都有各自品牌的低 Cr 耐蚀油套管材料。表 2-11 列出了近些年研究开发的低 Cr 抗腐蚀合金钢的化学成分。从表中可以看出，研发的低 Cr 抗CO_2腐蚀合金钢的碳含量普遍比较低，Cr 含量以 3%Cr 为主，1%Cr 和 5%Cr 也是研究开发的重点。钢中 Mn 含量都在 1%左右，Si 的含量大部分为 0.2%～0.3%。不同的厂家还在钢中添加一些微量元素来提高钢的抗CO_2腐蚀的能力或改善合金的组织结构性能，主要有 V，Ti，Cu，Nb，Mo 等。DST 公司研究结果表明 V 的添加对腐蚀速率有非常明显的降低作用，同时也有利于合金力学性能的改善；Ti 能够增强合金的抗腐蚀性能，但是 Ti 也会降低焊接热影响区的硬度；Si，Cu，Mo 的添加对腐蚀速率也有益处，但主要的作用还是在改善显微组织和热处理性能方面。

表 2-11 国内外研发低 Cr 抗CO_2腐蚀合金钢的化学成分(质量分数)

单位：%

钢铁公司	C	Cr	Mn	V	Mo	Si
Bao Steel(宝钢)	～0.16	3	～1			～0.23
Tenaris Group. DSP (阿根廷)	0.07～0.08	2.8～3.3	～0.5	0.4～0.52	～0.25	～0.3
Europipe	0.07～0.08	0.5～1	～1.5	0.05～0.08	0.13～0.37	0.29～0.38
	0.01～0.18	3.32	0.43	—	—	0.24
Sumitomo(住友)	～0.13	2Cr，3Cr，5Cr	～1.1	—	—	—
	0.14～0.25	1Cr，3Cr，5Cr	0.71～1.1	—	—	0.19～0.23
Nippon(新日铁)	0.005～0.2	1Cr，3Cr，5Cr	0.5～1.5		0.5	0.02～0.11
其他	～0.06	0.5～1	～1.1			～0.24

2. 13Cr 及 15Cr 马氏体不锈钢

随着CO_2腐蚀日益成为阻碍油田继续开发的主要障碍，耐蚀性能良好的 13Cr 马氏体不锈钢在油田的应用逐渐广泛起来。国内塔里木、胜利、文昌和东方等油田已经在一些含CO_2的油气井中使用了 13Cr 材料的油套管以确保油气井的安全。普通 13Cr 由于具有相当高的强度和中等程度的腐蚀抗力广泛用于甜性(CO_2腐蚀环境)和中等酸性(H_2S 或 H_2S+CO_2腐蚀环境)条件下的腐蚀控制，其主要靠添加 12%～14%的 Cr 在表面形成一定程度的钝化膜(见表 2-12)，来提高材料的CO_2腐蚀抗力。但其高温时的均匀腐蚀及 Cl^- 应力腐蚀开裂(SCC)、中温时的点蚀、低温时的硫化物应力腐蚀开裂(SSC)就成为限制普通 13Cr 广泛应用的主要障碍。

近年来，鉴于普通 13Cr 在使用中的局限性，超级马氏体 13Cr 材料已经进入油套管市场，该类合金是由普通 API 5CT 13%Cr 钢发展而来的。在超级 13Cr 马氏体不锈钢研发过程中(见表 2-12),主要采用超低碳设计,即将 C 含量减少到 0.03%左右以抑制基体中的 Cr 元素析出铬的碳化物;添加 5%的 Ni 来获得单相马氏体;同时在钢材中加入微量的合金元素(例如 Mo,Ti,Nb,V 等),Mo 元素起到细化晶粒、提高材料的 SCC 和局部腐蚀抗力,而 Ti,Nb,V 等强碳化物形成元素的加入有利于形成弥散分布的碳化物颗粒,对位错起到钉扎作用,降低了超级 13Cr 材料的 SCC 敏感性。经过改进的超级 13Cr 马氏体不锈钢在直到 180℃的高温 CO_2 腐蚀环境中仍具有良好的均匀和局部腐蚀抗力,同时具有一定的抗 H_2S 应力腐蚀开裂的能力。

表 2-12 马氏体不锈钢的化学成分(质量分数) 单位:%

种类	C	Si	Mn	P	S	Cr	Mo	Ni	V	Ti	Cu	N
L80-13Cr	0.22	1.00	1.00	0.020	0.010	12.0~14.0	/	0.5	/	/	0.25	/
AISI410	0.15	1.00	1.00	0.040	0.030	11.5~13.5	—	—	—	—	—	—
AISI420	>0.15	1.00	1.00	0.040	0.030	12.0~14.0	—	—	—	—	—	—
Super-13Cr	0.03	0.50	0.50	0.020	0.005	11.5~13.5	2.0	4.5~6.05	0.50	0.5	—	—
HP13Cr	0.024	0.21	0.45	0.016	0.001 2	12.69	0.92	4.30	—	—	0.045	
BG13Cr110S	0.035	0.44	0.47	0.020	0.003 0	13.30	1.92	4.85	—	—	1.59	
NT-CRS	0.03	—	—	—	—	12.7	1.43	4.54	—	—	1.51	0.041
NT-CRSs	0.02	—	—	—	—	12.3	2.03	5.80	—	—	1.48	0.015
新型 15Cr	0.03	0.24	0.26	0.021	0.001 0	15.12	2.01	6.34	0.039	0.005 4	0.88	—

然而,超级 13Cr 的使用温度极限为 180℃,并且在存在少量 H_2S 的情况下极易出现点蚀(见图 2-15)、产生硫化氢应力开裂(SSC)(见图 2-16),在高温高 Cl^- 环境下容易出现 Cl^- 应力腐蚀开裂(SCC)(见图 2-17)。为避免石油管材在更加苛刻环境条件下的腐蚀,必须选用耐腐蚀性能更好的双相不锈钢,但价格非常昂贵,显著增加了油气田的投入成本。基于以上原因,国内外各大油井管生产厂家研发出新型 15Cr 高强度马氏体不锈钢管材,其价格介于超级 13Cr 和双相不锈钢之间,屈服强度高于 125 ksi(861 MPa),耐 H_2S 最高分压可达 0.01 MPa,在 200℃时具有较低的腐蚀速率。

在新型 15Cr 马氏体不锈钢研发过程中,主要采用超低碳设计(见表 2-12),即将 C 含量减少到 0.03%左右以抑制基体中的 Cr 元素析出铬的碳化物;添加 6.5%左右的 Ni 来获得单相马氏体。研究证明,随着材料中 Ni 元素含量的提高,不锈钢材料的硫化物应力开裂(SSC)及高温条件下的 Cl^- 应力腐蚀开裂(SCC)敏感性下降,较高的 Ni 含量,有益于提高新型 15Cr 材料的抗 SSC 及 SCC 能力;高的 Cr 含量有助于提高新型 15Cr 材料在氧化性介质中的抗均匀腐蚀及点蚀能力,而 Mo 元素的添加有益于提高新型 15Cr 材料在还原性酸性溶液及碱性介质中的抗点蚀能力,但过高的 Mo 及 Cr 含量将会导致晶体结构的不稳定性;Cu 元素的添加对提高新型 15Cr 材料在非氧化性腐蚀环境中的抗均匀腐蚀能力也有一定的帮助;在高 Cl^- 腐蚀环境中,Cu 与 Mo 元素的协同作用将提高新型 15Cr 材料在还原性介质中抗腐蚀能力;而 Ti,

Nb,V 等强碳化物形成元素的加入,有利于形成弥散分布的碳化物颗粒,抑制 Cr 的碳化物($Cr_{23}C_6$)在晶界析出,起到沉淀强化作用,对位错起到钉扎作用,降低了超级新型 15Cr 材料的 SCC 或 SCC 敏感性。

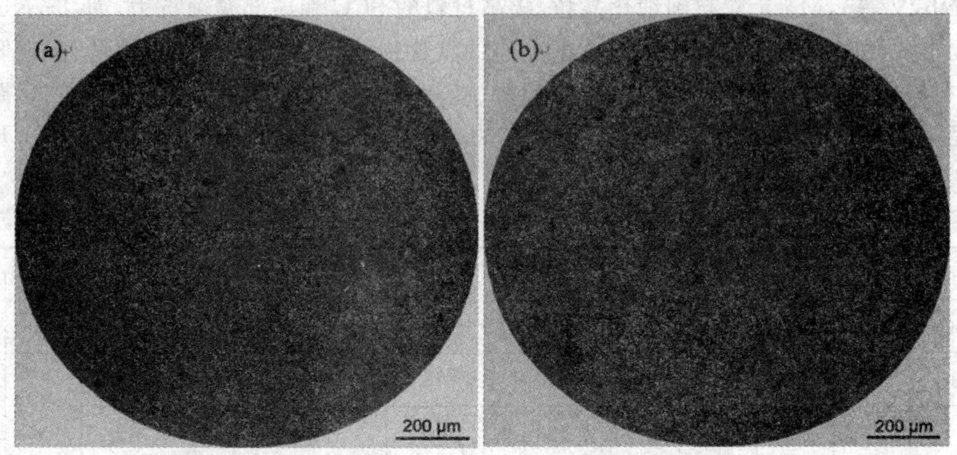

图 2-15　超级 13Cr 马氏体不锈钢点蚀形貌的金相显微分析

(a)CO_2腐蚀环境；(b)H_2S腐蚀环境

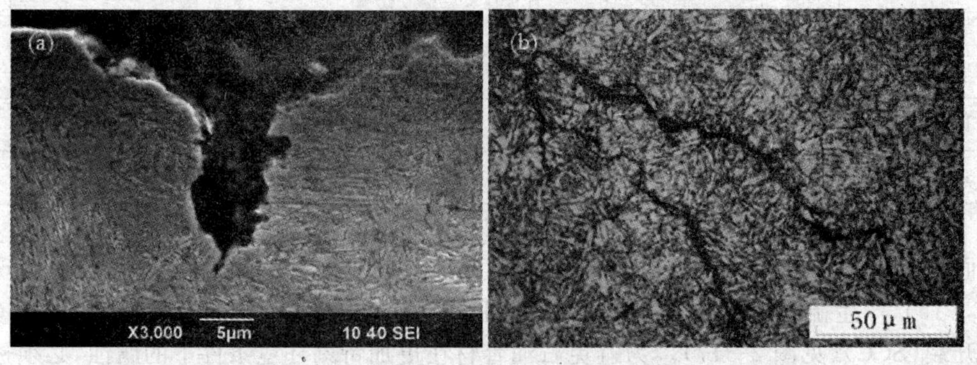

图 2-16　超级 13Cr 马氏体不锈钢 SSC 裂纹形貌

(a)初期形貌；(b)SSC 穿晶及沿晶裂纹

3. 高合金耐蚀材料

当 H_2S,CO_2,Cl^-三者共存,加上温度、压力的变化时,工作条件更加恶劣。近年来已开始研究和采用双相不锈钢、高 Ni 奥氏体不锈钢、Ni 基合金等。表 2-13 列出了住友金属开发的一种 25 Cr 双相不锈钢的化学成分。油套管用的双相不锈钢的标准成分是(22～25)%Cr,(5.5～7)%Ni,(2.5～3.5)% Mo,奥氏体与铁素体之比约为 1∶1。经冷加工后的最小屈服强度为 758～965MPa。高镍奥氏体钢的成分为(18～20)%Cr,(20～25)% Ni, 3% Mo。镍基合金的典型成分为 42%Ni,21% Cr,1.8% Cu,3% Mo 。典型牌号如住友的 SM2035—125,SM2535—130,SM2242—130 等；NKK 的 NKNIC42—110,NKNIC42—125,NKNIC42M—125,NKNIC42M—135 等。

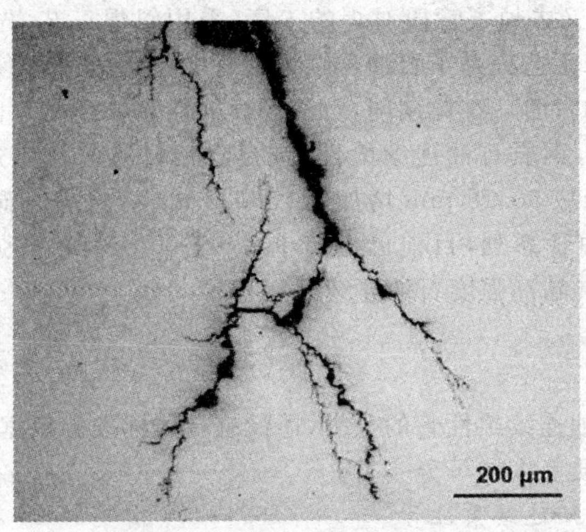

图 2-17 超级 13Cr 马氏体不锈钢 SCC 裂纹显微形貌

表 2-13 SUMI TOMO DP3 的化学成分(质量分数) 单位:%

C	Si	Mn	P	S	Cr	Ni	Mo	W	Cu	N
0.030	0.75	1.0	0.030	0.020	24.0～26.0	5.50～7.50	2.5～3.5	0.10～0.50	0.20～0.80	0.10～0.30

第六节 石油连续柔性管

一、概述

石油连续柔性管是由若干段长度在百米以上的柔性管通过对焊或斜焊工艺焊接而成的无接头连续管,长度一般达几百米至几千米,又被称为挠性油管、蛇形管或盘管。

自美国研制的第一台石油连续柔性管投入石油工业应用至今,石油连续柔性管技术和连续油管作业机已经历了近 50 年的发展历程。1962 年美国 Bowen Tool 公司制造了首台连续油管作业机,叫做“连续油管轻便修井机”,并用于墨西哥湾岸区用做油井冲洗砂堵试验,当时所用的石油连续柔性管外径为 33.4 mm。此后,开始有各式各样的石油连续柔性管在油气田作业。这期间是石油连续柔性管作业快速发展阶段,但也是探索前进阶段。

20 世纪 70～80 年代是石油连续柔性管材料和工艺发展的重要转折点。70 年代初,石油连续柔性管扩展到深井等要求更高的作业,但材料强度低和对焊焊缝多的石油连续柔性管抵抗不了高压力和大负荷,各种事故频繁发生。随着新材料的应用和工艺的不断改进,连续油管制造技术得到迅速发展。1976—1978 年,美国两家主要石油连续柔性管制造商把制造的石油连续柔性管钢带长度从 76.2 m 延长到 457.2 m,并结合成品管成卷后的消除热应力处理工艺,使焊缝数减少了 5/6,提高了石油连续柔性管抗高压、大负荷能力。1980 年美国 Southwestern Pipe Inc. 首次引入 482.58 MPa 屈服强度的高强度低合金钢滚轧连续油管。1983 年 Quality Tubing Inc. 开始采用日本的 914.4 m 长的钢卷,使连续油管的对焊焊缝又减少了一半。1980 年后期，该公司又去掉了管段对焊的工序，采用斜焊工艺，先把钢带焊接增长，再滚轧成整根的连续油管。该工艺提高了石油连续柔性管的疲劳强度和使用寿命，使连续油管的制造工艺登上了一个新的台阶。在此期间，石油连续柔性管外径尺寸也得到了发展。

20 世纪 90 年代以来，钢质石油连续柔性管的规格、材质以及制造技术都得到迅速的发展。石油连续柔性管外径从 50.18 mm 增加到 168.23 mm。在普通碳素钢的基础上，发展并形成高强度低合金连续油管系列，目前已拥有 900～1 000 MPa 高强度石油连续柔性管和 1110 MPa 甚至 1200 MPa 超高强度石油连续柔性管。

二、分类

到目前为止，关于石油连续柔性管的分类，还没有具体标准。根据国外有关石油连续柔性管的报道资料，目前从材质上大体可分 4 类。

1. 高强度低合金钢石油连续柔性管

此种连续油管的屈服强度为 483 MPa，抗拉强度为 552 MPa，伸长率为 30%，管体表面硬度为 HRC22。表 2－14 及表 2－15 列出了 A606—4(A606—4 型 HSLA 钢)石油连续柔性管的化学成分及力学性能。

表 2－14　高强度低合金钢石油连续柔性管化学成分　　单位：%

C	Mn	P	S	Si	Cr	Cu	Ni
0.10～0.15	0.6～0.9	<0.03	<0.005	0.32～0.5	0.55～0.7	0.2～0.4	≤0.25

表 2－15　高强度低合金钢石油连续柔性管力学性能

σ_s/MPa	σ_b/MPa	δ/(%)	HRC
483	552	30%	22

2. 高强度低合金调质钢(铬钼合金钢)石油连续柔性管

此种石油连续柔性管材质的 Cr，Mo 含量高，淬透性好，经调质处理屈服强度为 689～758 MPa，一般要比碳钢连续油管高出 40%。高强度低合金调质钢石油连续柔性管在现场长期使用后，经维修焊接油管本身部分屈服强度也可达到 550 MPa，仍能在现场继续使用。

3. 钛合金钢石油连续柔性管

20 世纪 90 年代，钛合金钢石油连续柔性管得到了发展。1992 年，美国的精密管技术公司首次生产钛合金钢石油连续柔性管，屈服强度高达 965.26 MPa，外径达到 88.9 mm。钛合金钢石油连续柔性管因钢材中所含合金的数量和种类不同，屈服强度和抗拉强度变化很大。国外多采用抗拉强度高的 Beta－C 级连续油管，其力学性能如表 2－16 所示。尽管钛合金石油连续柔性管比高强度低合金钢和高强度低合金调质钢石油连续柔性管的价格要昂贵些，但却具有质量轻、强度高的优点，多用于腐蚀环境苛刻和长久性开发的油气井中。

表 2-16 钛合金石油连续柔性管力学性能

类型	σ_s/MPa	σ_b/MPa	δ/(%)
Grade2	276	345	20
Grade12	483	552	18
Beta－C	965	1034	12

4. 复合材料石油连续柔性管

除上述 4 种连续油管外，近年来国外还研制出了玻璃纤维和碳素纤维等复合材料的石油连续柔性管，能够负荷 138 MPa 的内压，其质量和防耐腐蚀性能均优于钛合金钢连续油管，但由于存在制造成本高及维护保养困难等相关问题，难以投入常规石油连续柔性管作业服务市场的应用。

目前，这几种石油连续柔性管材料都在使用，其中使用最频繁的是高强度低合金调质钢，其他几种材质的石油连续柔性管根据各自的特点分别应用于相关领域。

第七节 油井管工程面临的挑战

近年来我国油井管工程技术有了长足的进步与发展，但在许多方面与世界先进水平相比仍有较大差距，还不能满足石油工业快速发展对油井管工程提出的更高要求。

随着我国石油工业“稳定东部、发展西部、油气并举”发展战略的实施，勘探开发目标更进一步面向复杂地区、面向滩海、面向深层和低压低渗储层的发展，钻采技术面临新的挑战。

一、钻探条件更加恶劣

随着勘探开发领域的扩大，钻井延伸到复杂的地质条件，如我国西部地区的塔里木盆地、准格尔盆地、吐哈盆地等。这几个盆地油气层埋藏均比较深，热别是塔里木盆地，油气层埋深达 4 000～6 000 m，准格尔盆地埋深 4 000～5 000 m。这些地区的钻井特点表现为井深，部分地区井下有多套高低压地层(包括高压气层)、多套高压盐水层、盐岩层以及存在高陡构造等情况，给钻井和完井带来新的问题和困难，也使油井管的服役环境变得异常苛刻。

如塔里木柯克亚区块，一般深度 6 500 m 左右，预测的井底压力为 132 MPa，预测的最大关井压力为 105 MPa，最高井底温度为 146℃，CO_2 含量为 0.27%，Cl^- 浓度为 70 127.19 mg/L，在这种地质条件下，即使使用目前性能最好的油井管，仍然存在较大风险。

近期勘探开发的还有山前高陡构造区块，高陡构造突出表现在塔里木库车山前、准格尔盆地南缘、四川川东等地区，由于地层倾角的制约，为保证上部井眼打直，被迫轻压吊打，影响了钻井速率。对于超深井，由于上部井斜难以控制，导致后期钻进时上部套管严重偏磨。

最严重的是罗家寨气田，天然气中 H_2S 含量为 10.49%，CO_2 含量为 10.41%，具有高压、高含 H_2S、高含 CO_2，以及高含 Cl^- 地层水等恶劣的腐蚀介质环境。由于具有较大的地形高差，罗家寨气田的开发主要采用丛式井、水平井的开采方式，对“油井管工程”又是一个巨大的挑战。

二、钻采技术发展迅速

为了满足不断加大的勘探开发力度，实现高产、稳产以及进一步降低成本，普遍采用钻采新技术来提高钻井速率、钻井质量、采收率。这些新技术包括：

(1) 深井、超深井、高温高压井钻完井技术；

(2) 水平井、大位移井、分支井；

(3) 欠平衡钻、完井技术；

(4) 小井眼钻、完井技术；

(5) 套管钻井技术；

(6) 膨胀管技术；

(7) 稠油热采技术；

(8) 高陡构造、逆掩推覆体防斜打快技术；

(9) 连续油管采油(气)技术；

(10) 智能钻、完井技术。

这些新工艺、新技术中大多涉及油井管的问题，有些技术的发展和油井管有直接的联系，甚至其技术核心和难点就是“油井管工程”问题，这都需要联合多方力量，共同攻关才有可能解决。

综上所述，油气勘探向纵深发展，地质条件日益复杂，深井、超深井、复杂结构井、水平井、大位移井、欠平衡井和山前构造井等高难度工艺井对油井管的性能和质量提出了更高的要求。海洋石油工业的发展和国际油气勘探开发，需要研究海洋复杂环境下和海外陌生环境下油井管的安全可靠性和使用寿命。高温高压、高腐蚀环境、地层蠕动、海洋环境等苛刻工况，需要数量更多的抗拉、抗压、耐高温、抗挤毁、耐腐蚀等特殊性能的油井管。随着石油工业的快速发展，对油井管工程技术提出了更加紧迫的需求，保证油井管质量和安全的科技任务更加艰巨，也为油井管工程技术发展提供了更为广阔的空间。

第三章　压力容器钢

第一节　基本要求

一、压力容器对材料的基本要求

在工业上广泛使用的各类容器、分离器、换热器、反应器、塔器、管式炉、锅炉、油气罐等构件统称为压力容器。压力容器是一种特殊的工业装备，在承担传热、传质、化学反应和物料储存等功能中，处在高(低)温、高压和严重腐蚀的环境中，并具有易泄、易燃、易爆的危险性。因此，压力容器的可靠性和安全服役具有重要意义。压力容器的可靠性与所用钢材的性能有着密切的关系。首先，压力容器用钢作为一种结构材料，必须在承受压力时具有足够的稳定性，也就是说应具有足够的强度、塑性和韧性。同时，压力容器要经过各种成型工艺，所以，所用材料还应该具有良好的热加工和冷加工性能，其中的焊接性能和热处理特性在厚壁压力容器制造中尤为重要。对于在腐蚀性介质下工作的压力容器，壳体及内件材料必须具有相应的耐腐蚀性和抗氢能力。由此可见，为了保证压力容器安全可靠地运行，首先必须从材料着手，选用优质的钢材制造压力容器，满足技术条件规定的各项要求，如满足化学成分、力学性能、使用性能、无损检测等诸多方面的要求。

二、化学成分

金属材料的化学成分是决定其力学性能与使用性能的重要因素。例如，不锈钢主要靠Cr，Ni，Mo，Ti 等合金元素的有机融合，才获得在特定介质中“不锈”的特征。其他特殊合金也是如此，其力学性能和使用性能都离不开特定化学元素的有机结合。不同牌号的压力容器用金属材料的化学成分在相应的标准中都有明确的要求。

在压力容器用钢中，为了保证其力学性能和使用性能，除了要求合金元素必须满足特定的含量范围外，还限定了杂质元素的含量。如在《压力容器安全技术监察规程》(技质监局锅发[1999]154 号)第 11 条中要求压力容器专用钢材的磷含量不应大于 0.030%，硫含量不应大于 0.020%，第 12 条要求含碳量不应大于 0.25%。

三、力学性能

压力容器用材料的力学性能，主要要求其具有较高的强度，同时兼备优良的塑性、韧性。具体的力学性能要求详见 GB150《钢制压力容器》、JB/T4734《铝制焊接容器》、JB/T4745《钛制焊接容器》以及相关的原材料标准。

四、其他要求

由于金属材料的种类不同，性能也不同，因而使用场所也就各不相同。制造压力容器所选用的材料，必须满足其使用性能要求，如满足耐腐蚀性能要求等，其目的是确保运行过程中的安全可靠。为确保压力容器在使用过程中的安全可靠性，除必须满足金属材料的力学性能要求外，还要求对压力容器用原材料进行严格的无损检测，以保证材料的内在质量，使压力容器更加安全可靠。具体要求见《压力容器安全技术监察规程》、GB150《钢制压力容器》及其他相关标准。

第二节　压力容器分类

世界各国规范对压力容器分类的方法各不相同，本节着重介绍我国《压力容器安全技术监察规程》中的分类方法。

压力容器可按压力等级、使用温度、在生产过程中的作用、安装方式、安全技术管理等方式进行分类。

一、按承压方式分类

外压容器：当容器的内压力小于一个绝对大气压（约 0.1 MPa）时，又称为真空容器。

内压容器（按照设计压力 P 分）：

低压（L）容器：0.1 MPa $\leqslant P<$ 1.6 MPa；

中压（M）容器：1.6 MPa $\leqslant P<$ 10.0 MPa；

高压（H）容器：10 MPa $\leqslant P<$ 100 MPa；

超高压（U）容器：$P\geqslant$ 100 MPa。

二、按使用温度分类

常温容器：−20～200℃；

低温容器：−20～−250℃；

高温容器：200～650℃。

三、按在生产过程中的作用分类

反应压力容器（代号 R）；

换热压力容器（代号 E）；

分离压力容器（代号 S）；

储存压力容器（代号 C，其中球罐代号 B）。

四、按安装方式分类

固定式压力容器；

移动式压力容器（该安装方式的压力容器在结构、使用和安全方面均有其特殊的要求）。

五、按安全技术管理分类

根据容器压力与容积乘积大小、介质危害程度以及容器的作用将压力容器分为3类。

第一类压力容器；

第二类压力容器；

第三类压力容器。

由于各国的经济政策、技术政策、工业基础和管理体系的差异，压力容器的分类方法也互不相同。当采用国际标准和国外先进标准设计压力容器时，应采用相应的分类方法。

第三节　失效事故

随着科学技术和工业的发展，各种压力容器日趋大型化和高压、高温化，加之一些压力容器中的介质对金属材料具有腐蚀、脆化等作用，使压力容器的工作条件更趋恶劣。特别是随着厚壁及超厚壁压力容器的增多、高强度钢材的广泛使用，压力容器的破坏事故（尤其是脆性破坏事故）有所增加。鉴于压力容器的破坏会导致十分严重的后果，世界各国都非常重视压力容器的安全问题，并对压力容器的破坏事故进行了大量的调查、统计和分析。

对总计为12 700台制作中的压力容器，以及100 300台容器运行年记载的损坏事故进行分析，大致可以分为灾难性破坏事故和损伤事故两类，其发生概率如表3-1所示。100 300台容器运行年的调查中所报道的132件损坏事故（其中有7件是灾难性破坏事故）的破坏原因分类如表3-2所示，表明压力容器的损坏事故主要是由裂纹引起的。按使用因素分类如表3-3所示，表明介质、温度、压力和使用年限等对压力容器的安全服役有重要影响。

表3-1　事故概率

	损伤事故	灾难性事故	合计
制造中（12 700台）	5.5×10^{-4}	2.3×10^{-4}	7.8×10^{-4}
使用中（100 300台）	12.5×10^{-4}	0.7×10^{-4}	13.2×10^{-4}

表3-2　事故原因

事故原因	件数	百分率/(%)
裂纹	118	89.3
腐蚀	2	1.5
使用不当	8	6.1
制造缺陷	3	2.3
蠕变	1	0.8
合计	132	100

表 3-3 按使用因素对事故分类

因素	使用中的事故(共 132 件)			
	损伤事故(共 125 件)		破坏事故(共 7 件)	
	件数	百分率/(%)	件数	百分率/(%)
软钢	105	79.5	5	3.9
合金钢	20	15.1	2	1.5
使用 10 年以上	64	48.5	1	0.7
使用 10 年以下	59	41.0	6	5.1
使用年限不明	2	1.5		
介质:气体、蒸汽	69	52.2	4	3.1
介质:液体	14	10.6		
介质:混合物	42	31.8	3	2.3
直接受火	29	22.0	4	3.1
非直接受火	96	72.0	3	2.3
使用温度在 315℃以上	69	52.2	1	0.7
使用温度在 315℃以下	15	11.4	1	0.7
使用温度不明	41	31.1	5	3.9
使用压力在 3.43MPa 以上	84	63.5	3	2.3
使用压力在 3.43MPa 以下	41	31.3	4	3.1

第四节 性能要求

一、对钢材强度与塑性的要求

压力容器都是在承压状态下进行工作,有些还要同时承受高温或腐蚀性介质的作用,用以制造室温及中温承压元件的钢板与钢管,应具有较高的室温强度。对于这类部件通常是以钢材的屈服极限和强度极限作为其强度设计的依据,并对材料的屈强比提出要求。不同国家压力容器的设计规范见表 3-4。同时,为确保安全性,通常要求 $\sigma_s/\sigma_b \approx 0.65 \sim 0.75$,$\delta_s \geqslant 20\%$,180°冷弯不出现裂纹。

表 3-4 不同国家压力容器的设计规范

国家	标准	许用应力与屈服强度之比	屈强比	许用应力与抗拉强度之比
德国	Merkblatt	0.67 0.55	≤0.85 >0.85 1.0	— — 0.55

续 表

国家	标准	许用应力与 屈服强度之比	屈强比	许用应力与 抗拉强度之比
法国	SNCTTI	0.67 0.67～0.417	≤0.62 ＞0.62 1.0	— — 0.417
比利时	—	0.625 0.625～0.37	≤0.60 0.60 1.0	— — 0.37
日本	—	0.5 0.5～0.35	≤0.70 ＞0.70 1.0	— — 0.35
美国	ASME	0.625 0.67	＜0.5 ＞0.5	0.25 0.33 0.33
意大利	ANCC	0.5(C－Mn 钢) 0.5(C－Mn 钢) 0.5(合金钢) 0.5(合金钢)	≤0.65 ＞0.65 ≤0.70 ＞0.70	— 0.32 — 0.35

二、对钢材韧性的要求

在选择材料时，必须防止片面追求钢材的强度而忽视韧性。对压力容器用钢的冲击韧性曾提出如表 3－5 所示的要求，大多数压力容器用钢的冲击韧性(A_{KV})要求大于 30～50 J。

表 3－5　压力容器用钢的冲击韧性要求

温　度	冲击韧性值/(N·m·cm^{-2})
室　温	≥60
－40℃	≥35

在低温服役时，要求工作温度(包括加工过程中的温度，例如水压试验时的温度等)高于无塑性温度(NDT)一定的数值。例如在设计应力为屈服极限的一半时，要求工作温度比无塑性温度高 17℃以上。

三、对钢材应变时效敏感性的要求

压力容器是钢材经冷变形加工后的焊接结构，应考虑材料应变时效敏感性的影响。

应变时效是压力容器在制造和服役过程中普遍存在的现象。应变时效可引起材料强度和硬度增加，塑性和韧性降低，韧脆转变温度升高。普遍的规律是，在一定温度范围内，随应变时效温度和时间的增加，材料硬化和脆化的程度增加。有资料显示，钢经 250℃时效 0.5～

1.0 h,应变时效的效果最为明显。

研究表明,应变时效产生的原因,主要是固熔于 $\alpha-\mathrm{Fe}$ 中的碳、氮等间隙原子引起的。碳、氮等间隙原子导致应变时效可解释为:

(1)材料经应变后,位错密度增加,位错的平均间距减小,使碳、氮原子扩散到位错处的路径缩短。碳、氮原子可以以更短的路径在位错等晶体缺陷及应力集中处富聚而形成柯氏气团,对位错起钉轧作用而促使材料强度升高。

(2)时效温度促进了碳、氮原子在位错处的这种富聚和对位错的钉轧作用。

(3)在位错周围过饱和的碳、氮溶质原子可因位错诱导形成细小的沉淀析出,也促进了材料强度升高,塑性和韧性降低。资料显示,碳、氮原子在 $\alpha-\mathrm{Fe}$ 的溶解度和扩散能力强,当钢中碳、氮含量较低时($10^{-3}\%\sim10^{-4}\%$)即引起时效现象。随着碳、氮原子含量的增加,或者随时效温度和时间的增加,应变时效的倾向性增加,由此引起材料强度升高,塑性和韧性降低。

压力容器的时效敏感性可采用下列公式计算:

$$\text{时效敏感性}=\frac{A_{\mathrm{KV}}-A'_{\mathrm{KV}}}{A_{\mathrm{KV}}}\times100\%$$

式中 A_{KV}——原材料的冲击韧性,J;

A'_{KV}——预拉伸 10%,在 150℃时效 1 h 后的冲击韧性,J。

一般要求时效敏感性小于 50%。

四、对钢材高温性能的要求

一般认为,材料的工作温度与材料熔点温度(绝对温度)之比大于 0.5,则称为高温环境。在高温服役的压力容器,必须提出蠕变极限、持久强度极限和持久塑性的要求。这类元件通常是以钢材的高温持久强度作为强度设计的依据。

1. 蠕变极限

是指材料在高温长期载荷下的塑性变形抗力(和常温下的 $\sigma_{0.2}$ 相似),一般用 σ_{ε}^{T}(MPa) 表示,即在一定的温度 T 下,产生规定蠕变速率 ε 的应力值。

当碳钢的工作温度大于 300℃,合金钢工作温度大于 800℃时,应考虑蠕变的影响。

2. 持久强度极限

是指材料在高温长时的载荷作用下抵抗断裂的抗力,一般用 σ_{t}^{T}(MPa)表示,即在给定的温度 T 下,材料经规定时间 t 发生断裂的应力值。

典型高温压力容器钢的蠕变极限和持久强度极限如表 3-6 所示。

表 3-6 典型高温压力容器钢的蠕变极限和持久强度极限

钢种	试验温度/℃	运行时间/h	蠕变极限/MPa	持久强度/MPa
12MoCr	510	107675	73.58	136.36
	510	90329	73.58	182.47
15CrMo	510	137 000	83.39	109.87
12CrMoV	540	110 660	73.58	107.91
	540	106 000	68.67	103.01

五、对钢材焊接性的要求

压力容器是一种焊接结构，须充分注意压力容器在制造过程中焊接对材料性能的影响。焊接性是压力容器材料最重要的性能之一。所谓焊接性即是金属是否适应焊接加工而形成无缺陷的、具备优良使用性能的焊接接头的特性。焊接性主要包括两方面要求，其一是工艺焊接性，即在焊接过程中是否容易产生裂纹等缺陷；其二是使用焊接性，即焊接接头能否达到所需要求的性能，如强度、韧性、疲劳性能和耐腐蚀性能等。有关焊接性的要求在第一章有详细论述。

第五节　压力容器钢

一、碳素压力容器钢

在压力容器制造中，低碳碳素钢得到十分广泛的应用。这主要是因为碳素钢具有良好的塑性和韧性，加工工艺性好，特别是可焊性好。碳素钢的强度虽然较低，但仍能满足一般压力容器的要求。

压力容器的承压部件所用的碳素钢主要可分为两大类，一类是优质碳素钢，另一类是专用碳素钢。

1. *优质碳素压力容器钢*

常用的有20号钢和10号钢。20号钢和10号钢具有十分良好的塑性，加工工艺性好，焊接性能也很好。20号钢的碳含量较10号钢多一倍，故强度较高，其屈服强度和拉伸强度均比10号钢约高20％。20号钢由于碳含量较高，时效敏感性也比10号钢低。因此，工程上大都采用20号钢，10号钢的应用逐渐减少。

2. *专用碳素压力容器钢*

压力容器所用的专用碳素钢是在一般碳素钢的基础上派生出来的。例如，由普通碳素钢派生出来的有A3g和A3R钢，由优质碳素结构钢派生出来的有15g，20g等。

这类碳素钢主要是对硫、磷等有害元素的控制比原钢种更严格，对钢材的表面质量和内部缺陷也有一定的要求。

这类钢对化学成分有严格的控制，力学性能也必须保证，特别是对冲击韧性有较严格的要求，并要求其时效敏感性小。这类钢在冶炼时应进行良好的脱氧和去除非金属夹杂物，以保证良好的塑性和韧性。其组织结构应均匀，晶粒度也尽量希望能控制在一定范围内（通常希望晶粒度在3～7级之间）。此外，应尽量减少夹层、收缩、疏松及气孔等缺陷。

专用碳素钢的使用范围见表3－7。

表3－7　专用碳素压力容器钢的使用范围

钢　号	使　用　范　围
A3g，A3R	壁温从－30～425℃，工作压力≤2.5MPa的压力容器
15g，20g	壁温从－40～475℃，工作压力≤5.0MPa的压力容器
22g	壁温从－40～450℃的压力容器

二、低合金高强度压力容器钢

低合金高强度容器钢虽然合金元素含量较少，但强度（尤其是屈服强度）却比同等含碳量的碳素钢高。由表 3－8 可以看出，普通低合金高强度容器钢的强度水平比碳素钢高，同时具有良好的焊接性和耐蚀性。它们最初用于建造桥梁、车辆和船舶等，随着生产的发展其使用范围业已扩大到锅炉、高压容器、油管、大型钢结构等方面。

表 3－8　各种压力容器钢力学性能的比较

力学性能 钢　号	拉伸强度 σ_b/MPa	屈服强度 σ_s/MPa	屈强比 σ_s/σ_b	伸长率 δ_s/（%）
20g	410	230	0.56	24
16Mng	480	310	0.65	19
15MnVg	500	360	0.72	17
14MnMoVg	650	500	0.77	16
18MnMoNbg	650	500	0.77	16

采用低合金高强度容器钢的目的主要是减轻结构的质量，保证使用可靠、耐久。由于这类合金钢具有较高的屈服强度，故用以代替碳素钢可在相同载荷条件下使结构质量减轻 20%～30%。它们通常还有良好的塑性，便于冲压成型。

低合金高强度容器钢通常按其屈服极限的大小划分为不同的强度等级，如表 3－9 所示，使用范围见表 3－10。

表 3－9　低合金高强度压力容器钢按强度等级的分类

强度等级	300～450 MPa 级	500～550 MPa 级	600～1 000 MPa 级
合金成分	C 含量≤0.25%，以锰为主要合金元素，强化基体。同时辅以其他元素，如钒、钛、铌等。属于此强度等级的主要有锰、锰-钒、锰-钛、锰-铌等钢系	C 含量≤0.25%，以锰、钼为主要合金元素，另加入少量的钒、铌、硼等。属于此强度等级的主要有锰-钼、锰-钼-钒、锰-钼-铌、锰-钼-钒-硼等钢系	C 含量≤0.25%，以铬、锰、钼为主要合金元素，有的加有镍，提高钢的淬透性和韧性。主要有铬-锰-钼-钒-硼系和铬-镍-钼-钒等钢系
显微组织	铁素体-珠光体	贝氏体-少量珠光体	贝氏体或回火低碳马氏体
使用状态	热轧或正火	正火或正火＋回火	正火＋回火或调质处理

表 3－10　低合金高强度压力容器钢的使用范围

钢　号	使　用　范　围
16Mng	－40～450℃温度范围内的压力容器
15MnVg	≤6.0 MPa 的钢炉钢筒
14MnMoVg	－20～500℃温度范围内的高压容器
18MnMoNbg	0～520℃温度范围内的高压容器

按照组织状态和强度级别，低合金高强度容器钢可分为铁素体-珠光体、低碳贝氏体和低碳马氏体容器钢。

1. 铁素体-珠光体压力容器钢

铁素体-珠光体容器钢的屈服强度为 300～450 MPa。在这类钢中加入的合金元素，通过固熔强化、增加珠光体含量和细化晶粒使钢的强度提高，如 16MnR 钢、15MnVR 钢等。有时也用加入微量的铌、钒和氮等以形成氮化物使晶粒细化，提高钢的强度，如 15MnVNR 钢、14MnVTiRE 钢等。

典型铁素体-珠光体容器钢的力学性能见表 3－11。

表 3－11　典型铁素体一珠光体压力容器钢的力学性能

力学性能 / 钢　号	拉伸强度 σ_b/MPa	屈服强度 σ_s/MPa	屈强比 σ_s/σ_b	伸长率 δ_s/(%)
16MnR	480	310	0.65	19
15MnVR	500	360	0.72	17

这类钢通常是在热轧退火或正火状态下使用。对加工性能和焊接性的要求决定了其含碳量较低(<0.2%)。它的性能的提高主要依靠加入合金元素来达到，如加入锰、硅等元素，主要是起到固熔强化和细化晶粒等作用。

典型铁素体-珠光体容器钢的主要用途见表 3－12。

表 3－12　典型铁素体-珠光体压力容器钢的应用范围

钢　号	强度等级/MPa	使用状态	用途举例
12Mn	300	热轧	铁道车辆、油罐、容器等
12MnR	350	热轧	船舶、桥梁等
16Mn	350	热轧	桥梁、船舶、车辆、压力容器、锅炉、建筑结构等
16MnCu	350	热轧	桥梁、船舶、车辆、压力容器、建筑结构等
15MnV	400	热轧	锅炉、压力容器、船舶、桥梁、车辆、起重机械等
15MnTi	400	回火、正火	船舶、压力容器、电站设备等

在铁素体-珠光体容器钢中，16 锰(16Mn，16Mng，16MnR)得到广泛应用。

16Mn 是屈服极限为 350 MPa 级的普通低合金钢，具有良好的综合力学性能和工艺性能，中温(450℃以下)及低温(－40℃以上)的力学性能均比低碳钢好。

16Mn 一般在热轧状态使用。对中、厚钢材，为了改善钢的综合力学性能，特别是冲击性能，可进行 900～920℃正火处理。正火后钢的强度略有降低，但塑性和韧性显著提高，并降低了脆性转变温度。

16Mn 具有良好的可焊性。在常温下进行手工电弧焊和埋弧自动焊时，其焊接热影响区一般不出现淬硬组织，最高硬度值小于 HV300。板厚不大于 32 mm 时，在常温下焊接不需预热。在低温(5℃以下)时施焊,则需采取局部预热措施,以降低焊接残余应力及热影响区淬硬倾向。厚度大于 32 mm 时,通常焊前预热至 100～150℃。

16Mn 的耐腐蚀性能优于低碳钢。在我国 4 个地区历时 5 年的大气曝晒试验结果表明,16Mn 耐大气腐蚀性能比甲类 3 号钢高 20%～38%。它的耐海洋大气腐蚀性能也较好,腐蚀速率为 0.143 mm/a。

为了保证 16Mn 钢热加工的质量,其热加工起始温度宜控制在 1 160～1 180℃之间,终止温度为 850～900℃。热加工后可置于静止空气中冷却。

在铁素体-珠光体容器钢中,15 锰钒钢(15MnV,15MnVg,15MnVR)也得到了广泛应用。

15MnV 是屈服强度为 400 MPa 级的普通低合金钢,强度级别较 16Mn 有所提高,在 520℃时具有一定的热强性能。15MnV 钢在热轧状态具有良好的综合力学性能及焊接性能。15MnV 钢一般在热轧状态使用,具有良好的综合力学性能,但塑性和低温冲击韧性较碳素钢及 16Mn 钢为低,且波动较大。进行正火处理可改善塑性及冲击韧性,降低脆性转变温度。

15MnV 钢具有较好的可焊性。由于钒细化了晶粒,因而减少了钢的过热倾向。

2. 低碳贝氏体压力容器钢

低碳贝氏体容器钢的屈服强度为 500～700 MPa。这类钢是借助钼和硼而延缓奥氏体在高温区的分解,使之在相当宽的冷却速率范围内能得到贝氏体组织。

典型低碳贝氏体容器钢的力学性能见表 3-13,应用范围见表 3-14。国外典型低碳贝氏体容器钢的基本情况见表 3-15。

表 3-13　典型低碳贝氏体压力容器钢的力学性能

机械性能 钢　号	拉伸强度 σ_b/MPa	屈服强度 σ_s/MPa	屈强比 σ_s/σ_b	伸长率 δ_s/(%)
14MnMoVR	640	490	0.77	16
14MnMoVN	540	440	0.81	16
14MnMoVBRE	630	490		16
14CrMnMoVB	735	640		15

表 3-14　典型低碳贝氏体容器钢应用范围

钢　种	强度等级/MPa	使用状态	用途举例
14MnVTiRE	450	正火、回火	桥梁、高压容器、大型船舶、电站设备等
14MnMoV	500	正火、回火	中温压力容器、锅炉等
18MnMoNb	500	正火、回火	中温压力容器、锅炉等
14MnMoVBRE	500	正火、回火	高压容器、电站设备、矿山机械等

表 3-15　国外典型低碳贝氏体容器钢

国家	钢号	σ_s/MPa	σ_b/MPa	δ_s/(%)	冲击韧性/(MJ·m^{-2})
美	A533B	≥488	617～794		
	A542	≥588	686～784	≥14.0	
	A513F	≥686	755～931	≥16.0	
日	H770	≥588	666～794	≥18.0	≥0.36
	HT80	≥686	784～931	≥10.0	≥0.36
德	BHW35	≥392	569～735		≥0.60
俄	16MnNiMo	324～460	≥500		≥2.80

在低碳贝氏体容器钢中，14锰钼钒(14MnMoV，14MnMoVg，14MnMoVR)得到广泛应用。

14MnMoV钢是屈服强度为500 MPa级的普通低合金钢。钢中由于加入了0.5%的钼，提高了钢的屈服强度及中温力学性能，特别适合于生产厚度在60 mm以上的厚钢板，用以制造高压容器。

14MnMoV钢具有良好的综合力学性能，但对热处理工艺较敏感，大于60 mm的厚钢板在热轧状态下塑性及韧性较差，特别是低温及时效后的冲击值不稳定，故不宜在热轧状态下使用。通常可采用正火+回火热处理，为改善低温冲击韧性并提高强度，可进行调质处理。

在低碳贝氏体容器钢中，18锰钼铌(18MnMoNb，18MnMoNbg，18MnMoNbR)也得到了广泛应用。

18MnMoNb是充分利用我国富有资源铌(Nb)，在20Mn基础上发展而来的500 MPa级的中温压力容器用钢，其综合力学性能较好，可焊性良好，是石油工业制造中温高压容器的一种具有发展前途的钢种。

18MnMoNb钢板通常在正火+回火处理后应用。对于特厚钢板用正火+回火处理，一般难以达到屈服极限500 MPa级的水平，但经调质处理后，屈服极限能显著提高，可作为550 MPa级使用。

3. 低碳马氏体压力容器钢

经淬火+回火处理后，低碳马氏体容器钢具有很高的强度和较好的韧性，其屈服强度一般在600 MPa以上。这类钢中的合金元素应保证它具有良好的淬透性，如18MnMoNb钢和14MnMoNbB钢等。这类钢还具有良好的低温韧性，可在低温下使用。但其加工工艺性较差，必须严格控制工艺参数。另外，在热加工成形和焊后热处理时，加热温度必须严格控制，不得超过钢材的回火温度，否则将使其强度明显降低。

典型低碳马氏体容器钢的力学性能见表3-16，国外典型低碳马氏体容器钢的基本情况见表3-17。

表 3-16 典型低碳马氏体压力容器钢的主要用途

钢 种	强度等级/MPa	使用状态	用 途 举 例
12MnCrNiMoVCu	600	调质	大型船舶、压力容器、起重机械、桥梁等
14MnMoNbB	700	调质	高压容器等

表 3-17 国外典型低碳马氏体容器钢

国家	钢号	板厚/mm	σ_s/MPa	σ_b/MPa	δ_s/(%)	冲击韧性/J
美	A302B		≥343	548~686		
日	SPV35	<50	431	568~735	≥14	31.4J

三、超高压容器用钢

超高压技术的发展要求容器能承受 100~1 000 MPa 的超高压压力。通常把工作压力超过 100 MPa 的容器称为超高压容器，如高压釜、筒体、高压膛等。超高压容器用钢强度在 1 000 MPa左右，通常为中碳 Ni-Cr-Mo-V 钢。

典型超高压容器用钢见表 3-18。

表 3-18 典型超高压容器用钢

国家	钢号	σ_s/MPa	σ_b/MPa	δ/(%)	ψ/(%)	CVN/J	用途
中	30CrNi5MoV	1090	1160	15	52	67	等静压缸
	30CrNiMo8	970	1096	23	68	134	水晶釜
美	30NiCrMoV	≤900	≤1000	≤14	≤35	≤59	乙烯釜
	4340	900	1000	15	45		高压反应管
德	30CrNiMo8	960	1110/1300	13	45	59	高压聚乙烯管
日	CrMoV	≥590	≥780	≥13	≥35		水晶釜
中	G4335V	>802	>980	≥15	≥45	64	高压聚乙烯装置

注：表中 ψ 为断面收缩率。

四、压力容器热强钢

工作温度高于 500℃的压力容器需采用热强钢。热强钢是指在高温下有一定抗氧化能力和具有足够强度而不产生大量变形或断裂的钢种。

为了满足某些部件承受高温工作的需要，在低碳钢的基础上建立了一系列具有足够高的持久强度和良好的抗氧化性能的低合金热强钢。图 3-1 示出了某些低合金热强钢持久强度与温度的关系。碳素钢的工作温度一般在 450~480℃以下。0.5Mo 钢出现后使工作温度提高到 500℃左右，它在 450~520℃温度范围内的持久强度比碳素钢高 1.5~2.0 倍。低合金

1Cr－Mo 钢和 Mo－V 钢的持久强度远高于碳素钢和 0.5Mo 钢，其工作温度为 500～550℃。随着 $2\frac{1}{4}$Cr－1Mo 钢、1Cr－MO－V 钢和 3Cr－Mo－W－V 钢的出现，其最高工作温度可达 560～580℃。目前，低合金热强钢有向多组元合金化方向发展的趋势。

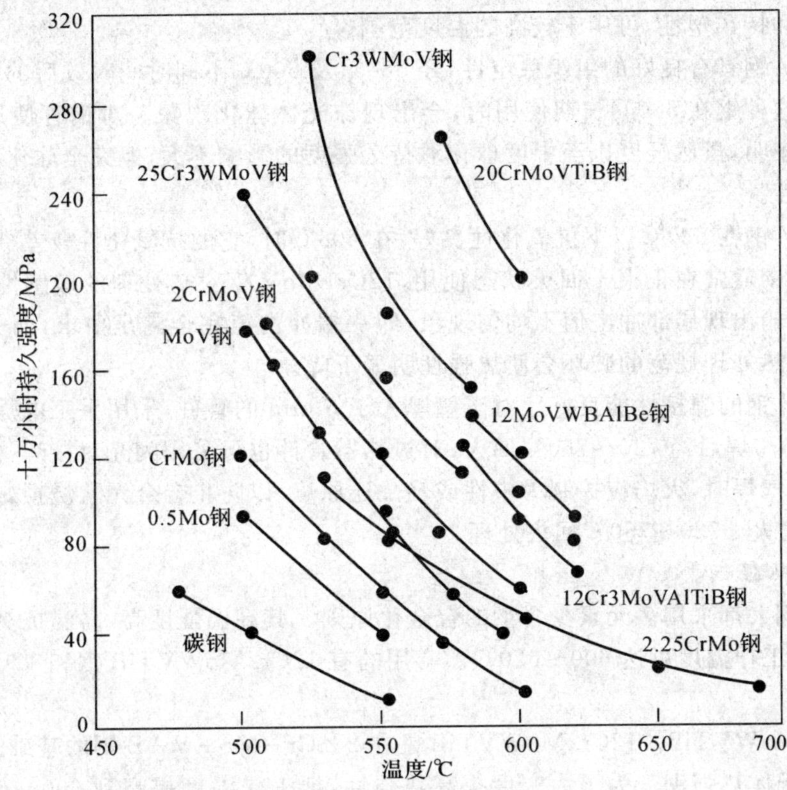

图 3－1　一些低合金热强钢持久强度与温度的关系

压力容器热强钢通常分为珠光体热强钢、贝氏体热强钢和奥氏体热强钢等。

1. 珠光体热强钢

它是以铬、钼作为主加合金元素，在工作温度较高时，再加入适当的钒，以使沉淀强化和提高组织稳定性。常用的有 15CrMo 钢和 12CrlMoV 钢等。

(1)15CrMo 钢。15CrMo 钢是低合金珠光体热强钢。铬和钼是提高钢材热强性、热稳定性及高温抗氧化性的主要元素，因此 15CrMo 钢具有较好的高温性能。另外，15CrMo 钢具有良好的切削加工性、冷应变塑性及焊接性能。这种钢广泛地用于中、高压锅炉的过热器管和其他高温承压管件。

15CrMo 钢在 500～550℃下有较高的持久强度。但当温度超过 550℃时，蠕变极限显著降低。长期处在 500～550℃时，无石墨化倾向，但会产生碳化物球化及合金元素的转移，使强度有所降低。

15CrMo 钢管通常是在正火＋回火处理（正火 930～960℃，回火 680～730℃，空冷）后使用。

壁厚大于 15 mm 的管件在手工焊时，焊前预热至 150～200℃。壁厚大于 10 mm 的管件，焊后需进行 680～700℃回火处理。

(2)12Cr1MoV 钢。12Cr1MoV 钢中的合金元素总量约为 1.8%,仍然属于低合金珠光体热强钢。

12Cr1MoV 钢与 15CrMo 钢相比较,合金元素中钼有所减少,而加入了适量的钒,故具有较高的热强性和持久塑性,可用于较高的温度范围。

12Cr1MoV 钢具有良好的组织稳定性,经 580℃及 600℃不同时间时效后的硬度及冲击值变化很小。但这种钢在 580℃长期使用时,会出现珠光体球化现象。对钢管使用中的球化问题的研究结果表明,虽然轻度以至中度球化对持久强度的影响不大,但完全球化的组织会显著降低钢的热强性。

12Cr1MoV 钢在 580℃以下抗氧化性良好,在 600℃时,它的抗氧化性较差。

12CrMoV 钢通常在正火＋回火状态使用,12Cr1MoV 钢对热处理的敏感性较大,使某些大口径管道、集箱出现局部冲击值不均匀现象,即一端冲击值完全满足要求,而另一端可能低于允许值很多,热处理规范的破坏会使热强性明显下降。

12Cr1MoV 钢的焊接性能良好。对于壁厚大于 6 mm 的管件,采用手工电焊时,焊前需预热至 200～300℃,焊后经 720～760℃回火;对过热器管件也可采用闪光对接焊,焊后接头同样需经回火处理;气焊时,火焰应控制为中性或轻微还原焰,以防止合金元素烧损,焊后接头需作 980～1 020℃正火＋720～760℃回火处理。

2. 贝氏体热强钢

这类热强钢大都采用多元素少含量的合金化原则。其高温强度高,高温抗氧化性能好,加工工艺性尚可,工作温度可达 600～620℃。常用的有 12Cr2MoWVTiB 钢和 12Cr3MoVSiTiB 钢等。

(1)12Cr2MoWVTiB。12Cr2MoWVTiB 是在 2%Cr－Mo－V－B 钢的基础上发展起来的一种低合金贝氏体热强钢。为了大幅度提高热强性,把工作温度提高到 600～620℃,采用了多元素少含量复合强化方法,即钨、钼复合固熔强化,钒、钛复合时效强化和微量硼的晶界强化,同时加入铬以提高其抗氧化性。

近年来,对于铬钼钢和铬钼钒钢固熔强化机理的研究表明,当固熔体中存在间隙原子时,钼是很有效的固熔强化元素。因此钨、钼复合强化的效果比单用钼更显著,持久强度曲线随时间增加而下降的趋势较为缓慢,持久强度明显提高(见图 3－2)。这种复合强化也是合金元素交互作用的固熔强化。由于钨、钼复合加入,在高温下固熔体的贫钼过程进行得较为缓慢:620℃经 5 000 h 时效后,碳化物中的钼由 30%增加到 60%;而不含钨时,经 1 000 h 时效后已有 50%以上的钼进入碳化物中。

试验研究表明,钒与碳的比值以及钢中的含碳量对钢的热强性有很大的影响。当 $\frac{w_C}{w_V}=1.5\sim2.1$ 以及含碳量为 0.2%～0.25%时,钢具有最佳的热强性。对于 12Cr2MoWVTiB 钢来说,除上述沉淀强化作用外,碳化物的时效强化也是 12Cr2MoWVTiB 钢的主要强化措施之一。钢中加入多种合金元素,形成含钛、钼和钨的间隙相碳化钒(VC 相),这是 12Cr2MoWVTiB 钢中起到复合时效强化作用的主要强化相。其成分、尺寸、数量及质点间距,对钢的热强性都有很大的影响。间隙相碳化钒十分稳定,在长期时效过程中,其成分和数量基本保持不变,并呈细小的质点弥散分布在钢中。因此,它具有很好的复合时效强化作用。

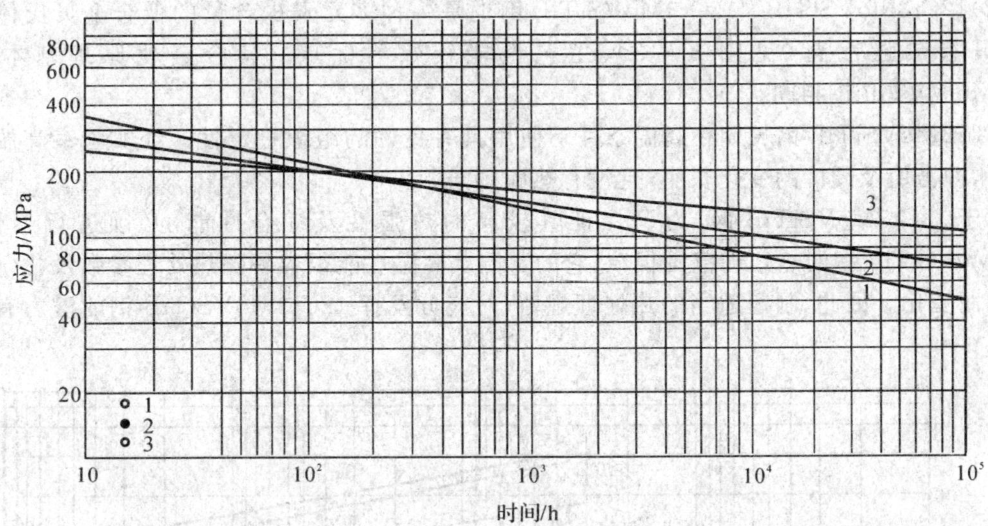

图 3-2　12Cr2MoWVTiB 钢的持久强度(1 025℃保温 1.5 h 正火,750℃保温 3 h 回火)

1—620℃持久强度;2—600℃持久强度;3—580℃持久强度

在 12Cr2MoWVTiB 钢中,硼的作用表现在两个方面:一是由于硼在钢中明显地偏聚在晶界上,从而具有强化晶界的作用;另一方面是由于硼强烈地抑制了钢中铁素体的转变,因而确保了 12Cr2MoWVTiB 钢在相当宽的正火冷却速率范围内,得到单一的贝氏体组织,这种组织比铁素体+贝氏体具有更高的热强性。因此,12Cr2MoWVTiB 钢具有很好的热强性,可以在 600～620℃的高温下长期使用。

12Cr2MoWVTiB 钢的组织稳定性良好,经 600℃,620℃,5 000 h 试验室时效后,力学性能无显著变化。这种钢还具有良好的抗氧化性。

12Cr2MoWVTiB 钢是贝氏体类型钢,奥氏体化后空冷得贝氏体,其强度、塑性及韧性均很高,高温回火后组织为回火贝氏体,油淬和水淬后得马氏体。其退火组织为块状铁素体+碳化物,即为珠光体型,其强度和韧性都很低。为了充分发挥 12Cr2MoWVTiB 钢的热强性及综合力学性能,这种钢均在正火+回火处理后使用。金相组织为贝氏体。不允许出现块状铁素体或网状铁素体。其热处理规范应根据上述要求来制定。当正火温度高于 970℃时就不出现铁素体,提高正火温度可使贝氏体组织的针状特征加强。实践表明,正火温度控制在1 000～1 035℃范围内,可得到良好的热强性。

由于各种合金元素的影响,12Cr2MoWVTiB 钢的奥氏体等温转变曲线的上半部(珠光体转变区)较大幅度地向右移,下半部(贝氏体转变区)则移动不多,贝氏体转变区温度范围约为 520～350℃,在上、下两个转变区之间有一个奥氏体稳定区。为了获得贝氏体组织,要求以一定的冷却速率避开珠光体转变区。在 930～1 030℃高温区域缓冷(炉冷,约 10℃/min)对钢的显微组织和力学性能没有显著影响(因为珠光体转变区向右移);而在 930℃以下缓冷则有铁素体出现;在 700～1 000℃间的平均冷却速率达 20℃/min,就可以抑制铁素体的出现。

为了提高钢在使用温度下的组织稳定性,以提高其热强性及持久塑性,这种长期使用的钢所采用的回火温度一般应比使用温度高 100～150℃或更高,即回火温度应控制在 760～780℃为好。

12Cr2MoWVTiB 钢具有较好的焊接工艺性能。

(2)12Cr3MoVSiTiB。12Cr3MoVSiTiB钢也是一种多元素少含量的低合金贝氏体热强钢,它具有热强性高(见图 3-3)、工艺性能较好等优点。其合金化原理基本上与12Cr2MoWVTiB钢相同。

12Cr3MoVSiTiB钢长期在高温条件下使用具有良好的组织稳定性。经实验室高温长期时效后,冲击值及硬度的变化很小,且没有热脆倾向。

对于12Cr3MoVSiTiB钢,为了保证其较高的热强性及综合性能,必须进行热处理。12Cr3MoVSiTiB钢的热处理范围很窄,它的常温及高温性能很容易随热处理参数及化学成分的波动而变化。因此,制定适当的热处理规范,对充分发挥12Cr3MoVSiTiB钢的潜力有很大的关系。

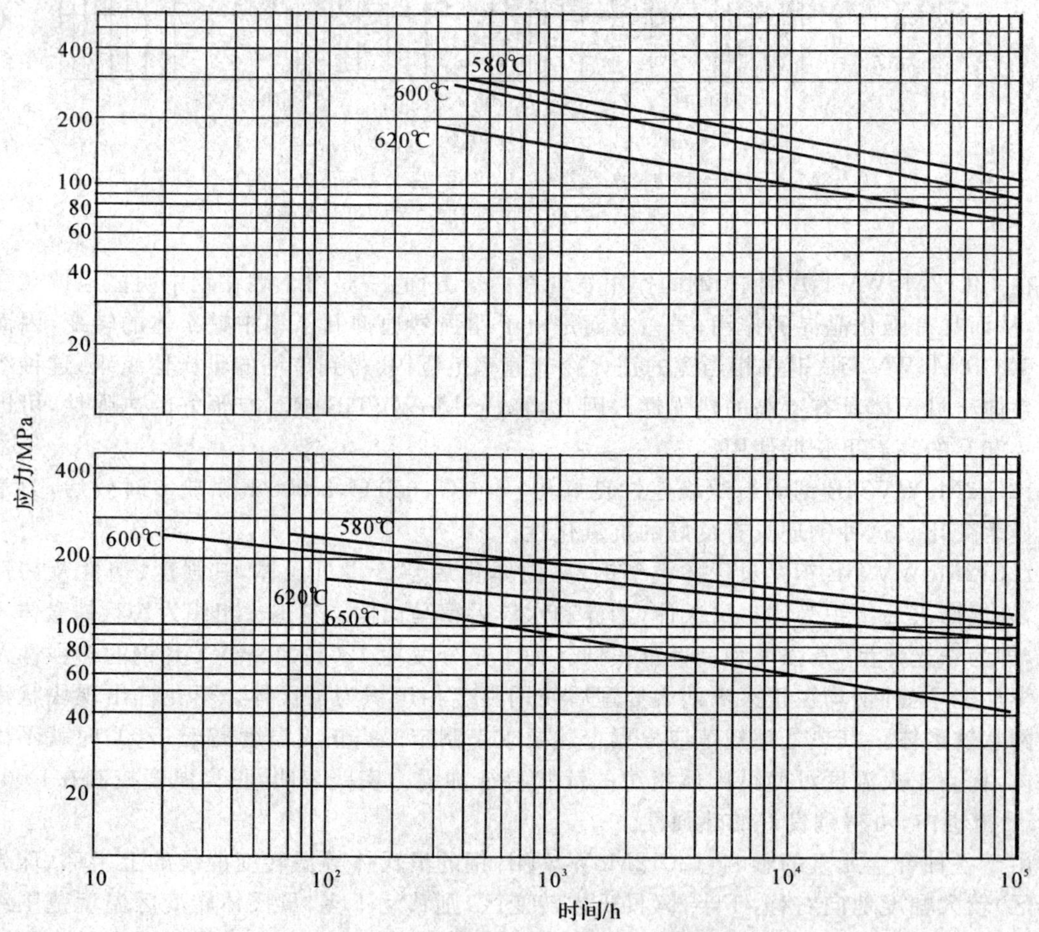

图 3-3　12Cr3MoVSiTiB钢的持久强度

3. 奥氏体热强钢

它具有良好的高温强度和高温抗氧化性,工作温度可达600℃以上。这类钢都具有很高的韧性,加工工艺性也很好。常用的为18-8型铬镍奥氏体不锈钢,如1Cr18Ni9Ti钢、0Cr18Ni9Ti钢等。

在铬钢中加镍后,使镍在钢中形成奥氏体的作用显著增强,只要含有8%的镍,与Cr共同作用,就可在常温下获得纯奥氏体组织,这就是18-8型铬镍奥氏体不锈钢的形成原理。另外，铬镍奥氏体不锈钢与含铬量相同的铁素体或马氏体不锈钢比较，具有更高的耐腐蚀性能，并具有更好的冷变形性能和焊接性能，常温与低温下的塑性和冲击韧性也较好。由于奥氏体的再结晶温度比铁素体高，而且合金元素在奥氏体中的扩散比在铁素体中困难，因而铬镍奥氏体钢具有较好的热强性。

这类钢通常要经过去应力处理、固熔处理和稳定化处理。

(1)去应力处理。铬镍不锈钢的去应力处理常用于两个方面。其一是消除冷加工后的内应力，使钢在伸长率没有明显变化的情况下提高屈服极限和疲劳强度。

去应力处理的另一用途是为了消除钢在冷加工后对应力腐蚀的敏感性以及消除焊后内应力。通常，需在较高温度进行，加热后应快速冷却，使之迅速通过析出碳化铬的温度区间，防止晶间腐蚀。

(2)固熔处理。氢铬镍奥氏体不锈钢加热到 1 050～1 100℃快速冷却，以获得均一的奥氏体组织，这种方式称为固熔处理。固熔处理的温度与钢的含碳量有关。经固熔处理后的铬镍奥氏体不锈钢，其强度与硬度较低而韧性较好，具有很高的耐蚀性和良好的高温性能。

(3)稳定化处理。对于含有钛或铌的铬镍奥氏体不锈钢，为了防止晶间腐蚀，必须使钢中的碳全部被固定在碳化钛或碳化铌中，以此为目的的这种处理称为稳定化处理。

关于 18—8 型铬镍奥氏体不锈钢的其他性能，将在第五章中讨论。

第四章 低温用钢

第一节 概 述

随着科学技术的发展，为了适应低温的要求，人们研制了各种低温钢。通常把在－196～－10℃低温下使用的钢称为低温钢，把在－196℃以下使用的钢称为深冷钢或超低温用钢。低温钢的发展已有七八十年的历史，它的出现是对能源和现代工业的一大贡献。1932 年美国发明了在－46℃低温下使用的 2.5％镍钢。之后，又发展了在－101℃低温下使用的 3.5％镍钢，并纳入 ASTM 标准。此后德国、法国、比利时和日本等国家也将 3.5％镍钢分别纳入各自的标准中。1944 年美国国际镍公司研制出可使用于－196℃的 9％镍钢。经过长时期的研制和应用，已逐渐形成了分别含有 0.5％，2.5％，3.5％，5％，9％镍等完整的镍钢系列。低温钢的出现，有力地推动了低温领域科学和技术的进步。

低温钢广泛用于在低温下工作的设备，如冷冻设备、制氧设备、石油液化气设备，用于航天工业高能推进剂液氢、液氧和用于液化石油气、液氧、液氢和液氮的制造和储运装置，以及海洋工程，寒冷地区（如北极、南极）开发所用的机械装备等。表 4－1 列出了各种液化气沸点温度。

表 4－1 液化气沸点温度

液化气	O_2	N_2	H_2	NH_3	CO_2	乙炔	乙烷	丙烷	LNG
沸点/℃	－183	－195.8	－252.8	－33.4	－78.5	－84	－88.8	－42.1	－196

在石油气深冷分离设备中，绝大部分的最低使用温度为－110℃，个别设备中达－150℃，可分别采用低合金钢、3％～6％镍钢或 9％镍钢。在空气分离设备中，最低工作温度达－196℃，一般采用 9％镍钢或奥氏体低温钢。工作温度为－253℃的液氢生产、储运设备，工作温度为－269℃的液氦设备，均应采用组织结构稳定的奥氏体低温钢。而如超导磁体或超导电机等特殊设备，宜采用在工作温度下除有稳定的奥氏体组织外，还应能保持极低磁导率（$\mu \leqslant 1.01$ 或更低）的钢种。

第二节 低温脆性

低温用钢的产生与材料的低温脆性有关，材料在低温下呈现脆性状态的现象称为低温脆性。

一、低温脆性的特征

材料低温脆性的主要特征表现为：

(1)由韧性状态转变为脆性状态；

(2)冲击吸收能明显下降；

(3)断裂机理由微孔聚集型变为穿晶解理型；

(4)断口特征由纤维状变为结晶状。

二、低温脆性的本质

(1) 由于晶格阻力即派-纳(Peierls-Nabarro)力 τ_{p-n} 对温度敏感，所以体心立方和密排六方晶体结构的金属及合金 τ_{p-n} 对屈服强度的贡献比面心立方金属大得多，在体心立方和密排六方晶体结构的金属及合金中容易出现低温脆性。

(2) 如图 4-1 所示，材料屈服强度 σ_s 随温度的降低而升高，但材料的解理断裂强度 σ_c 却随温度变化很小，因为热激活对裂纹扩展的力学条件 $\sigma_c=\left(\frac{2E\gamma_P}{\pi a}\right)^{\frac{1}{2}}$ 没有显著作用。于是两条曲线相交于一点，交点对应的温度为韧脆转变温度 T_k，也称为冷脆转变温度。当温度低于 T_k 时，$\sigma_s>\sigma_c$，材料在发生塑性变形之前就发生断裂，属于脆性断裂；当温度高于 T_k 时，$\sigma_s<\sigma_c$，材料先发生塑性变形，然后断裂，属于韧性断裂。

对于体心立方和某些密排六方金属材料，当温度高于韧脆转变温度时，它们的屈服强度低于断裂强度。随着温度降低，其屈服强度 σ_s 迅速升高，达到韧脆转变温度时，屈服强度 σ_s 等于断裂强度 σ_c。在低于韧脆转变温度下，断裂前并不产生明显的塑性变形。若温度足够低，材料晶体中存在着非均匀的塑性流动(有物理屈服现象的金属在屈服时发生)，会在一些晶粒内形成穿晶解理微裂纹。

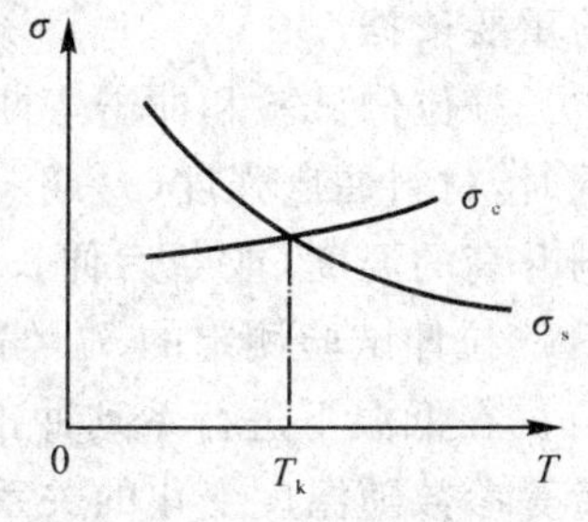

图 4-1 σ_s 和 σ_c 随温度变化示意图

在某些多晶体金属中，晶粒尺寸就成为裂纹固有的尺寸(即 $c=d$，此处 d 为平均晶粒直径)。在韧脆转变温度时所产生的微裂纹，其尺寸正好等于与断裂强度 σ_c 相应的裂纹扩展临界尺寸(即 $c^*=d$)。低于韧脆转变温度时，微裂纹大于临界尺寸，在稍高于韧脆转变温度时，由于形成的微裂纹最初是亚临界的，这种裂纹必须由位错运动来促成，要进一步进行塑性变形和形变硬化才能使拉应力水平提高以引起裂纹扩展。这时的断裂为准解理断裂。当温度高于韧脆转变温度时，则材料发生微孔聚集型断裂。

(3) 从位错理论观点解释，温度降低至韧脆转变温度时，位错运动困难，位错受阻塞积，塞积群前端产生应力集中。若应力集中造成的切应力不足以使临近位错源开动，而集中应力造成的拉应力达到断裂强度 σ_c，则产生脆性解理断裂。

(4) 从原子热运动观点解释，在韧脆转变温度以下，位错塞积群邻近的位错源要取得足够的热运动能而开动所需的松弛时间长，将产生迟屈服现象，使位错塞积群前端所聚集的弹性能不能通过位错运动而松弛，则当弹性能足够大时，将导致解理断裂发生。

(5) 当温度低于韧脆转变温度时，原子热运动能不能促使位错摆脱溶质原子的锚力，使位错运动困难，不易产生塑性变形，导致低温脆断。

三、低温脆性的评定方法

目前使用的结构材料中，低合金结构钢用量很多，这类钢在低温下存在一个由韧性到脆性的转变。如果低温压力容器等结构在脆性状态下工作，难免发生脆断事故。所以，在低温条件下使用的结构材料，除了要求足够的强度外，还必须具有良好的韧性。根据工程应用的观点，光滑拉伸试样的塑性指标不适于评定冷脆转变。因此，对于不同服役条件下工作的工程结构或机器零件，应有不同的指标作为低温脆断的判据。

脆性断裂过程由脆性裂纹的开裂和脆性裂纹的扩展两个阶段组成，究竟是以防止开裂为主还是要求止裂为主（即开裂韧性和止裂韧性），对不同的结构而言是有差别的。例如，低温压力容器一旦在缺陷处发生脆性开裂，要想止裂是不容易的，只要有泄漏，燃烧或爆炸，事故就难以避免，因而这类设备应防止脆性开裂。而对于船舶、桥梁、工程机械等，裂纹扩展特性和止裂韧性则是通常考虑的指标。脆性断裂控制在管道上已得到成功应用。不少机器零件是在交变载荷下工作的，由于低温使材料变脆，允许的疲劳裂纹临界尺寸比常温下要短得多，因而脆断的危险性就比常温大得多。

由此可见，低温脆性评定指标对于低温结构设计和选材都是很关键的，它是防止低温脆断的重要依据。

静位伸试验和冲击弯曲试验都可显示材料低温脆性倾向，测定韧脆转变温度。当温度降低时，材料屈服强度（σ_s 或 $\sigma_{0.2}$）增加，而塑性（δ,ψ）和冲击吸收能（A_K）减小。材料屈服强度急剧升高的温度，或断后伸长率、断面收缩率、冲击吸收能急剧减小的温度，就是韧脆转变温度 T_k。拉伸试验测定的 T_k 偏低，且试验方法不方便，故通常采用缺口试样冲击弯曲试验测定 T_k。在低温下进行系列冲击弯曲试验，测定试样断裂吸收能、断口形貌特征、断裂后塑性变形量等参数随温度变化的关系曲线，根据这些曲线求 T_k。

1. 能量准则

能量准则是以特定的冲击能量所对应的温度来确定韧脆转变温度，如图 4－2 所示。

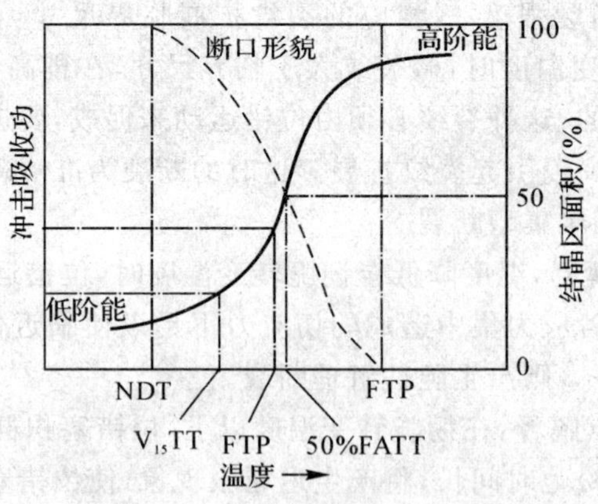

图 4－2　各种韧脆转变温度准则

(1) 当低于某一温度时，金属材料吸收的冲击能量基本不随温度而变化，形成一平台，该能量称为“低阶能”。以低阶能开始上升的温度定义为 T_k，并记为 NDT(Nil Ductility Temperature)，称为无塑性或零塑性转变温度。这是无预先塑性变形断裂对应的温度，是最

易确定 T_k 的准则。在 NDT 以下，断口由 100% 结晶区(解理区)组成。

(2) 当高于某一温度时，材料吸收的能量也基本不变，出现一个上平台，称为"高阶能"。以高阶能对应的温度为 T_k，记为 FTP(Fracture Transition Plastic)，称为塑性断裂转变温度。高于 FTP 下的断裂，将得到 100% 纤维状断口(零解理断口)。这是一种最保守的定义 T_k 的方法。

(3) 以低阶能和高阶能平均值对应的温度定义 T_k，并记为 FTE(Fracture Transition Elastic)，称为弹性断裂转变温度。

(4) 以某一固定的能量如 $A_{KV}=15$ ft·lb(20.3 J) 对应的温度定义 T_k，记为 V_{15}TT。

2. 断口形貌准则

冲击试样冲断后，其断口形貌如图 4-3 所示。如同拉伸试样一样，冲击试样断口也有纤维区、放射区与剪切唇几部分。有时在断口上还看到有两个纤维区，放射区位于两个纤维区之间。出现两个纤维区的原因为试样冲击时，缺口一侧受拉伸作用，裂纹首先在缺口处形成，而后向厚度两侧及深度方向扩展。由于缺口处是平面应力状态，若试验材料具有一定塑性，则在裂纹扩展过程中便形成纤维区。当裂纹扩展到一定深度，出现平面应变状态，且裂纹达到格雷菲斯裂纹尺寸时，裂纹快速扩展而形成结晶区。到了压缩区之后，由于应力状态发生变化，裂纹扩展速率再次减小，于是又出现了纤维区。

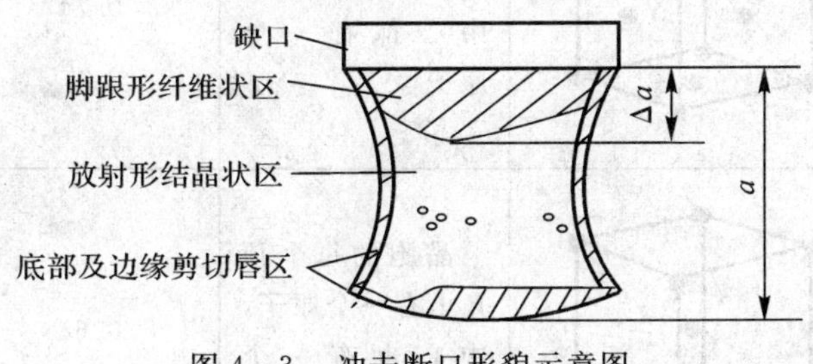

图 4-3　冲击断口形貌示意图

试验证明，在不同试验温度下，纤维区、放射区与剪切唇三者之间的相对面积(或线尺寸)是不同的。温度下降，纤维区面积减少，结晶区面积增大(见图 4-2)，材料由韧变脆。通常取结晶区面积占整个断口面积 50% 时的温度为 T_k，并记为 50%FATT(Fracture Appearance Transition Temperature) 或 FATT50，t50。50%FATT 反映了裂纹扩展变化特征，可以定性地评定材料在裂纹扩展过程中吸收能量的能力。实验发现，50%FATT 与断裂韧度 K_{IC} 开始急速增加的温度有较好的对应关系，故得到广泛应用。但此种方法评定各区所占面积受人为因素影响，要求测试人员要有较丰富的经验。

3. 延性准则

延性准则是以试样断裂后的变形程度作为评定的依据。此时，把断口在缺口根部横向收缩变形急剧降低的温度或对应于给定的横向相对收缩量(如 1% 或 3.8%) 所对应的温度作为韧脆转变温度。横向相对收缩量 $\Delta b=(b_0-b_1)/b_0\times 100\%$，式中 b_0 为试样原始宽度，b_1 为断口中最窄处宽度。

显然，不同评定准则的物理含义不同，所以同一试样采用不同准则确定的韧脆转变温度值相差很大。因此，在同一准则下对材料的韧脆转变特性进行评价才有较好的比较性。

四、低温脆性的影响因素

1. 晶体结构

金属的晶格结构对冲击韧性有重大影响。典型的晶格结构有面心立方点阵、体心立方点阵和六方密排结构,见表 4-2。

具有面心立方晶格结构的金属和合金,如铜、铝、镍和 γ-铁等,在低温下一般没有从韧性状态到脆性状态的明显转变。具有体心立方晶格结构或某些密排六方晶格结构的金属和合金,如 α-铁、钨、锌等存在低温脆性。普通中、低强度钢的基体是体心立方点阵的铁素体,故这类钢都有明显的低温脆性。

从表 4-3 可以看到面心金属的韧性在低温下得到改善,而铁的韧性降低明显。然而,铁的韧性可以通过合金化的方法来改善。

表 4-2 金属的晶格结构

名 称	结构图	特 点	原子致密度	示 例
面心立方点阵 (f. c. c)		晶胞中每个顶角上和每个面的中心都有一个原子	0.74	铜、铝、镍、金、银、铂、奥氏体不锈钢、黄铜(α)
体心立方点阵 (b. c. c)		晶胞的每个顶角上有一个原子,中心也有一个原子	0.68	铁、钼、钨、铌、钒、铬、锂、钠、钾、铁素体不锈钢、碳钢、镍钢、Ni-Ti (40%Ti)
密排六方点阵 (h. c. p)		晶胞的每个顶角上有一个原子,两顶面中心各有一个原子	0.74	锌、钙、钛、锰、镁、铍、钴

表 4-3 不同材料缺口冲击值

金属	晶体结构	断裂能/J	
		297 K	77 K
铝	面心立方	25.89	36.77
铜	面心立方	58.64	68.16
镍	面心立方	121.31	134.94

续 表

金属	晶体结构	断裂能/J	
		297 K	77 K
铁(磁性)	体心立方	106.30	2.06
钛	密排六方	19.81	28.81
锰	密排六方	5.49	40.89～143.18

2. 化学成分

间隙溶质元素溶入铁素体基体中，偏聚于位错线附近，阻碍位错运动，致使 σ_s 升高，钢的韧脆转变温度提高(见图 4-4)。

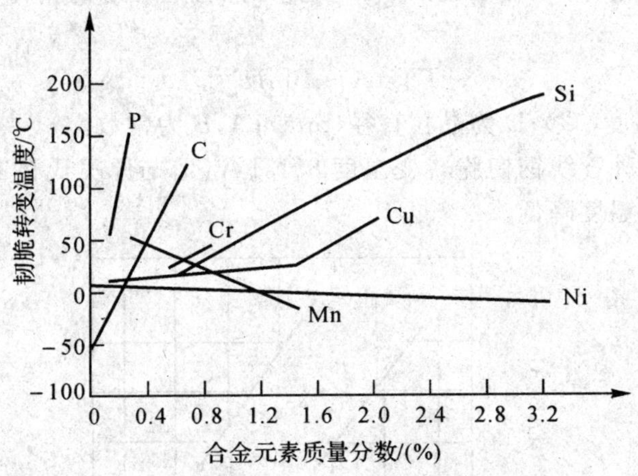

图 4-4　合金元素对韧脆转变温度的影响

钢中加入置换型溶质元素一般也提高韧脆转变温度，但 Ni 和一定量 Mn 例外。Ni 减小低温时位错运动的摩擦阻力，还增加层错能，故可提高低温韧性。

杂质元素 S，P，As，Sn，Sb 等可降低钢的韧性。这是由于它们偏聚于晶界，降低低晶界表面能，产生沿晶脆性断裂，同时降低脆断应力所致。

晶间上夹杂物的偏析，使材料的塑性下降。这可以用位错的运动来解释。在一个理想的晶格中，位错可以在很低的应力下(大约为十万分之一切变模量)运动，但是在金属中这种运动经常受到阻碍，其中最重要的是受那些比基体材料的原子更小的杂质原子的阻碍，这些杂质原子迁移到位错附近，使位错运动更困难。

目前已获得了一些材料韧脆转变温度与材料化学成分的关系式，如铁素体-珠光体低合金高强度钢和 56 种 C-Mn-Si 钢的 FATT 可分别由下列经验方程求得：

$$T_c(℃) = -19 + 44w_{Si} + 700\sqrt{N_f} - 11.5d^{-\frac{1}{2}} + 2.2\varphi_P$$

$$50\%\mathrm{FATT(K)} = 108 - 86w_{Mn} + 2700N_f + 4.3\varphi_P - 3.2d^{-\frac{1}{2}}$$

式中　φ_P——组织中珠光体的体积分量；

N_f——自由氮的含量；

d——等轴状或多边形铁素体晶粒尺寸(mm)；

w_{Si}，w_{Mn}——分别为钢中 Si，Mn 的质量分数。

可以看出，降低脆性转变温度的措施是：细化晶粒，降低 Si 及 N_f，减少珠光体含量及碳含量，适当提高 Mn 含量。

3.5%NiCrMoV 转子钢的脆性转变温度的增值与其化学成分的关系，可由下列经验式表示：

$$\Delta FATT = 15.6 + 1.19w_{Si} + 0.63w_{Mn} + 2.74w_P + 2.94w_{Sn}$$

从式中可以看出，为了降低转子钢的脆性转变温度，应限制微量脆化元素 P，Sn 的含量，控制 Si 和 Mn 的含量。

3. 显微组织

(1)晶粒度。晶粒细化是钢中最主要的强化方式之一，同时，也是目前所知的唯一既提高强度，又提高韧性的强韧化方式。N. J. Petch 研究了晶粒大小对韧脆转变温度的作用，提出了下列计算式：

$$T_k = A - B\ln D^{-1/2}$$

式中，T_k为韧脆转变温度(℃)；D 为晶粒直径(mm)；A，B 为常数。

图 4-5 所示为两种管线钢韧脆转变温度 85%FATT 与原奥氏体晶粒大小的关系曲线，随晶粒减小，韧脆转变温度降低。

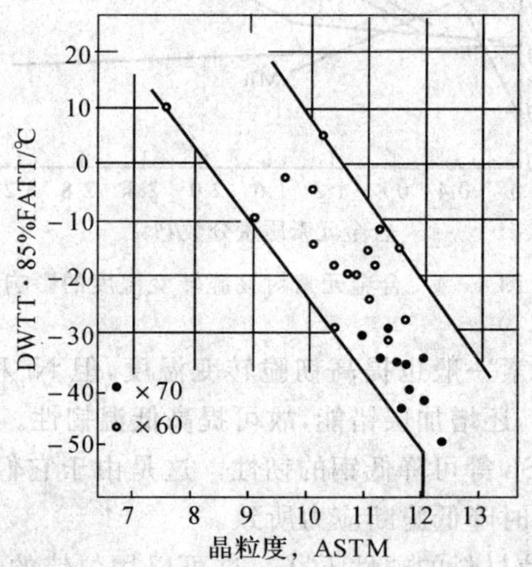

图 4-5　管线钢 85%FATT 与晶粒大小的关系

细晶韧化的原因可以作这样一般性的解释：韧性代表了材料抵抗变形和断裂的能力。由于晶粒细小，外力可以由更多细小的晶粒所承受，晶粒内部和晶界附近的应变相差小，因而材料受力均匀，应力集中较小，裂纹不易形成。即使产生了微裂纹，由于晶粒细小，晶界较多，而且相邻晶粒具有不同的位向，于是当塑性变形或微裂纹由一个晶粒穿越晶界进入另一晶粒时，塑性变形或微裂纹将在晶界处受阻。同时，一旦塑性变形或微裂纹穿过晶界后，滑移方向或裂纹扩展方向发生改变，必然消耗更多的能量。上述因素均促使裂纹形成和扩展的能量提高，即表现为韧性的提高。

(2)金相组织。组织结构是材料力学性能的内部根据，因而材料的组织结构对韧性起着举足轻重的作用。图 4-6 表明了管线钢常见的组织形态对强韧性的作用程度。

由图 4－6 可见，多边形铁素体和珠光体不是理想的组织形态。断口金相分析表明，裂纹在通过多边形铁素体时，经常呈直线扩展，在断裂面出现较大的解理台阶。下贝氏体和马氏体高温回火（回火索氏体）有较好的低温韧性。

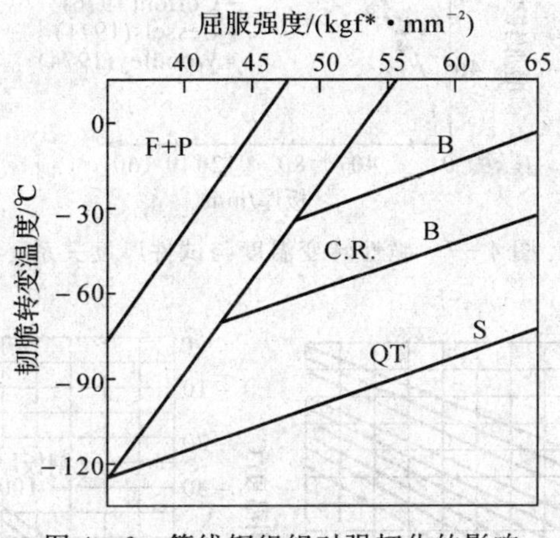

图 4－6　管线钢组织对强韧化的影响

钢中夹杂物、碳化物等第二相质点对钢的脆性有重要影响，影响的程度与第二相质点的大小、形状、分布，第二相性质及其与基体的结合力等性质有关。无论第二相分布于晶界上还是独立在基体中，当其尺寸增大时均使材料韧性下降，韧脆转变温度升高。

4. 加载速率

加载速率增加，使缺口处塑性变形的应变率提高，促进材料的脆化，使脆性转变温度提高。加载速率增加的效果与温度降低的效果一致。一般而言，中低强度钢对加载速率较敏感，高强度或超高强度钢对加载速率不敏感。

5. 截面尺寸的影响

随截面尺寸的增大，材料韧性逐步降低，脆性破坏的危险便显著地增大。这已被众多实验所证实。随温度的降低，这一影响更为显著。所测定的不同尺寸试样的脆性临界温度见表 4－4，随试样尺寸的增大，脆性临界温度提高，同时脆性范围的宽度减小。也就是说，尺寸的增大改变了材料的韧性状况。同样，图 4－7 直观地显示了材料脆性温度随板厚增加而增加的总体规律。

表 4－4　试样尺寸与脆性临界温度

试样直径 mm	测定脆性临界温度范围的数据/℃			
	下限	上限	宽度	平均值
2	－160	－100	60	－130
5	－120	－90	30	－105
10	－100	－85	15	－92.5

此外，从日本及其他国家标准中所列的图 4－8，也可以看出构件板厚的这种作用。

*　kgf 为非法定计量单位，1kgf＝9.8N。

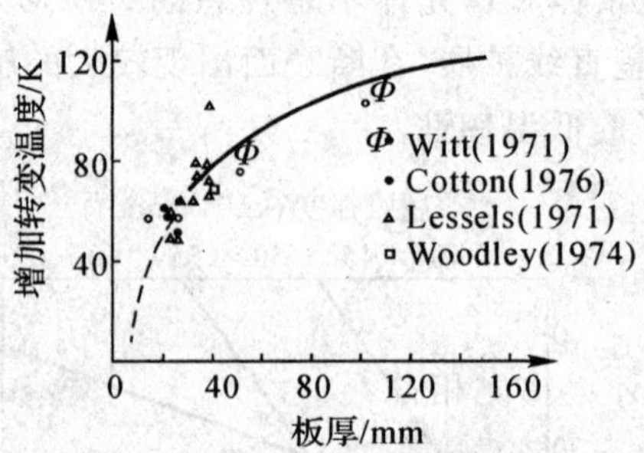

图 4-7 脆性转变温度与试件厚度关系

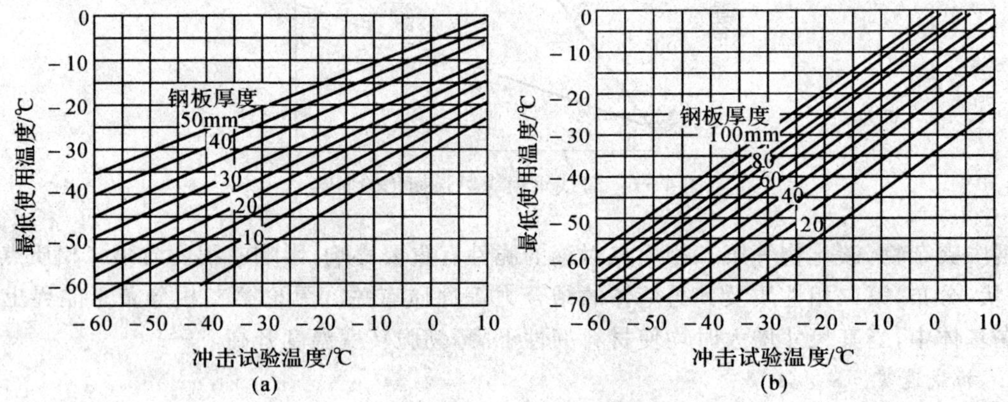

图 4-8 冲击试验温度与最低使用温度关系

(a)焊接状态；(b)焊后热处理状态

6. 强度等级的影响

金属的强度等级对其冷脆性能有影响。工程上使用的中、低强度钢，具有明显的冷脆性，高强度钢却没有明显的冷脆转变温度。图 4-9 表明金属的屈服强度对 V 形缺口冲击曲线的影响。

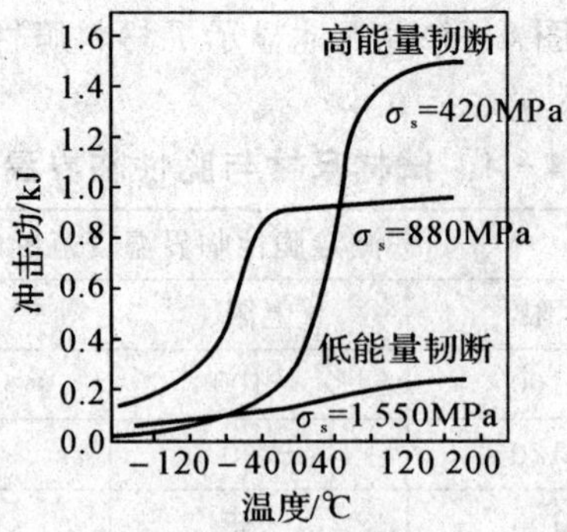

图 4-9 金属的强度等级对冲击韧性的影响

金属的固熔强化、析出强化和形变强化均使 σ_s 提高，但对 σ_f 没有影响。因此，这些强化方式都会增加材料的冷脆倾向，导致韧-脆转变温度 T_k 向高温方向移动。

7. 残余应力的影响

对于焊接结构件来说，焊接接头区域往往存在着缺陷和残余应力（往往是拉应力），残余应力的大小视焊缝的形状、缺陷所在部位的不同而不同。残余拉应力与外部载荷叠加，使得材料能在很小的外加应力下能够发生脆性断裂，所以必须充分考虑残余应力的影响。

日本焊接协会及我国的研究工作者经过大量测定试验及分析研究发现，在计算断裂强度因子时，必须计入残余应力的影响。日本里海大学实测焊接钢梁表明，钢梁侧边焊有附加物时，断裂强度因子表示为下式才与实测相符：

$$K_t = K_{AS} + K_{LW} + K_{WR}$$

其中 K_{AS} 即为由残余应力引起的断裂强度因子。

实验证明，残余应力使得材料脆性转变温度升高。如修补焊或 T 形接头的附加残余应力可使断裂应力转变温度上升高达 40～50℃。

可见，残余应力的引人使得若满足一定低温韧性冲击功，则要求材料具有更低的脆性转变温度。也就是说，为确保特定的脆性转变温度，存在残余应力时，将要求材料具有更高的韧性冲击功。总之，残余应力的存在，将大大降低材料的低温韧性性能，使得低温设备更易发生脆性破坏。

第三节　断裂分析图

一、落锤试验

虽然 Charpy 冲击试验简便易行，在工程中得到了广泛的应用，但由于 Charpy 冲击试样尺寸小，其几何约束远小于实际构件的几何约束，因而不能反应构件的真实情况，其测定值过高地估计了实际构件的韧性。为进一步解决实际构件韧性评定问题，使实验室试验更好地模拟实物，从而使试验结果进一步符合实际服役条件，人们开始采用全板厚落锤试验作为 Charpy 冲击试验的延伸和扩展。

落锤试验是测定材料韧性广为采用的大型试验方法。试样的原型是把一个带缺口的脆性棒材焊在欲测定的试样上，目的在于产生一个自然裂口。落锤试验最先由美国海军研究所（NRL）于 20 世纪 60 年代提出并用于测定船板的韧性，并于 1973 年列入美国军用标准 MIL—STD1601，1974 年列入 ASTM E436—74 标准。落锤试样的形状和尺寸如图 4－10 所示。

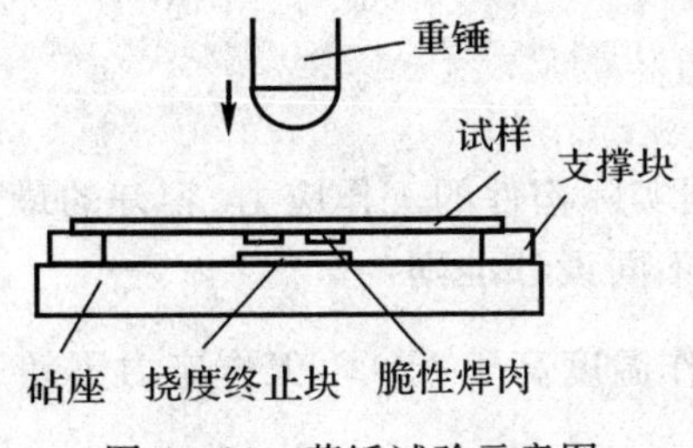

图 4－10　落锤试验示意图

落锤试验的优点在于：

(1)采用了全板厚试样，因而更接近实际构件的应力、应变状态；

(2)试样宽度增加，裂纹扩展路径较长，可更好地反映实际构件中裂纹长程扩展的性质。落锤试样的典型尺寸为 25 mm×90 mm×350 mm，19 mm×50 mm×125 mm 或 16 mm×50 mm×125 mm。

通过落锤试验可获得试样完全脆断的最高温度，即无塑性转变温度 NDT，从而可建立断裂分析图(Fracture Analysis Diagram，FAD)。

二、断裂分析图内容

根据材料的 σ_s，σ_b 和通过落锤试验求得的 NDT，可以建立断裂分析图(见图 4－11)。断裂分析图建立了构件许用应力、缺陷(裂纹)和温度之间的关系，明确了构件开裂、传播、止裂的条件，尤其在低温构件防脆断设计和选材时有重要作用。

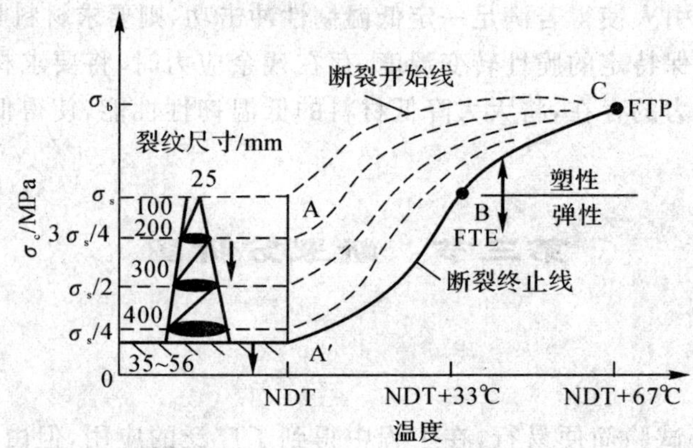

图 4－11 断裂分析图(FAD 图)

图 4－11 中的纵坐标为应力，横坐标为温度，各条曲线(包括虚线)是对应于不同尺寸裂纹的 $\sigma_c - t$ 曲线。其中 AC 线是小裂纹的 $\sigma_c - t$ 曲线，位于材料的 σ_s 线以上；BC 线为长裂纹的 $\sigma_c - t$ 曲线，与材料的 σ_s 相交于 B 点，其对应的温度即为 FTE，C 点对应的坐标则为 σ_b 和 FTP。因为在 NDT 附近有一不发生脆性破坏的最低应力，于是可得到 A′点。连接 A′BC 线，称为断裂终止线，表示不同应力水平线下脆性裂纹扩展的终止温度。构件位于 ABC 区域时，σ_c 大于 σ_s，属韧性断裂；位于 ABA′区域时，σ_c 小于 σ_s，属脆性断裂；位于 A′BC 以右为止裂区。由此，根据实际构件的工作应力、容许的最大裂纹尺寸和构件要求的安全可靠性程度可提出防止破坏的不同设计准则。

三、设计准则

以断裂分析图为依据，根据实际构件的工作应力、容许的最大裂纹尺寸和构件要求的安全可靠性程度可提出防止破坏的不同设计准则。

(1)NDT 设计准则。当工作温度高于 NDT，工作应力不超过 $\frac{1}{4}\sigma_s$ 时，裂纹不会扩展。

(2)NDT＋16.5℃设计准则。当工作温度高于(NDT＋16.5℃)，工作应力不超过 $\frac{1}{2}\sigma_s$ 时，裂纹不会扩展。该设计准则适用于大部分压力容器。

(3)NDT＋33℃设计准则。当工作温度高于 FTE，工作应力不超过 σ_s 时，裂纹不会扩展。该设计准则适用于原子能反应堆等要求较高的压力容器

(4)NDT＋67℃设计准则。当工作温度高于 NDT＋67℃(即 FTP)时，脆性裂纹在塑性内也不能扩展，只能呈现完全剪切破坏。该设计准则适用于潜艇等重要工程设计。

第四节　低　温　钢

一、低温钢的设计原则

1. 性能要求

(1)韧性-脆性转变温度低于使用温度；

(2)满足设计要求的强度；

(3)在使用温度下组织结构稳定；

(4)良好的焊接性和加工成型性；

(5)某些特殊用途还要求极低的磁导率、冷收缩率等。

2. 成分与组织特点

(1)低碳，一般含碳量小于 0.20%。

(2)主要合金元素：Mn，Ni 对低温韧性有利，尤其是 Ni 最明显；V，Ti，Nb，Al 等元素可细化晶粒而进一步改善低温韧性。

(3)严格控制损害韧性的 P，Si 等元素含量。

(4)面心立方结构(如奥氏体钢、铝、铜金属)的低温韧性良好，而体心立方结构(如铁素体)的冷脆现象较明显。

二、工程用低温钢

1. 按使用温度分类

低温钢的使用温度等级一般按实际产品的工作温度而加以划分。如在自然环境温度下工作的产品，其使用温度一般在－40℃以上，石油化学产品的使用温度为－30～－165℃，空气分离产品的使用温度为－150～－269℃。目前，各国对使用温度等级的划分尚未统一，大致可归纳为如下 4 个等级：－20℃～－40℃低温钢；－50℃～－80℃低温钢；－100～－110℃低温钢以及－196～－253℃低温钢。典型产品的使用温度见表 4－5。

表 4－5　典型产品的使用温度

介质名称	温度/℃	介质名称	温度/℃	介质名称	温度/℃	介质名称	温度/℃
自然环境	≥－40	硫化氢	－61	氙	－151	液态氮	－195.8
氨	－33.4	液态二氧化碳	－78.5	甲烷	－163	氖	－246
丙烷	－45	乙炔	－84	液氧	－183	重氢	－249.6
丙烯	－44.7	乙烷	－88.3	氩	－186	液态氢	－252.8
硫化碳酰	－50	乙烯	－103.8	氪	－187	氦	－269

2. 按组织分类

(1)低合金铁素体型低温钢。低合金铁素体型低温钢合金元素的总含量小于5%,组织为铁素体加少量珠光体。按其化学成分、炼钢工艺、热处理方法和板厚的不同,分别在−20～−110℃温度范围内使用。如铝镇静钢,C－Mn钢,16MnR,0.5Ni,1Ni,1.5Ni,2.5Ni,09Mn2VR,09MnTiCuRe,06MnNb,06MnVTi,06AlCu,06AlCuNbN,3.5Ni等。由于合金系统本身的限制,其脆性转变温度难以降低到−110℃以下,所以,一般只能在−110℃以上使用。

为了使低合金铁素体型低温钢获得良好的低温韧性,必须对化学成分加以调节,如控制锰-碳比、降低碳含量、添加适当的细化晶粒元素(如Ni,V,Ti,Nb,Al,Re等)和提高铁素体低温韧性的元素(如Ni,Cu等);采用合理的炼钢工艺,注意脱氧方法,控制轧制工艺;采用合理的热处理方法;尽量降低钢中的杂质元素(如S,P,Sb,As,Sn,Bi等)及有害气体(如N,H,O)的含量,以防止产生热脆性、冷脆性、时效脆性和回火脆性等。

随着板厚的增加,钢中铁素体晶粒的大小和方位也将发生变化。通常,板厚增加,钢的脆性转变温度也相应提高。因此,要特别注意对于厚板的质量控制和合理使用。

(2)中合金低碳马氏体型低温钢。9Ni钢是典型的中合金低碳马氏体型低温钢。合金元素总含量为5%～10%,组织与热处理方法有关。由于钢中含有9%的Ni,故具有很高的可淬性。有两种常用热处理方法,一种是900℃正火,再在790℃正火后进行570℃回火;另一种是800℃水淬后进行570℃回火。900℃正火的目的是为了细化原奥氏体晶粒。790℃正火或800℃水淬的目的是产生片状马氏体组织,尽量采取较快的冷却速率,以避免产生其他的转变产物。570℃回火的目的是使回火碳化物溶入奥氏体中,避免发生脆化作用。通过正确的回火,可得到体积为5%～10%的富碳奥氏体,并为碳和镍所稳定,故在−196℃低温下不发生任何脆性转变。通常,淬火后的组织为低碳马氏体;正火后的组织为低碳马氏体、铁素体及少量奥氏体;回火后的组织为含镍铁素体和少量富碳奥氏体。含镍铁素体和少量奥氏体使9Ni钢在−196℃低温下具有优良的低温韧性。因此,对9Ni钢的热处理应予以重视。如果热处理不当,则回火中生成的奥氏体在低温下或在低温下变形时会转变为马氏体,导致低温韧性的下降。此外,9Ni钢具有一定的回火脆性敏感性,并随着磷含量的增加而显著增加,所以,也必须严格控制磷的含量。

为了节约镍并降低成本,在9Ni钢的基础上研制成功了一种含镍量较低的5Ni钢。5Ni钢与9Ni钢相比,成本可降低2%左右。5Ni钢主要通过化学成分的最优调整以及采用独特的热处理方法来控制组织,使之在−162℃乃至−196℃的低温下具有与9Ni钢相近的强度和韧性。通过加入0.25%Mo,以增加析出奥氏体的数量,并使之稳定化,还可起到细化组织的作用。采用新的淬火、回火和回复退火三级热处理方法来控制组织,特别要注意控制回火和回复退火的加热温度和冷却速率,以控制稳定奥氏体、铁素体以及低碳回火马氏体的数量,使5Ni钢具有高的强度、塑性和低温韧性。

(3)高合金奥氏体型低温钢。高合金奥氏体型低温钢的合金元素总含量大于10%,组织为奥氏体。钢中含有较高的奥氏体化合金元素和稳定奥氏体的合金元素,以得到稳定的奥氏体组织,从而使之具有极为优良的低温韧性,在−196～−269℃的低温下仍保持着相当高的韧性。高合金奥氏体型低温钢分镍、铬奥氏体型低温钢和无镍、铬奥氏体型低温钢两类。

镍、铬奥氏体型低温钢中含有18%Cr和9%Ni。铬的加入使钢具有一定的抗氧化、耐腐蚀性;镍的加入则起着稳定奥氏体组织的作用。镍和铬含量的合理配合,可获得单一的奥氏体组织。这类钢的碳含量很低,几乎都是低碳和超低碳的,因为碳很容易和铬化合生成碳化铬,降低有效铬含量,使钢的耐腐蚀性能下降。此外,钢中有时还加入少量的钛或铌,因为钛或铌比铬更容易与碳结合生成稳定的碳化物,从而降低钢中碳的有害作用。镍、铬奥氏体型低温钢通常在热处理后使用,热处理方法为固熔处理,即将钢材加热到 1 050～1 080℃,然后在水或油中速冷,从而使铬的碳化物来不及析出。含钛或铌的钢往往要进行稳定化处理,即将固熔处理后的钢材,再加热到 850～900℃,保温 2～4 h,使固熔的钛或铌与碳结合成碳化钛或碳化铌。固熔处理和稳定化处理的目的都是为了使镍、铬奥氏体型低温钢具有优良的耐腐蚀性能。

无镍奥氏体型低温钢中含有 23%～26%Mn 和 1%～4%Al,锰和铝都是奥氏体形成元素,用以代替镍起着稳定奥氏体的作用,使钢材成为单一的奥氏体组织,从而获得与镍、铬奥氏体型低温钢相近的低温韧性,可在－196～－253℃低温下使用,而钢材的成本则大为降低。无镍、铬奥氏体型低温钢经 1 100℃固熔处理后,低温韧性有很大提高,一般均在固熔处理后使用。

3. 按化学成分分类

(1)碳钢。碳钢多为韧性较好的铝镇静钢,铝镇静钢的强度也因热处理的不同而有所不同。可以分为调质和非调质状态。

低温铝镇静钢是为了获得较高的韧性,在冶炼过程中要用铝来脱氧,以降低材料中的氧含量。在冶炼炉中不产生气体沸腾现象,故称之为低温铝镇静钢,其成分通常为硅-锰,硅-锰-镍系。

低温铝镇静钢的主要热处理工艺为正火或调质。屈服点多为 29～36 kg/mm^2,调质一般在 33 kg/mm^{2}以上。

在日本工业标准《低温压力容器用碳素钢钢板》中规定的铝镇静(铝脱氧)钢即是低温用碳钢,它可以作为非调质钢使用,也可以作为调质钢使用。若作为非调质钢使用,可以液化丁烷及液化丙烷为对象;而作为调质钢使用时,可以在－60℃下用于液化丙烯的装备制造。

表 4－6 为日本产低温压力容器用碳钢的化学成分。碳钢的化学成分中不含合金元素,为了改善焊接性,一般含碳量在 0.25%以下,但也不能太低,否则,强度不能得到保证。这是因为,此类钢的主要强化元素是碳。

表 4－6　日本低温压力容器用碳钢的化学成分(质量分数)　单位:%

种　类		记　号	C_{max}	Si	Mn	P_{max}	S_{max}
1 种	A	SLA24A	0.15	0.15～0.33	0.70～1.5	0.035	0.035
	BSLA24B	0.15	0.15～0.33	0.70～1.5	0.035	0.035	
2 种	A	SLA33A	0.16	0.15～0.55	0.80～1.60	0.035	0.035
	B	SLA33B	0.16	0.15～0.55	0.80～1.60	0.035	0.035
3 种		SLA37	0.18	0.15～0.55	0.80～1.60	0.035	0.035

注:(1)铝热处理细晶粒沸腾钢:第 1 种板厚 6～50 mm,第 2 种和第 3 种板厚 6～32 mm。

(2)必要时可以加入若干合金元素。

由于低温用铝镇静碳钢的碳含量较低,又没有合金元素,因而强度较低。其屈服强度一般为 294～343 MPa，抗拉强度为 431～481 MPa。表 4-7 给出了常用低温钢的基本力学性能。

(2)低合金高强度低温用钢。这种钢也有调质和非调质之分，它们多为低碳低杂质含量的高韧性(低转变温度)高强度用钢。

(3)低温用镍钢。这类钢含有质量分数低于 9％的镍，韧性较好。

1～3 类钢的组织特点为铁素体＋珠光体。

(4)高合金低温用钢。这类钢的组织特点为马氏体(其中包括著名的 9％Ni 钢)或奥氏体。

表 4-7 常用低温钢的基本力学性能

钢号	板厚 mm	试验温度 ℃	屈服强度 kgf/mm²	抗拉强度 kgf/mm²	延伸率 %	收缩率 %	V 型缺口冲击功 kgf·m	U 型缺口冲击功 kgf·m/cm²
16MnR	6～16	常温	≥35	≥52	≥21	—	—	—
	12	-40	36	62	23	64	1.4(1.2)	4.8(4.5)
09Mn2VR	5～20	常温	≥35	≥50	≥21	—	—	—
	12	-70	—	—	—	—	4.0(3.6)	13.1(10.5)
09MnTiCuRe	≤20	常温	≥32	≥45	≥21			
	20	-70	38	58	31	75	1.1(0.6)	7.3(6.1)
06MnNb	≤20	常温	≥30	≥40	≥21			—
	12	-90	41	56	24	74	2.2(1.1)	9.4(8.3)
06MnVTi	≤20	常温	≥30	≥40	≥21	—	—	—
	16	-100					1.4	5.7(5.4)
06AlCuNbN	≤14	常温	≥30	≥40	≥21	—	—	—
	12	-100	41	55	44	78	13.6(7.1)	26.0(25.4)
3.5Ni	≤30	常温	28～35	46～61	22	—	—	—
		-100	—	—	—	—	≥4.0 或≥2.8	—
5Ni	≤30	常温	38	55～70	20			
		-170	72	82	16	24	≥4.0 或≥2.8	
9Ni	≤30	常温	50	65～80	19			—
		-196	71	102	14	30	≥4.0 或≥2.8	—
20Mn23Al	16	常温	≥20	≥50	≥21	—	—	—
	18	-196	49	103	35	30	7.3	17.6
15Mn26Al4	≤30	常温	≥20	≥50	≥21	—	—	—
	12～14	-196	57	81	41	70	19.7(18.8)	29.6(28.2)
	12～14	-253	82	82	21	60	19.1(17.6)	31.7(30.6)
18Cr9NiTi		常温	28	66	—	76	26.5	—
		-196	64	155	—	61	24.0	—
		-253	77	179	—	48	22.0	—

4. 按晶体点阵类型分类

(1)铁素体低温钢。按成分分为3类：

1)低碳锰钢(0.05%～0.28%C,0.6%～2%Mn)。使 $w_{Mn}/w_{C}\approx10$,降低氧、氮、硫、磷等有害杂质,有的还加入少量铝、铌、钛、钒等元素以细化晶粒。这类钢最低使用温度为－60℃左右。

2)低合金钢。主要有低镍钢(2%～4%Ni)、锰-镍-钼钢(0.6%～1.5%Mn,0.2%～1.0%Ni,0.4%～0.6%Mo,≤0.25%C)、镍-铬-钼钢(0.7%～3.0%Ni,0.4%～2.0%Cr,0.2%～0.6%Mo,≤0.25%C)。这些钢种的强度高于低碳钢,最低使用温度可达－110℃左右。中国研制了几种节镍的低温用低合金钢如09Mn2V等。

3)中(高)合金钢。主要有6%Ni钢、9%Ni钢、36%Ni钢,其中9%Ni钢是应用较广的深冷用钢。这类高镍钢的使用温度可低至－196℃。

(2)奥氏体低温钢 。具有较高的低温韧性,一般没有韧性-脆性转变温度。按合金成分不同,可分为3个系列：

1)Fe－Cr－Ni系。主要为18－8型铬镍不锈耐酸钢。这种钢低温韧性、耐蚀性和工艺性均较好,已不同程度地应用于各种深冷(－150～－269℃)技术中。

2)Fe－Cr－Ni－Mn和Fe－Cr－Ni－Mn－N系。这类钢种以锰、氮代替部分镍来稳定奥氏体。氮还有强化作用,使钢具有较高的韧性、极低的磁导率和稳定的奥氏体组织,适用于作超低温无磁钢(即材料的磁导率很小)。如0Cr21Ni6Mn9N和0Cr16Ni22Mn9Mo2等可在－269℃作无磁结构部件。

3)Fe－Mn－Al系奥氏体低温无磁钢。是中国研制的节约铬、镍的新钢种,如15Mn26Al4等可部分代替铬镍奥氏体钢,用于－196℃以下的极低温区。如能改善这种钢的抗化学腐蚀能力,还可扩大其应用范围。

5. 按Ni,Cr含量分类

按Ni,Cr含量可分为无Ni,Cr低温钢和含Ni,Cr低温钢。

当产品的工作温度低于－50℃时,国外一般均采用含镍或含镍、铬合金系统低温钢。我国曾研制了一系列在－40～－253℃低温下使用的无镍、铬合金系统低温钢。

Ni是提高韧性最有效的元素,其主要作用为：

(1)Ni是形成奥氏体元素,能使奥氏体非常稳定,或者是在马氏体钢回火时,在晶界析出韧性的奥氏体,提高使用稳定下铁素体的晶间滑移性。

(2)Ni加入碳钢中,可降低钢的韧脆转变温度,提高钢的低温韧性。每增加质量分数1%的镍,韧脆转变温度可降低20℃左右。

Ni钢是低温钢最重要的钢类,2.5%Ni,3.5%Ni,5%Ni,9%Ni及其变种在国外已得到广泛的应用。镍系低温钢的使用温度见表4-8。

表4-8　镍系低温钢的使用温度

钢种	0.5%～2.25%Ni	3.5%Ni	5%Ni	9%Ni
使用温度/℃	－70	－101	－120～－170	－196

3.5%Ni钢是一种较为成熟的低温钢。由于其具有适当的强度和良好的低温韧性,故世

界各国广泛用于工作温度为−45～−101℃的石油、化工及化肥等行业低温设备的制造。表4-9给出了3.5%Ni钢的标准成分及性能。

表4-9　3.5%Ni钢标准成分及性能

标准	化学成分/(%)						力学性能			
	C	Si	Mn	P	S	Ni	$\frac{\sigma_s}{MPa}$	$\frac{\sigma_b}{MPa}$	$\frac{\delta}{\%}$	A_{KV} (−101℃)/J
ISO 2604/Ⅳ	≤0.18	0.15～0.35	≤0.80	≤0.035	≤0.035	3.25～3.75	≥265	450～610	≥22	≥27
JIS G 3127	≤0.17	0.15～0.30	≤0.70	≤0.025	≤0.025	3.25～3.75	≥275	480～620	≥22	≥21

9%Ni钢在国内也被称为9Ni钢或Ni9钢，其含镍量为8.5%～9.5%，在−196℃的低温环境下具有优异低温韧性。与同样具有优良低温韧性的不锈钢相比，有合金含量少、价格便宜的优点；与可在同一低温下使用的铝合金（如LF5）相比，有需用应力大、热膨胀率小的优点。因此成为−196℃级低温设备和容器的重要钢材，被大规模用于制造或建造液氮和液化天然气(LNG)储罐。表4-10列出了9%Ni的化学成分，表4-11列出了9%Ni钢的力学性能。表4-12列出了无Ni,Cr低温钢和Ni,Cr低温钢的对比。

表4-10　9%Ni钢的化学成分

C	Si	Mn	P	S	Ni
≤0.13	0.15～0.40	≤0.90	≤0.035	≤0.035	8.50～9.50

表4-11　9%Ni钢的力学性能

热处理工艺	力　学　性　能					
	$\sigma_{0.2}$/MPa	σ_s/MPa	σ_b/MPa	195℃侧膨胀值(横向)/mm	A_{KV}(195℃)/J 纵向	A_{KV}(195℃)/J 横向
QT处理 IHT处理	≥585	690～825	≥20.0	≥0.381	≥34(27)	≥27(20)
DNT	≥515	690～825	≥20.0	≥0.381	≥34(27)	≥27(20)

注：QT：淬火＋回火(Quenched and Tempered)；IHT：$\alpha+\gamma$双相区淬火＋回火(Intercritical Heat Treatment)；DNT：双正火＋回火(Double-Normalized and Tempered)。

QT处理和IHT处理同属A STM A553/A 553M—95(Reapproved 2000)，该标准对它们的要求相同。

3个试样冲击功的平均值不得低于括号外的值，冲击功低于括号外的值的试样个数不得多于一个，单个试样的冲击功不得低于括号内的值。

表 4-12　无 Ni,Cr 低温钢和 Ni,Cr 低温钢的对比

无 Ni,Cr 低合金			含 Ni 中合金			含 Ni,Cr 高合金		
钢号	状态	使用温度/℃	钢号	状态	使用温度/℃	钢号	状态	使用温度/℃
16MnR	热轧/正火	−40	0.5Ni	正火	−60	18Cr9Ni	固熔	−196～−253
09Mn2VR	正火	−70	1.5 Ni	正火/调质	−80	18Cr9NiTi	固熔	−196～−253
09MnTiCuRe	正火	−70	2.5 Ni	正火/调质	−80	25Cr20Ni	固熔	−269
06MnNb	正火	−90	3.5 Ni	正火/调质	−100			
06MnVTi	正火	−100	5 Ni	正火/回火	−170			
06AlCu	正火	−105	9 Ni	正火/回火	−196			
06AlCuNbN	正火	−105						
26Mn23Al	固熔	−196						
15Mn26Al4	固熔	−253						

第五章 耐腐蚀材料

第一节 有关腐蚀的基本概念

一、双电层结构

双电层结构往往存在于不同相的界面。当金属与电解质溶液接触时，金属表面的原子与溶液中的极性分子相互作用，使界面的金属和溶液分别形成带有异性电荷的双电层。下面简要介绍两种简单的离子双电层的形成。

在电解质溶液中，金属表面上的金属正离子受到溶液中极性分子的水化作用。当一些金属正离子的水化能足以克服自由电子的库仑引力时，金属正离子将脱离晶格而进入溶液，形成水化阳离子。水化反应产生的电子遗留在金属表面上成为过剩阴离子。进入溶液的金属正离子由于金属表面过剩电子的库仑引力作用，被吸引在电极表面附近，结果出现金属一侧带负电荷、溶液一侧带正电荷的相对稳定的双电层，即电负性离子双电层，如图 5-1(a)所示。电负性较强的金属(如锌、镉、镁、铁等)在酸、碱、盐类的溶液中形成这种类型的双电层。

如果电解质溶液与金属表面的相互作用不足以克服金属晶体原子间的结合力，就不能使金属正离子脱离金属。相反，电解质溶液中部分正离子沉积在金属表面上，使金属带正电性，而紧靠金属的溶液层中积累了过剩的阴离子，使溶液带负电性，这样就形成电正性离子双电层，如图 5-1(b)所示。这类双电层是由正电性金属在含有正电性金属离子的溶液中形成的，如铜在铜盐溶液中，汞在汞盐溶液中，铂在铂盐溶液中，铂在金或银盐溶液中形成的双电层均属此类。

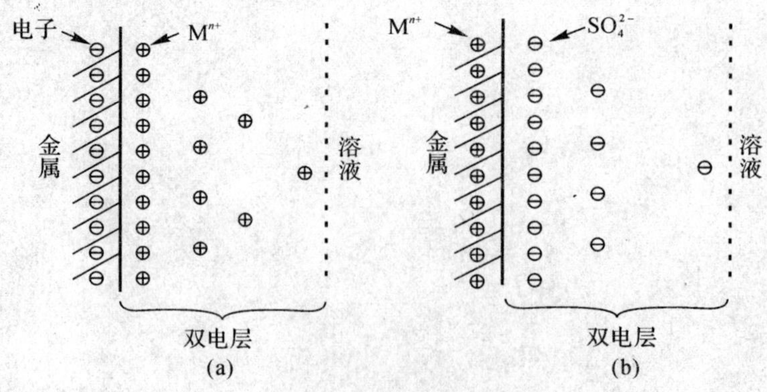

图 5-1 金属表面双电层示意图

由于电化学体系的复杂性，在两相界面上除了这种离子双电层外，还有其他性质的双电层存在。如偶极水分子在“溶液/电极”界面竞争吸附形成吸附双电层；无极阴离子如 Cl^-，F^-，

Br^-,I^-,CN^-,$SO_4{}^{2-}$等可能发生特征吸附,排挤掉部分电极表面的水偶极子,直接靠到电极的表面,形成无极阴离子特征吸附双电层;还有一些正电性金属或非金属(如石墨)在电解质溶液中,既不能被溶液水化成正离子,也没有金属离子能沉积其上,将会形成氧电极和氢电极的双电层。

二、电极与电极电位

1.电极反应及电极

如果系统由两个相组成,一个相是电子导体(电子导体相),另一个相是离子导体(离子导体相),且通过它们互相接触的界面上有电荷在这两个相之间转移,这个系统就叫电极系统。

将一块金属(比如铜)浸在清除了氧的硫酸铜水溶液中,就构成了一个电极系统。在两相界面上就会发生下述物质变化:

$$Cu(M) \leftrightarrow Cu^{2+}(sol) + 2e(M)$$

这个反应就叫电极反应。也就是说,在电极系统中伴随着两个非同类导体相(Cu 和 CuSO4 溶液)之间的电荷转移而在两相界面上发生的化学反应,称为电极反应。这时将 Cu 称为铜电极。

同样,一块金属放入某种离子导体相中,也会发生类似的电极反应:

$$Me \rightarrow Me^{n+} + ne$$

在电化学中,电极系统和电极反应这两个术语的意义是很明确的,但电极这个概念的含义却并不很肯定。在多数场合下,电极仅指组成电极系统的电子导体相或电子导体材料;而在少数场合下,指的是某一特定的电极系统或相应的电极反应,而不是仅指电子导体材料。

如一块铂片浸在 H_2 气氛下的 HCl 溶液中,此时构成电极系统的是电子导体相铂和离子导体相的水溶液,其电极反应是

$$1/2H_2 \rightarrow H^+(sol) + e(M)$$

此时称之为氢电极而不是铂电极。

电极反应的特点:

(1)所有电极反应都是化学反应,因此所有关于化学反应的一些基本定律(如当量定律、质量作用定律)都适用于电极反应,但它又不同于一般的化学反应;

(2)电极反应必须发生在电极表面上;

(3)电极反应是两个共轭的氧化还原反应。

2.电极电位

金属作为一个整体是电中性的。当金属与溶液接触时,表面金属就会变成离子进入溶液,留下相应的电子在金属表面上。结果使得金属表面带负电,而与金属表面相接触的溶液带正电。由此产生双电层,使金属与溶液之间产生了电位差。这种电位差就叫电极电位。然而,通常所说的电极电位是指以该电极为阳极,以标准氢电极为负极构成的原电池所测得的电池电动势,因此又称为标准电极电位。当电极上氧化还原反应为可逆反应时的电极称为可逆电极,当没有电流通过时,可逆电极所具有的电位称为平衡电位。平衡电位除了与该电极的标注电极电位有关外,还与电解质的温度、活度等因素有关。

将标准电极电位按次序排列的表格叫做电化序,如表 5-1 所示为在水溶液中某些电极的标准电极电位(电化序)。

表 5-1 水溶液中某些电极的标准电极电位(电化序)

电极反应	标准电极电位/V
$Li^+ + e = Li$	-3.045
$K^+ + e = K$	-2.925
$Na^+ + e = Na$	-2.714
$Mg^{2+} + 2e = Mg$	-2.37
$Ti^{2+} + 2e = Ti$	-1.63
$Mn^{2+} + 2e = Mn$	-1.18
$Zn^{2+} + 2e = Zn$	-0.762
$Cr^{3+} + 3e = Cr$	-0.74
$Fe^{2+} + 2e = Fe$	-0.441
$Ni^{2+} + 2e = Ni$	-0.250
$Pb^{2+} + 2e = Pb$	-0.126
$Cu^{2+} + e = Cu+$	0.153
$Cu^+ + e = Cu$	0.337
$Ag^+ + e = Ag$	0.799
$Au^+ + e = Au$	1.68

电化序反映了金属氧化、还原的能力,对于预测金属在一定环境中是否产生腐蚀是很有用的。电位低,则表示金属容易离子化(如 Fe,Zn,Mg 等金属);电位高,则表示金属不容易离子化(如 Cu,Ag,Au 等贵金属)。

三、电化学腐蚀

电化学腐蚀是最常见的腐蚀,金属腐蚀中的绝大部分均属于电化学腐蚀。如自然条件(如海水、土壤、地下水、潮湿大气、酸雨等)对金属的腐蚀通常是电化学腐蚀。

电化学腐蚀机理与纯化学腐蚀机理的基本区别:电化学腐蚀时,介质与金属的相互作用被分为两个独立的共轭反应。阳极过程是金属原子直接转移到溶液中,形成水合金属离子或溶剂化金属离子;另一个共轭的阴极过程是留在金属内的过量电子被溶液中的电子接受体或去极化剂接受而发生还原反应。

不同电极电位的金属在电解质中构成腐蚀原电池,如 Zn 在电解质中发生以下电化学过程:

阳极反应(氧化反应):

$$Zn - 2e \rightarrow Zn^{2+}$$

阴极反应(还原反应):

$$2H + 2e \rightarrow 2H_2 \uparrow$$

在上述电化学过程中,Zn 作为阳极,不断地溶解;Cu 作为阴极,仅起传递电子的作用。

电化学腐蚀的三个环节:

(1)在阳极,金属溶解而变成金属离子进入溶液。

阳极反应(氧化反应)：　　$Me-ne \rightarrow Mn^{n+}$

(2)电子从阳极流向阴极。

(3)在阴极,电子被溶液中能够吸收电子的物质(D)所接受。

阴极反应：　　$e^{-1}+D \rightarrow D\cdot e^{-1}$

在金属中常见的几种阴极反应如下：

析氢反应：　　$2H+2e \rightarrow 2H_2$

耗氧反应：　　$O_2+2H_2O+4e \rightarrow 4OH^{-1}$(中性或碱性溶液介质)

　　　　　　　$O_2+4H^{+}+4e \rightarrow 2H_2O$　(酸性介质)

实际工程构件在腐蚀环境中所形成的腐蚀原电池可分为宏电池和微电池两种。用肉眼能明显看到的由不同电极所组成的腐蚀原电池称为宏电池,如不同的金属与同一电解质溶液相接触,同一金属接触不同的电解质溶液(或电解质溶液的浓度、温度、压力、流速等条件不同),不同的金属接触不同的电解质溶液等,都可形成宏电池。由金属表面上许多微小的电极所组成的腐蚀原电池称为微电池,如金属化学成分不均匀、组织不均匀、物理状态不均匀、表面膜不完整等,都可形成微电池。

第二节　石油工程中的腐蚀类型

在石油工程中的腐蚀类型有多种,本节介绍酸性油气田中三种主要的腐蚀形式。

一、应力腐蚀

1. 产生条件

金属在拉应力和特定的环境介质共同作用下所产生的低应力脆断现象,称为应力腐蚀开裂(Stress Corrosion Cracking,SCC)。SCC是一种极为隐蔽的局部腐蚀形式,事先往往没有明显的预兆,因此常常造成灾难性事故。SCC只有在同时满足应力、介质、材料三者的特定条件下才会发生。

(1)应力。一般SCC都在拉应力下发生,这种拉应力包括工作应力和残余应力等,甚至还包括裂纹中腐蚀产物的楔入应力。一般认为,产生SCC的应力并不一定很大。如果没有环境介质的配合,金属在该应力作用下可长期服役而不致断裂。

(2)环境介质。对确定的金属材料,只有在特定的腐蚀介质中才产生SCC。产生SCC的特定介质的浓度不一定很高,而且都是腐蚀性较轻微的。如果没有任何应力存在的话,金属在这种介质中可能是耐蚀性的。在油气环境中,主要腐蚀介质为H_2S(体积分数能达到10^{-6}即可)。土壤和地下水中的NO_3^{-},OH^{-},CO_3^{2-}和HCO_3^{-}等也可以引起SCC。

(3)材料。就应力腐蚀而言,材料与特定介质具有偶合性,确定的金属材料只有在特定的介质中才产生SCC。从SCC过程可知,材料在构成SCC的介质中可生成钝化膜,而且这种钝化膜具有足够的保护性,否则就成为均匀腐蚀而不是应力腐蚀。材料在特定介质的SCC还受制于材料的冶金学特性,即材料的强度水平、化学成分和组织状态等对SCC有较大影响。

2. 形成机理

SCC是一种电化学现象,它包括阳极溶解腐蚀型SCC(Active Dissolve Corrosion SCC,

AD-SCC)和阴极析氢致脆型 SCC(Hydrogen Embrittlement SCC,HE-SCC)两个共轭过程。

材料在特定的腐蚀介质中,首先形成一层钝化膜。在应力作用下,局部地区的钝化膜破裂,显露出新鲜的金属表面,这个新鲜金属表面在介质溶液中成为阳极。由于电化学反应作用,作为阳极的 Fe 产生阳极溶解,以离子状态溶入介质。拉应力除促使局部部位保护膜破坏外,还使裂纹尖端造成应力集中,使阳极电位降低,继续加速阳极金属的溶解,其反应式为

$$Fe \rightarrow Fe^{2+} + 2e$$

这就是所谓的阳极溶解腐蚀过程(见图 5-2(a))。这种过程表明裂纹的形成和扩展过程以裂纹处金属的阳极溶解为基础,而裂纹的成长速率也由阳极溶解速率决定。

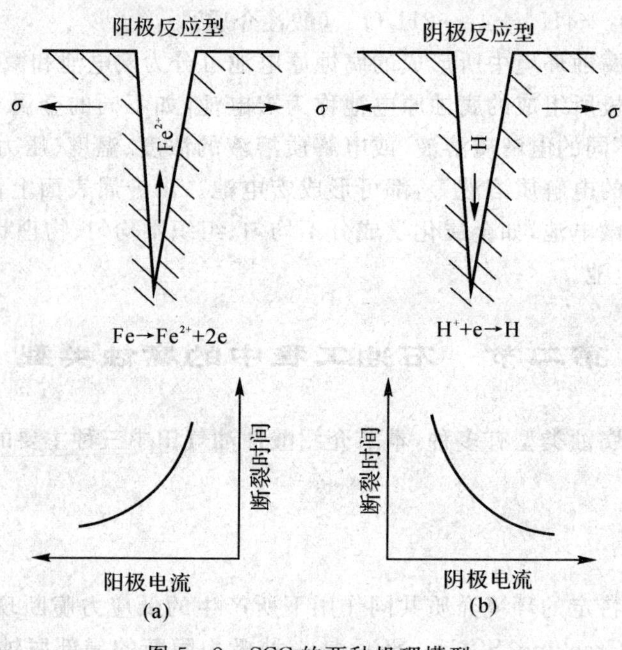

图 5-2 SCC 的两种机理模型

(a)AD-SCC;(b)HE-SCC

与上述过程同时,电子通过金属内部流向阴极,与介质中的氢离子 H^+ 结合成原子氢,其反应式为

$$H^+ + e \rightarrow H$$

这种吸附在金属表面的氢原子可以形成分子氢而逸出。如果结合成氢分子的过程受到阻滞,便会扩散到金属内部形成氢分子。由于聚集而成的氢分子具有较大的氢压,从而造成氢脆,产生氢致断裂过程(见图 5-2(b))。这种过程表明,造成应力腐蚀开裂的关键完全不在腐蚀过程本身,而是在于阴极反应的析氢。

图 5-2 还表明了 AD-SCC 和 HE-SCC 两种过程的断裂时间随极化而变化的情况。若阳极电流密度增大,使阳极溶解过程加快,则 AD 是 SCC 的控制过程;若阴极电流密度增大,使阴极析氢过程加快,则 HE 为 SCC 的控制过程。

3. 酸性油、气环境中的 SCC

在输送酸性油、气时,管道内部接触 H_2S 和 CO_2。在应力和 H_2S 等腐蚀介质的共同作用下,经常发生与应力方向垂直的 SCC。SCC 是管线钢管最常见的失效形式之一。

H_2S只有溶解于水中才具有腐蚀性。在H_2S溶解于水后，水溶液中的H_2S通常逐步离解，即

$$H_2S \rightarrow H^+ + HS^-$$

$$HS^- \rightarrow H^+ + S^{2-}$$

同时，Fe在H_2S水溶液中发生电化学过程，其阳极反应为

$$Fe \rightarrow Fe^{2+} + 2e$$

其中Fe^{2+}与S^{2-}结合，生成FeS，即

$$Fe^{2+} + S^{2-} \rightarrow FeS$$

阳极反应所放出的电子通过阴极反应被吸收，即

$$2H^+ + 2e \rightarrow 2H$$

综合阳极过程和阴极过程，即合并上述各式，可得总的反应式为

$$Fe + H_2S \rightarrow FeS + 2H$$

上述反应过程可构成钢管管壁减薄、凹坑、穿孔等形式的电化学局部腐蚀。此时，由于阳极反应生成的腐蚀产物的电位为正，作为阴极与钢管基体构成微电池，致使局部腐蚀继续进行。腐蚀产物除FeS，还有FeS_2，Fe_3S_4，Fe_9S_8等。

然而，若有应力存在时管线钢管在酸性环境中的失效形式主要是应力腐蚀。当以阳极溶解(AD)机制为主时，为应力腐蚀开裂(SCC)。此时，当钢管中有局部屈服强度较低的软区时，可能会产生软区裂纹(Soft Zone Cracking，SZC)。当以阴极氢脆(HE)机制为主时，阴极反应析出的氢进入钢中，并在夹杂物界面、晶界、偏析区、位错等缺陷处富聚形成氢分子。气态氢所形成的氢压致使材料脆性开裂。这种以阴极氢脆(HE)机制为主的应力腐蚀也称为硫化物应力开裂(Sulfide Stress Cracking，SSC)。SSC是氢应力开裂(Hydrogen Stress Cracking，HSC)的一种形式。当这时形成与主应力方向垂直的裂纹簇时，也被称为应力定向氢致裂纹(Stress-Oriented Hydrogen-Induced Cracking，SOHIC)。

H_2S环境中管线钢抗硫化物应力开裂和应力腐蚀开裂的实验方法包括拉伸试验、弯曲试验、C-环试验、双悬臂梁(DCB)试验和四点弯曲试验。有关实试验具体细节可参考NACE TM0177—2005。

4.影响因素

(1)H_2S浓度。当环境的其他参数相同时，应力腐蚀开裂敏感性随H_2S浓度的增加而增加，并在饱和H_2S溶液中达到最大值。对于强度与硬度相同的材料，发生应力腐蚀开裂所需时间一般随H_2S浓度的增加而缩短。

在H_2S腐蚀过程中，H_2S的浓度通过H_2S分压这一表征产生作用。H_2S分压表示式如下：

$$P_{H_2S} = P \times \phi_{H_2S}$$

式中　P_{H_2S}——H_2S分压，MPa；

P——工作压力，MPa；

ϕ_{H_2S}——H_2S的体积分数。

$P_{H_2S}=0.000\,3$ MPa是产生SCC的临界值。在工作压力范围内，当$P_{H_2S}\geqslant 0.000\,3$ MPa时，即可产生SCC。当工作压力确定时，引起SCC的H_2S体积分数有一临界值。实践表明，H_2S的体积分数达到10^{-6}就足以导致应力腐蚀开裂。

(2)pH 值。介质的 pH 值越低，氢离子浓度越大，氢原子向钢材内部渗透的能力增加，SCC 敏感性增强。在不同 H_2S 浓度下，随着 pH 值的增加，应力腐蚀开裂临界值增加。油井酸化后，由于残余酸的影响，往往加速井下以及井口的应力腐蚀开裂，油气井的套管破裂多发生在酸化后，向井内加入碱性缓蚀剂则可以减缓破坏现象的发生。

在酸性环境中，pH 值对管线钢 SSC 的影响如图 5-3 所示。图中依照 pH 和 H_2S 分压的大小，将产生 SSC 敏感性分为四个区域，其中 SSC3 区、SSC2 区、SSC1 区、SSC0 区按酸性环境的严重程度由大至小依次排列。由图 5-3 可见，在同一 H_2S 分压下，随 pH 值的减小，SSC 的敏感性增大。

(3)温度。在饱和 H_2S 的 3%NaCl+0.5%CH_3COOH 的环境中，高强度钢的断裂时间与温度的关系如图 5-4 所示。SCC 敏感性随温度不呈单调变化，在某一温度下，材料对 SCC 有最大的敏感性。研究表明，H_2S 应力腐蚀最敏感的温度区间为 35℃左右。这是由于随温度升高，H_2S 在水中溶解度降低，而氢的扩散速率加快。这两个相反趋势的结果造成 H_2S 应力腐蚀的极值点。

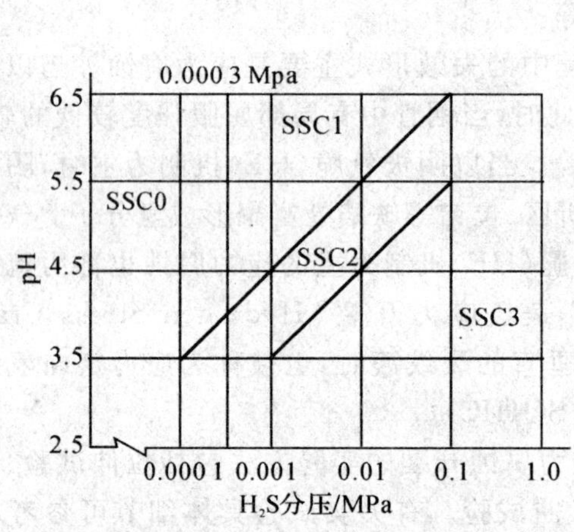

图 5-3　pH 值对 SSC 的影响

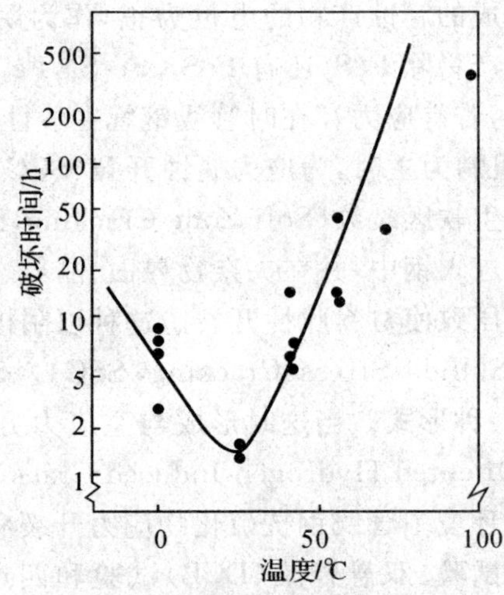

图 5-4　高强度钢的断裂时间与温度的关系

(4)CO_2 含量。含 H_2S 的油气田往往含有 CO_2，CO_2 一旦溶于水便形成碳酸，释放出氢离子，降低了含 H_2S 酸性油气环境的 pH 值，从而增大 H_2S 应力腐蚀的敏感性。

(5)材料因素。钢的化学成分、显微组织、强度以及硬度等因素在 SCC 具有重要作用。硬度和强度越高的钢应力腐蚀开裂敏感性越大，发生断裂越快。为防止硫化氢应力腐蚀，NACE MR—01 推荐在酸性环境中，管线钢的硬度极限为 HRC22 或 HV250。

二、氢致开裂

材料在含硫化氢的油、气环境中，因腐蚀电化学产生的氢侵入钢内而产生的裂纹称为氢致开裂(Hydrogen Induced Cracking，HIC)。氢致开裂一般指氢致鼓泡(Hydrogen Induced Blistering，HIB)，氢致台阶式开裂(Hydrogen Induced Stepwise Cracking，HISC)和氢压开裂(Hydrogen Pressure Cracking，HPC)。图 5-5 所示为 L360 管线钢材料氢鼓泡和氢致台阶式开裂的形态。

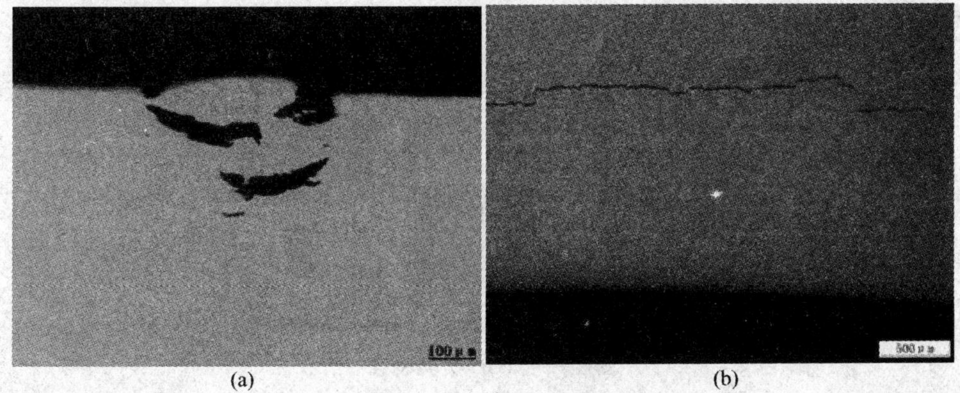

(a)　　(b)

图 5-5　L360 管线钢材料氢鼓泡和氢致台阶式开裂

(a)氢鼓泡;(b)氢致台阶式开裂

1. 机理

氢致开裂早在 19 世纪 40 年代在酸性产品的储存容器中就被发现,但作为管道的一个潜在问题开始于 20 世纪 70 年代。这一时期,出现过多次输油、气管线台阶式开裂,引起大的断裂事故。

在酸性环境中,H_2S 是一种强的渗氢介质。由于 H_2S 的作用,氢难以结合成氢分子逸出而进入钢中。进入钢中的氢,以高的内压(可达 10^6 MPa)产生的表面裂纹称为氢致鼓泡。氢致鼓泡经常在氧化物处产生。进入钢内部的氢,在夹杂物和偏析带富聚而产生的阶梯状裂纹称为氢致台阶式开裂。

HIC 与 SCC 的最大区别在于,前者不需要外加应力就可以产生,而后者则必须有拉应力作用。另外,SCC 在不同强度级别的钢材中均可发生,尤其在高强度钢和较硬的焊缝区易于发生,开裂方向常垂直于应力方向,介质浓度可以很小;而 HIC 则主要在低、中强度材料中产生,裂纹方向平行于管表面,介质浓度相对较大。

HIC 裂纹一般在钢中的非金属夹杂物和偏析带处萌生,沿着珠光体带或低温转变产物马氏体、贝氏体带扩展。因此,材料应该具有低的硫含量(<0.005%,在严重酸性条件下<0.002%),进行有效的非金属夹杂物形态控制和减少显微成分偏析。

2. 实验方法

用于 HIC 测定的试样尺寸一般为 20mm×100mm×t(mm)(t 为钢板厚度)。实验规范如表 5-2 所示,实验装置如图 5-6 所示。

表 5-2　HIC 实验规范

	溶液 A	溶液 B
溶液	H_2S 饱和的氯化钠(NaCl)、醋酸(CH_3COOH)溶液	H_2S 饱和的海水溶液
pH 值	初始值≤3.3;终止值≤4.0	初始值 4.8~5.4;终止值 4.8~5.4
应力	无	无
试验时间/h	96	96
温度/℃	25±3	25±3

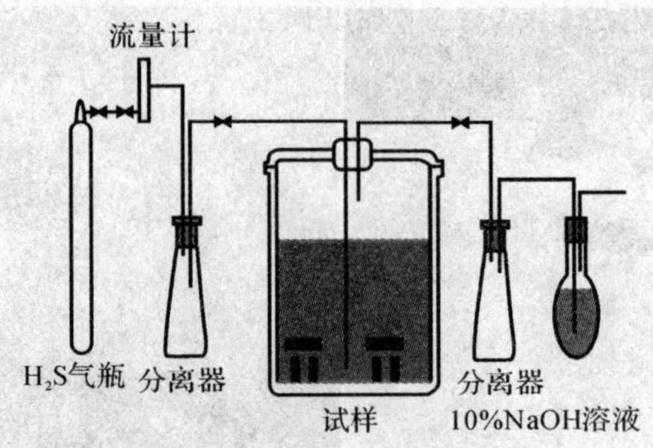

图 5-6　HIC 实验装置

实验完成后，将试样剖切成图 5-7 所示截面，然后按下式确定氢致开裂评定参数。

裂纹长度率：　　CLR(Crack Length Ratio) $= \dfrac{\sum a}{W} \times 100\%$

裂纹厚度率：　　CTR(Crack Thickness Ratio) $= \dfrac{\sum b}{T} \times 100\%$

裂纹敏感率：　　CSR(Crack Sensitivity Ratio) $= \dfrac{\sum (a \times b)}{W \times T} \times 100\%$

式中，a 为裂纹长度；b 为裂纹厚度；W 为截面宽度；T 为试样厚度。

API Spec5L—2008 规定，当在 A 溶液进行实验时，验收要求为 CLR≤15%，CTR≤5%，CSR≤2%。

有关实验具体细节可参考 NACE TM0284—2003 。

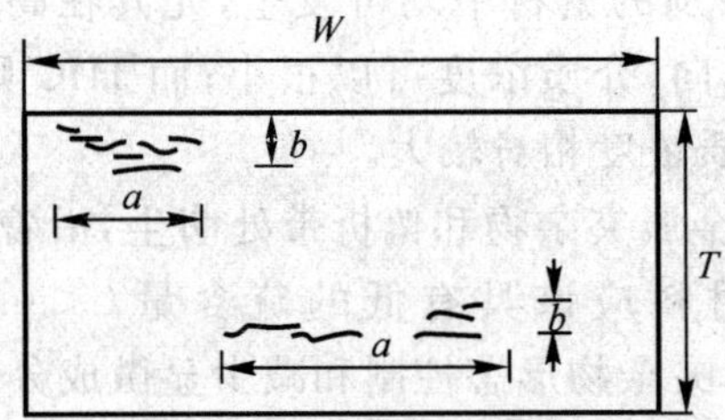

图 5-7　试样截面及裂纹参数

3. 影响因素

(1)H_2S 浓度。随 H_2S 浓度增加，HIC 敏感性增加。当 H_2S 浓度小于一定值时，不产生氢致裂纹，这与 SCC 有明显的不同。SCC 在很小的浓度下即可发生，而 HIC 必须具有足够的浓度。

(2)pH 值。一般规律为，随 pH 值增加，氢致裂纹敏感性减少。pH 达一临界值，则不产生氢致裂纹。图 5-8 的实验结果表明，对石油专用管而言，这一临界值为 6，即当 pH 大于 6 时，一般不产生氢致裂纹。

(3)温度。温度对 HIC 的影响与对 SCC 的影响类似。实验结果表明，氢致裂纹敏感性在 30℃附近取最大值。这是由于氢在钢表面的吸附、在钢中的扩散以及氢的存在状态与温度有关。温度低于 30℃，氢的扩散速率和活性逐渐减少；温度高于 30℃，活性氢难以聚集。

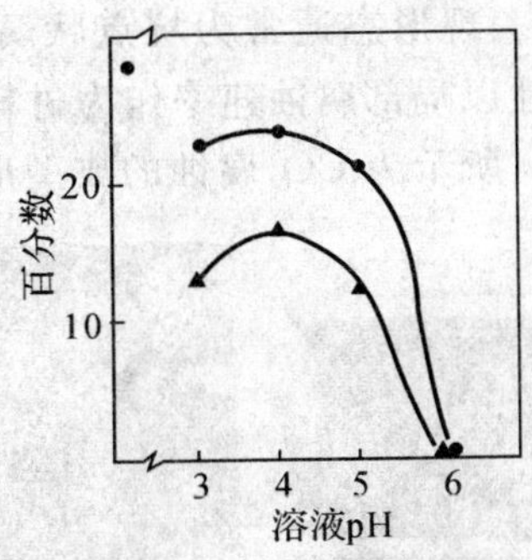

图 5－8　pH 值对石油专用管钢氢鼓泡敏感性的影响

(4)硬度。硬度越高，低碳钢发生 HIC 可能性越大。一般抗 HIC 石油管管体、热影响区和焊缝的硬度值不应超过 HV250(HRC22)。

(5)化学成分。钢材中对 HIC 影响最为显著的有害元素为 P，S 两种元素，因此，应严格控制钢材中的 P，S 含量。例如，ISO 3183－3 标准《石油天然气工业－管道钢管－交货技术条件第 3 部分：C 级钢管》中对无缝和焊接钢管的 S 含量控制在 0.002％或 0.003％以下，P 含量控制在 0.02％以下。

三、CO_2腐蚀

在酸性油、气环境中，在天然气或油气伴生气中常常含有 CO_2。CO_2溶入水后对管线钢引起的腐蚀称为 CO_2腐蚀，CO_2腐蚀也称为“甜蚀”。如果以腐蚀速率作为评价指标，CO_2腐蚀是比 H_2S 腐蚀更为严重的一种腐蚀形式。虽然早在 1924 年就发现了 CO_2腐蚀问题，但直到 20 世纪 70 年代之后，随着 CO_2深井、超深井和高温、高压井的开发以及 CO_2强化采油工艺的应用，有关 CO_2腐蚀问题才日益受到重视。

1. 机理和特征

与 H_2S 一样，CO_2只有在与水共存时才具有腐蚀性。CO_2腐蚀主要是 CO_2溶入水生成碳酸而引起的电化学腐蚀。

阴极过程为

$$CO_2 + H_2O \rightarrow H_2CO_3$$
$$H_2CO_3 \rightarrow H^+ + HCO_3^-$$
$$HCO_3^- \rightarrow H^+ + CO_3^{2-}$$
$$2H^+ + 2e \rightarrow H_2$$

阳极过程为

$$Fe \rightarrow Fe^{2+} + 2e$$
$$Fe^{2+} + CO_3^{2-} \rightarrow FeCO_3$$

总反应式为

$$CO_2 + H_2O + Fe = FeCO_3 + H_2$$

研究表明，由 CO_2形成的碳酸根离子(CO_3^{2-})和酸式碳酸根离子(HCO_3^-)可引起以阳极溶解机制为主的应力腐蚀开裂。然而，实践表明，因腐蚀产物 $FeCO_3$与结垢产物 $CaCO_3$(或其他生成物)之间形成的具有自催化特性的腐蚀电偶或闭塞电池所引起的电化学失重腐蚀才是

CO_2腐蚀的主要形式。CO_2腐蚀的表现形态通常为坑点状腐蚀、台地状腐蚀、癣状腐蚀，从而使管壁减薄、穿孔和断裂。CO_2腐蚀以局部腐蚀速率作为材料耐蚀性的判据，如台地状腐蚀的穿孔速率可达 3～7mm/a。图 5-9 所示为CO_2腐蚀的典型形态。

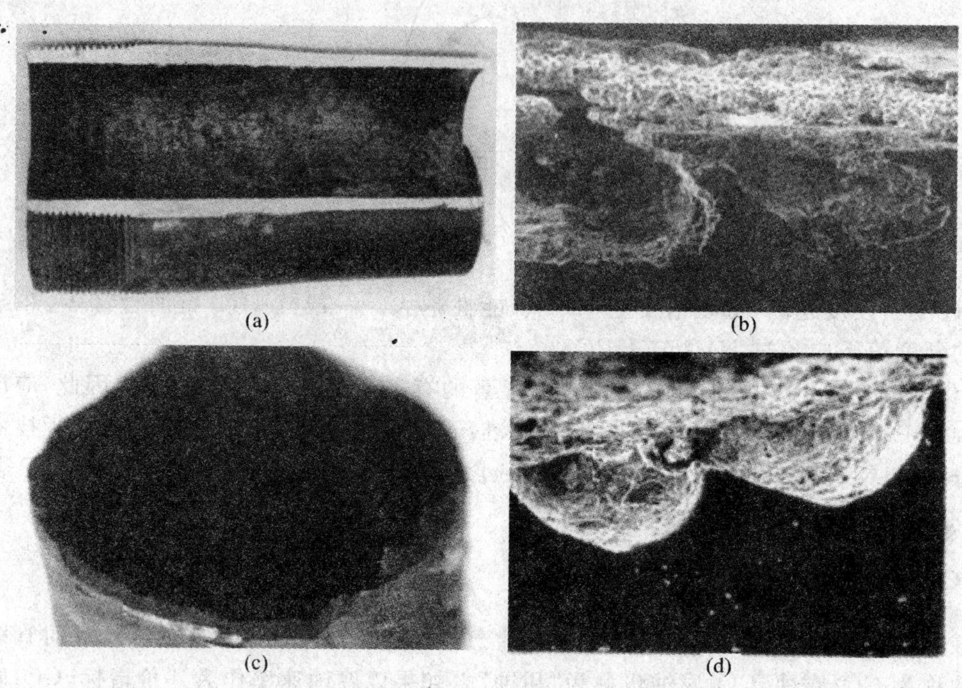

图 5-9　CO_2腐蚀形貌

(a)癣状腐蚀；(b) 坑腐蚀；(c)均匀腐蚀；(d) 点腐蚀

石油管材CO_2均匀及局部腐蚀速率的评定试验方法通常参照 NACE RP 0775－2005 标准《油田腐蚀挂片的准备、安装、分析和解释》进行。一般采取失重法，图 5-10 所示为CO_2腐蚀评价试验常用高温高压釜示意图。

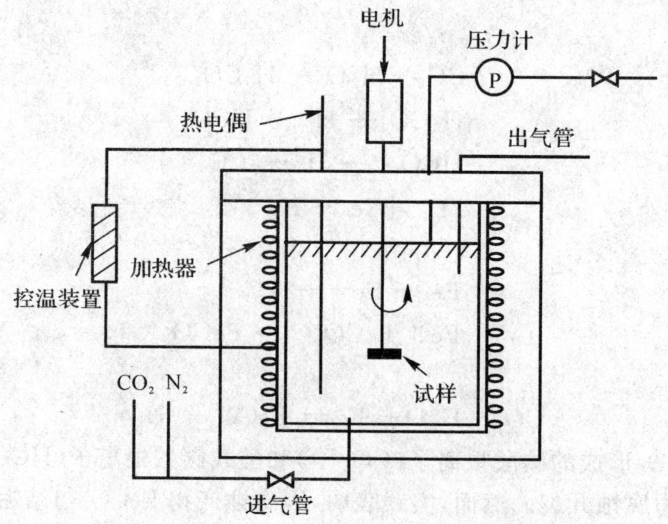

图 5-10　CO_2腐蚀评价试验常用高温高压釜示意图

以均匀腐蚀速率为参数，NACE RP－0775－2005 标准对石油管材料的腐蚀程度提出了如表 5－3 所示的规定。

表 5－3　NACE RP—0776—2005 中对均匀腐蚀速率的分类

腐蚀程度	均匀腐蚀速率/($mm \cdot a^{-1}$)
轻微	<0.025
中度	0.025～0.12
严重	0.13～0.25
极严重	>0.25

2. 影响因素

(1)CO_2分压。CO_2腐蚀速率随CO_2分压的增加而增加。这是因为随CO_2分压的增加，溶解的碳酸浓度高，由此从碳酸中分解的氢离子浓度高，因而使腐蚀速率增加。实践表明，当CO_2分压低于 0.021 MPa 时，腐蚀可以忽略；当CO_2分压为 0.02～0.21 MPa 时，可产生轻度腐蚀；当CO_2分压大于 0.21 MPa 时，可产生中度至严重腐蚀。

当CO_2分压大于一定值时，如果腐蚀产物膜增厚的过程占优势，腐蚀速率随CO_2分压增加而降低。

(2)温度。温度对CO_2腐蚀的影响较为复杂。在一定温度范围内，铁在CO_2溶液中的溶解速率随温度升高而增加，但当温度较高时，在铁表面生成致密的腐蚀产物膜($FeCO_3$)后，铁的溶解速率随温度升高而降低。前者加剧腐蚀，后者有利于保护膜的形成，造成了错综复杂的关系。

Lkeda，Veda 和 Mukai 等在研究温度对CO_2腐蚀影响时提出：C 钢、2Cr 钢和 5Cr 钢的腐蚀速率随温度升高而增加，温度达到 100℃附近时腐蚀速率达到最大值，而当温度超过 150℃时，腐蚀速率基本恒定；而对于 13Cr 钢或含 Cr 量更高的钢来说，即使温度达到 150℃，其腐蚀速率也很小。

图 5－11 表示了温度和分压对CO_2腐蚀速率的影响。

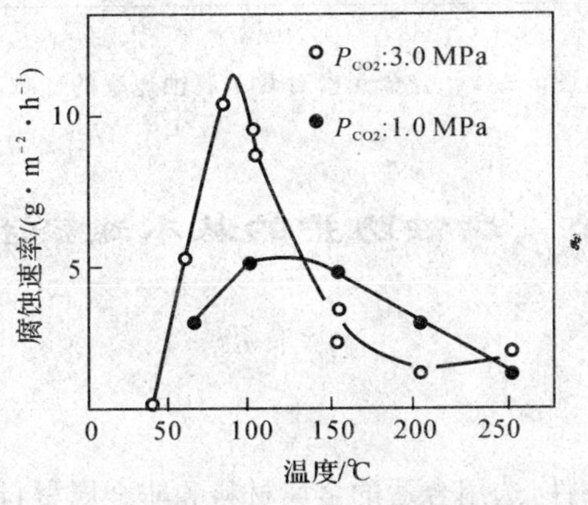

图 5－11　CO_2分压对低合金钢均匀腐蚀速率的影响

(3)pH 值。pH 值降低，引起溶液中 H^+ 浓度增加，致使阳极溶解速率增加。同时，pH 值还对腐蚀产物膜的形成构成影响。低 pH 值可引起 $FeCO_3$ 膜的溶解；高 pH 值有利于 $FeCO_3$ 膜的沉积。可见，CO_2 腐蚀速率随 pH 值的降低而增加。

(4)合金元素。

1)碳。C 对耐 CO_2 腐蚀性能的影响与碳钢结构中 Fe_3C 相有密切关系，主要表现为两个方面。一方面，当钢铁腐蚀时，Fe_3C 会暴露在钢铁的表面充当腐蚀的阴极而形成腐蚀电偶，加速钢铁的腐蚀；另一方面，Fe_3C 会形成腐蚀产物膜的支架而抑制 CO_2 腐蚀。这种相反的表现与材料显微组织有关。当铁素体相被腐蚀时，铁素体-珠光体结构能形成连续的碳化物格子，在膜不能形成的条件(低温、低 pH)下，由于渗碳体和铁素体间的电偶耦合，碳化物相的局部腐蚀速率会增加，导致局部酸化，保护层的形成更加困难。在形成膜的条件下，这样的碳化物格子能成为保护性碳酸亚铁膜的基础。在高碳量(＞0.15％)的情况下，这一作用更加突出。

2)铬。Cr 是提高合金耐 CO_2 腐蚀最常用的元素之一。在 90℃以下的饱和 CO_2 水溶液中，很少量的铬就能明显地提高材料的耐腐蚀性，这时 Cr 在碳酸亚铁膜中富集，会使膜更加稳定。当 Cr 的含量在 0.5％时，合金会具有很好的耐 CO_2 腐蚀特性。在高温时，Cr 对 CO_2 腐蚀的影响不是非常明确，有的研究表明 Cr 的存在会降低材料的耐 CO_2 腐蚀性，另有文献报道，腐蚀速率最高时的温度随钢中铬含量的增加而增加。

3)其他合金元素。合金元素对 CO_2 腐蚀速率的影响如图 5-12 所示，也有不同的研究结果。一般认为，Mo，Si，Co 的添加会抑制 CO_2 腐蚀。Cu 对 CO_2 腐蚀的影响尚未明确。关于 Ni 对 CO_2 腐蚀的影响颇有争议，大多数研究显示 Ni 能促进 CO_2 腐蚀。

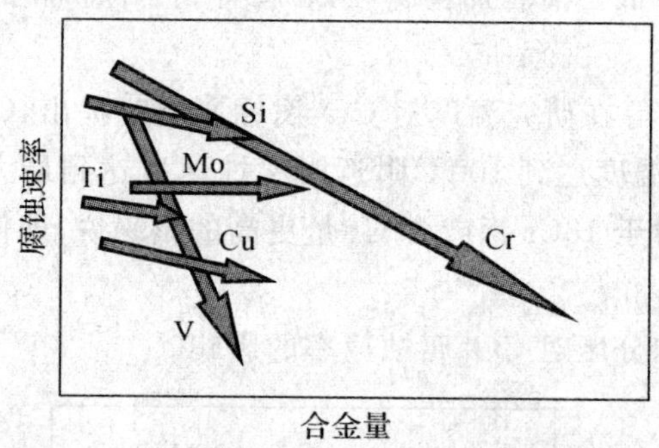

图 5-12　合金元素对 CO_2 腐蚀速率的影响

第三节　腐蚀防护的基本途径和原理

一、基本途径

1. 材料选择

根据不同介质和使用条件，选用合适的金属材料和非金属材料。

例如，硝酸是氧化性酸，应选用在氧化性介质中易形成良好的氧化膜的材料，如不锈钢、铝、钛等材料。盐酸是还原性的酸，选用非金属材料则具有独特的优点。

介质所处的温度、压力也是要考虑的重要因素。通常温度升高，腐蚀速率加快，在高温下稳定的材料，在常温下往往也是稳定的；在常温下稳定的材料，在高温下就不一定稳定。例如13Cr马氏体不锈钢在100℃以下的CO_2腐蚀环境中具有良好的抗腐蚀能力，但温度升高到150℃，就会发生明显点蚀现象。

2. 表面技术

采用表面工程技术，如在金属表面喷、衬、镀、涂上一层耐蚀性较好的金属或非金属物质，可使被保护金属表面与介质机械隔离而降低金属腐蚀。

3. 电化学保护

(1) 阴极保护。利用外电源或连接在金属设备上的活泼金属，使被保护的金属设备进行外加阴极极化以降低或防止腐蚀。阴极保护按阴极电流的来源，分为牺牲阳极保护和外加电流保护。阴极保护的原理如图5-13所示，图中a，c分别表示被保护金属腐蚀原电池的阳极和阴极。

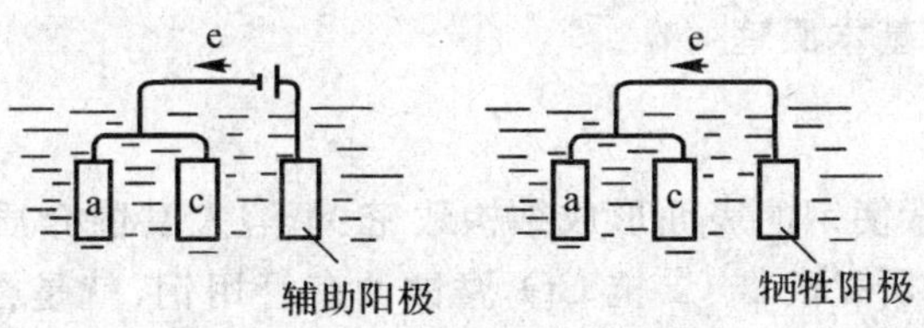

图5-13　阴极保护模型示意图

(a) 牺牲阳极保护；(b) 外加电流保护

(2)阳极保护。对于钝化溶液和易钝化的金属组成的腐蚀体系，可采用外加阳极电流的方法，使被保护金属设备进行阳极钝化以降低金属的腐蚀。

4. 改变环境(介质)

改变环境包括除去介质中促进腐蚀的有害成分、调节介质的pH值及改变介质的湿度等，如除去溶解氧、除去水中的二氧化碳和硫化氢等。同时，向介质中添加少量能阻止或减慢金属腐蚀的物质以保护金属，如添加缓蚀剂等。

5.合理的结构设计

(1)留有余量。留有足够的腐蚀余量，可以满足结构在设计寿命期限内具有足够的强度。例如，在井身结构设计过程中留有腐蚀余量，以满足油套管柱在设计寿命期限内具有足够抗拉、抗挤毁强度。

(2)结构简单。形状结构简单的构件容易采取防腐措施，便于排除故障、维修、保养和检查。因此，在可能的条件下采用圆筒形结构要比方形或其他框架结构好。复杂结构往往存在许多缝隙、液体滞留部位等，这些部位容易引起腐蚀，特别是局部腐蚀。

(3)避免焊缝。在焊接过程中产生的表面缺陷、组织变化及残余应力对材料腐蚀性能会产生影响。例如，在双相不锈钢的焊接过程中，由于化学成分范围过宽，焊接区的奥氏体控制困难，造成焊接热影响区韧性很难满足要求，在使用过程中容易发生腐蚀断裂。

(4)避免应力集中。改进结构设计以减少应力集中。为了降低应力集中，减少应力腐蚀倾向，零件在改变形状或尺寸时，不要有尖角，而应有足够的过度圆弧。

腐蚀防护技术措施的采用应达到有效性和经济性的统一，如图5-14所示。

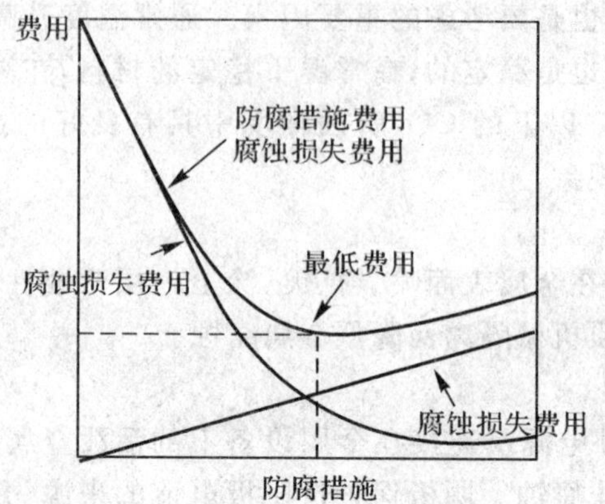

图 5-14　腐蚀费用与采取防腐措施的关系曲线

二、防腐蚀钢合金化基本原理

1. 形成表面钝化膜

在钢中加入合金元素使钢的表面形成结构致密、不溶入腐蚀介质的保护膜可显著提高钢的耐蚀性。例如，国内外研发的低 Cr 抗 CO_2腐蚀油套管用钢，就是在 Fe 中加入 1%～3%的 Cr 元素，可以明显改善 $FeCO_3$腐蚀产物膜的致密度，提高材料的抗均匀腐蚀及抗局部腐蚀性能。当 Cr 含量增加到 12%时，在钢材表面就会形成厚度一般为 1～10 nm 的非晶态 Cr_2O_3或 $Cr(OH)_3$的钝化膜，使金属由活化态变为钝态，从而大大提高钢材的耐蚀性。

钢铁材料添加 Si，Al，Mo 等合金元素，可以在基体表面形成 SiO_2，Al_2O_3及 Mo_2O_3的钝化膜或致密的腐蚀产物膜，从而提高金属基体在相应腐蚀介质中的耐蚀性。

2. 提高基体金属的电极电位

在金属基体中加入 Cr，Ni，Mo，Si 等合金元素元素，可以提高基体金属的电极电位，减少微电池数目，从而使金属的耐蚀性增强。例如 Ni，Mo 的电位比 Fe 正，适量 Ni，Mo 合金元素的添加，使自腐蚀电位正移，有利于提高耐蚀性。

在给定的腐蚀介质中，当耐蚀组元和不耐蚀组元组成固熔体时，随着耐蚀组元含量（原子百分数）的变化，合金的腐蚀速率呈台阶性有规律的变化。合金稳定性的台阶变化，出现于合金成分的 $n/8$ 原子比处，n 为有效整数，这一规律也称为塔曼（Tanmman）规律，如图 5-15所示。因此，一般不锈钢中 Cr 含量在 13%以上，在 Cr 钢中加入 Ni，Si 等，也能显著提高基体的电极电位。

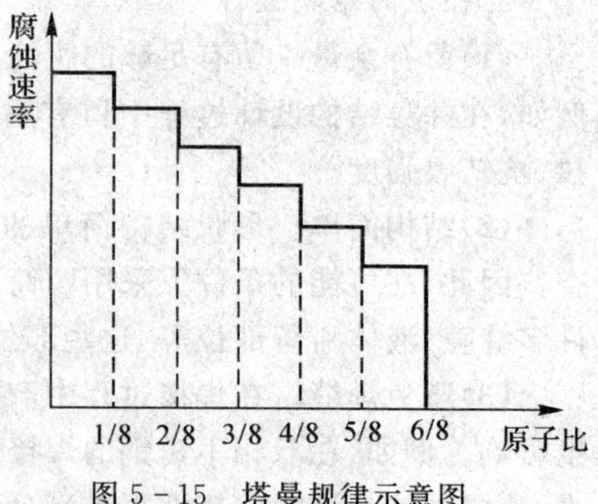

图 5-15　塔曼规律示意图

3. 形成单相组织

一般来说，两相或多相合金要比单相合金容易腐蚀，常用的普通钢和铸铁就是如此。这是因为合金中的第二相为阴极相的情况居多，对电化学腐蚀原电池来说，阴极面积增大，腐蚀速率增大。在钢铁材料中加入扩大 α 相区的合金元素（如 Cr 元素），可以获得铁素体单相组织；在钢铁材料中

中加入扩大 γ 相区的合金元素(如 Ni 元素),可以获得奥氏体单相组织(见图 5-16),从而提高金属基体的耐蚀性。

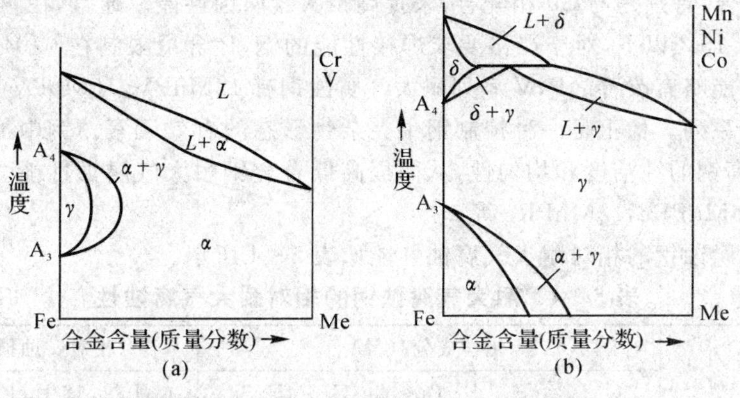

图 5-16　合金元素对 Fe-C 相图的影响

第四节　耐腐蚀材料

一、耐蚀低合金钢

合金含量小于 5%的耐蚀钢称为耐蚀低合金钢,主要包括耐大气腐蚀低合金钢、耐海水腐蚀低合金钢和抗氢腐蚀钢。

1. 耐大气腐蚀低合金钢

在大气自然环境条件下耐腐蚀的钢称为耐大气腐蚀钢,也称耐候钢。

钢铁材料在大气中的腐蚀也是一种电化学过程,而且阳极控制占较大的比例,有时可以达到阴、阳极混合控制(大气湿度较低,金属表面湿膜较薄时),所以钢的耐蚀合金化是提高低合金钢在大气环境中耐蚀性的有效方法之一。Cu,P,Cr 等合金元素有显著作用,是耐大气腐蚀钢必不可少的合金元素。其中,钢中含 0.1%～0.2%Cu 可使腐蚀速率显著下降,含量增加 0.25%Cu 可使钢的耐海洋大气腐蚀能力提高 1 倍多。P 通常会使钢材产生低温脆性,是一种有害元素,但钢中含 0.06%～0.15%P 时却能提高钢的抗大气腐蚀能力。Cr 与 Cu,P,Si,Al 等元素配合使用时,可显著改善钢材的抗大气腐蚀能力。钢中含 1%～2%Cr 时可显著提高抗大气腐蚀能力,但含 Cr 量较高,钢材点蚀严重(如 Cr 含量大于 5%时点蚀很严重),因此一般耐候钢中 Cr 含量小于 2%。

国外比较著名的耐大气腐蚀钢有美国的 Corten 系列钢、日本的 YAW-TEN 系列钢等。

国内典型耐大气腐蚀低合金钢系列如下:

(1)Cu 系列。Cu 是在耐大气腐蚀低合金钢中对耐蚀作用最有效的合金元素,早已得到国内外学者的公认。Cu 在低合金耐蚀钢中耐蚀作用有以下两种学说:一是阳极钝化学说,认为 Cu 在大气腐蚀过程中起着活化阴极的作用,在一定的条件下,可以促使低合金钢产生阳极钝化,从而降低腐蚀速率。二是表面富集学说,认为 Cu 在锈层表面富集能够改善锈层的保护性,提高耐大气腐蚀性能。为了提高耐大气腐蚀性能,在低合金钢中的 Cu 含量一般规定在

0.25%～0.5%。常见含 Cu 低合金钢有 16MnCu,09MnCuPTi,15MnVCu 等。

(2)P,V 系列。P 是提高耐大气腐蚀性能的有效元素。在耐大气腐蚀低合金钢中,常常是 P 与其他元素配合,特别是与 Cu 相配合,来提高耐大气腐蚀性能。通常,在耐大气腐蚀低合金钢中 P 含量在 0.15%以下,对于严格要求焊接性能的钢,P 含量限制在 0.04%。V 对低合金钢耐大气腐蚀性能略有改善。P,V 系列耐大气腐蚀钢有 12MnPV,16MnPV 等。

(3)磷、稀土系列。稀土是一种控制钢中夹杂物形态的有效元素。钢中加入稀土元素,可以净化钢质,提高钢的纯洁度和均匀性,从而提高低合金钢耐大气腐蚀性能。磷、稀土系列耐大气腐蚀钢有 16MnPRe,12MnPRe 等。

不同耐大气腐蚀钢的相对耐大气腐蚀性能如表 5-4 所示。

表 5-4　耐大气腐蚀钢的相对耐大气腐蚀性

钢　类	化学成分/(%)					相对腐蚀损失/(%)			
	C	P	Cu	Cr	Si	6 月	12 月	18 月	24 月
C 钢	0.13	0.008			0.09	100	103	103	102
C-P 钢	0.12	0.17			0.10	83	80	70.5	74.5
C-Cu-P 钢	0.14	0.17	0.35		0.10	81	73.5	67	71.5
C-Cr-P 钢	0.13	0.19		0.43	0.02	87.5	82.5	69	71
C-Cr-Cu-P-Si 钢	0.17	0.12	0.37	0.95	1.00	88.5	83	59	58
C-Cr-Cu-P-Si 钢	0.14	0.21	0.37	0.95	1.00	81	74	55.5	53.5

2. 耐海水腐蚀低合金钢

海洋工程用金属材料中 80%以上是碳钢和普通低合金钢,这主要是因为这类材料供应方便,价格低廉,加工工艺性好,使用经验丰富,可靠性高。金属材料在海洋环境中的腐蚀速率依其所处位置(海洋大气、飞溅带、潮差带、全浸带、海土带等)的不同而异。有关耐海水腐蚀低合金钢见第七章。

3. 抗氢腐蚀钢

氢或氢与其他气体的混合物,不论是常压的或高压的,也不论是常温的或高温的,都对金属造成一定形式的破坏。氢致破坏是金属由于气体作用而造成破坏的最重要形式之一。钢中的合金元素对其抗氢腐蚀性能有重大影响。强碳化物形成元素和碳的亲和力大,形成碳化物后,避免了碳再和氢、氮化合,引发钢的破坏。例如 Cr,Mo,W,V,Nb,Ti 能提高钢的抗氢腐蚀性能;Si,C,Ti,Ni 等元素能降低氢在钢中的扩散速率;Si,C,Cr,Mo,W 能减小氢在钢中的溶解度;非碳化物形成元素不影响钢的抗氢腐蚀能力。

普遍应用的中温抗氢钢以 Cr,Mo 为主加元素。钢中 Cr 含量提高,碳化物稳定性也提高,钢的抗氢腐蚀临界温度也随之提高。Mo 比 Cr 具有更好的抗氢腐蚀性能,它还能减少氢在钢中的吸留量和透过量,Mo 在晶界偏析降低了界面能而使裂纹不易产生。Mo 和 Cr 都能降低碳在 α-Fe 中的扩散系数,但含 Mo 钢在 470℃左右有石墨化倾向。近年来研发了一些不含 Cr 的抗氢腐蚀钢,这些钢以 MoVNbTi 等为合金元素,也具有良好的抗氢腐蚀性能。常见抗氢腐蚀钢有 12SiMoVNb,10MnSiCu,15CPMo,12Cr1MoV 等。

二、不锈钢

1. 概述

不锈钢是指钢中含铬量超过12%的钢种。不锈钢之所以在某些环境中耐蚀，是与其钝化性能有关。随着合金中铬含量的增加，合金的钝化能力不断提高，当含铬量达12%时，合金具有完全自钝化的能力。合金的自钝化能力在一定程度上决定着不锈钢的耐蚀性。许多研究表明，不锈钢的钝性与其表面上钝化膜的厚度、成分与组织有关。

(1)膜的厚度。不锈钢在不同条件下产生钝化时，虽然其成分或所处的环境条件不同，但是它们处于钝态时，膜的厚度一般为1～3 nm。

(2)膜的成分。用俄歇能谱对不锈钢表面钝化膜的研究表明，膜的成分中最明显的特点是富铬。研究不同含铬量的不锈钢的钝化膜时发现，Cr与Fe的质量分数比是衡量膜钝化性能的重要指标。随着质量分数的增加，不锈钢的钝性不断地增高。

(3)膜的结构。随Cr含量变化，表面膜的结构也在改变，逐渐变为非晶组织。

根据不锈钢的组织，可把不锈钢分为铁素体不锈钢、马氏体不锈钢、奥氏体不锈钢、铁素体-马氏体复相不锈钢、奥氏体-铁素体复相不锈钢等类型。本节主要讨论奥氏体不锈钢、铁素体不锈钢、马氏体不锈钢和奥氏体-铁素体双相不锈钢。

2. 分类

(1)马氏体不锈钢。马氏体不锈钢是室温下具有马氏体组织的铬不锈钢，代表钢种有1Cr13，2Cr13，3Cr13，4Cr13，9Cr18等。不锈耐酸钢中主要的合金元素是铬，如果要使奥氏体能在室温下稳定，则在铬钢中必须加入镍。因此，马氏体与铁素体不锈钢主要是铬钢，而奥氏体不锈钢则是铬镍钢。

马氏体不锈钢除含有较高含量的铬(13%～18%)外，还含有较高的碳(0.1%～0.9%)。在正常淬火加热温度下是纯奥氏体组织，冷却到室温则是马氏体组织。随着钢中含碳量增加，其强度、硬度及耐磨性均显著提高，而耐蚀性则下降。这类钢种主要用于制造硬度高且有一定耐蚀性要求的部件，如耐磨损零件、弹性元件、切削工具、医疗器械等。为了提高力学性能和耐蚀性，常加入Ni，Mo，V，Co，Si，Cu等元素。由于这类钢可在空气中淬硬，故焊接性能不良，一般在淬火和回火后使用。

铬含量为13%的钢在大气中具有优良的耐全面腐蚀性能。室温下在弱有机酸或盐的溶液中，以及在其他弱腐蚀性介质中，也具有较好的耐蚀性。马氏体钢的耐蚀性与其组织有关。虽然含碳量不同，但淬火后其耐蚀性是一样的。低于450℃以下的回火对其耐蚀性影响不显著。由于高温回火后形成了铬的碳化物而使固熔体贫铬，从而降低了钢的耐蚀性。当回火温度升高到700～750℃时，由于铬在铁素体中的浓度差降低，因此，其耐蚀性又有所增加。随着钢中碳含量增加，铁素体相中铬的贫化程度也增加，因此在退火状态下，钢的耐蚀性下降。

为了提高马氏体不锈钢的耐蚀性，可以提高铬含量，但需相应地提高含碳量，才能获得马氏体组织。用镍代替碳可获得同样的效果，如近年来国内外钢铁生产厂家针对油气田CO_2腐蚀研发的超级13Cr马氏体不锈钢，就是采用超低碳设计，即将C含量减少到0.03%左右以抑制基体中Cr元素的析出，生成铬的碳化物，添加5%的Ni来获得单相马氏体，同时在钢材中加入微量的合金元素(例如Mo，Ti，Nb，V等)。Mo元素起到细化晶粒、提高材料的SCC和局部腐蚀抗力，而Ti，Nb，V等强碳化物形成元素的加入有利于形成弥散分布的碳化物颗粒，对位错起到钉扎作用，降低了超级13Cr材料的SCC敏感性。相比于普通13Cr不锈钢来说，该类材料具有高强度、低温韧性及改进的抗腐蚀性能的综合特点。经过改进的超级13Cr马氏体不锈钢在直到180℃的高温CO_2腐蚀环境中仍具有良好的均匀和局部腐蚀抗力，同时具有一定的抗H_2S应力腐蚀开裂的能力。表5-5列出普通13Cr马氏体不锈钢与超级13Cr马氏体不锈钢化学成分差别。

表5-5 普通13Cr马氏体不锈钢与超级13Cr马氏体不锈钢化学成分

单位：%

	C	Si	Mn	P	S	Cr	Mo	Ni	V,Ti,Nb	Cu
普通13Cr	0.15~0.22	⩽1.00	0.25~1.00	⩽0.02	⩽0.01	12.0~14.0	/	⩽0.50	/	⩽0.25
超级1型13Cr	⩽0.04	⩽0.50	⩽0.60	⩽0.02	⩽0.01	12.0~14.0	0.80~1.50	3.50~4.50	微量	/
超级2型13Cr	⩽0.04	⩽0.50	⩽0.60	⩽0.02	⩽0.005	12.0~14.0	1.80~2.50	4.50~5.50	微量	/

(2)铁素体不锈钢。铁素体不锈钢是室温下组织为铁素体的不锈钢。铁素体不锈的钢优点是成本较低、屈服强度较高、导热性能较好，具有良好的耐应力腐蚀性能。合金化特点为：C含量小于0.15%，Cr含量在12%~30%，代表钢种有0Cr13型、Cr16－19型和Cr25－28型三种。

随铬含量的增加，其耐氧化性酸腐蚀的能力和抗氧化性能均提高。在硝酸等氧化性介质中，纯铬铁素体不锈钢与同等铬含量的Cr-Ni奥氏体不锈钢耐蚀性相近。但在还原性介质中，其耐蚀性不如Cr-Ni钢，因此，应用范围远不如铬-镍奥氏体不锈钢那么广。

铁素体不锈钢的缺点：

1）由于在加热与冷却时不发生相变，因而无法用热处理方法改善其性能。

2）高温加热、压力加工不当和焊接易造成晶粒粗大，使材料变脆。

3）在400~525℃范围内停留会引起钢的脆化，称为475℃脆性。475℃脆性与含铬铁素体的有序化现象有关。

4）在550~700℃长时间加热时有δ相析出，使钢变脆。但由于它的脆性较大，特别是焊接后因热影响区晶粒粗化更易引起脆性，耐点蚀性能差，对缺口敏感性高。

铁素体不锈钢也存在晶间腐蚀和点蚀现象。

1）晶间腐蚀。铁素体不锈钢从900~950℃以上高温区加热（焊接），有晶间腐蚀的倾向，甚至在水冷等快速冷却的条件下也可发生。退火可消除晶间腐蚀。产生晶间腐蚀的原因可用贫铬理论解释：由于铁素体相中碳、氮的固熔度远较奥氏体中小，即使(C＋N)总量为0.011%左右的超低碳、氮铁素体不锈钢，自高温快冷下来也难以防止高铬的碳化物和氮化物沿晶界析出。大量析出的亚稳晶界析出物引起晶界区贫铬，造成铁素体易发生晶间腐蚀。但是，在750~870℃的范围内，铁素体中的铬还有足够的速率向晶界扩散，从而使贫铬区的贫化程度降低或者消失，所以中温退火即可消除晶间腐蚀的倾向。

2）点蚀。铁素体抗点蚀性能较差，可用加钼和降低碳、氮元素来改善。

铁素体不锈钢的热处理比较简单，一般是在 750～850℃的范围内进行退火。为了很快地经过 475℃氢脆温度范围，退火后应迅速冷却，一般采用空冷或水冷。

(3)奥氏体不锈钢。以 18－8 型铬镍钢(如 0Cr18Ni9，1Cr18Ni9Ti，00Cr18Ni10，这些钢种的基本成分：18％Cr，8％～10％Ni)为代表的奥氏体不锈钢应用最广，约占奥氏体不锈钢的 70％，占全部不锈钢的 50％。为了提高耐蚀性，18－8 型钢中常加入 Ti，Nb，Mo，Si 等铁素体形成元素，并提高铬含量，降低碳含量。但这些元素都缩小奥氏体相区，因此为了使 Cr－Ni 不锈钢保持奥氏体组织，钢中含镍量应不少于下面经验公式所确定的数值：

$$w_{Ni}=1.1(w_{Cr}+w_{Mo}+1.5w_{Si}+1.5w_{Nb})-0.5w_{Mn}-30w_{C}-8.2$$

式中，w_{Ni}，w_{Cr}，w_{Mo}，w_{Si}，w_{Nb}，w_{Mn}，w_{C}分别表示相应元素在钢中的质量分数。当钢中含镍量小于此式的计算值时，钢的组织中除奥氏体外还会出现铁素体。

在自然条件下，这类钢无论在工业大气，还是在海洋大气中都有较好的耐蚀性。在水中，钢的耐蚀性与水中氯化物含量有关。水中含氧量的降低和 pH 值下降都将加速钢的腐蚀。在这样条件下，钢将产生点蚀或缝隙腐蚀。含钼的奥氏体不锈钢能提高其在海水中的抗点蚀能力。奥氏体不锈钢在土壤中也是耐蚀的。

鉴于在氧化性介质和有氧化剂存在的介质中，不锈钢易于钝化，因此也就决定了其使用范围，即铬镍奥氏体不锈钢在制造硝酸与使用硝酸溶液的工业部门里获得了广泛的应用。对不锈钢在硝酸溶液中的腐蚀与电化学性能研究表明，如同在强氧化性和非氧化性介质中一样，它们具有一个活化-钝化区和过钝化区。不锈钢在硝酸中之所以耐蚀，是因为其腐蚀电位处于钝化区。如果该钢处于活化或局部钝化状态，则它们将发生强烈的腐蚀。当硝酸的氧化性提高并添加强氧化剂时，则电位移向过钝化区，腐蚀显著加速。

铬镍奥氏体钢只有在稀硫酸中才是耐蚀的。在钢中加钼可保持钢在稀溶液中处于钝态，也可降低钢在活化态的溶解速率。铬镍奥氏体不锈钢在盐酸溶液中是不耐蚀的，只有在低温及浓度很低的情况下才能使用。在醋酸(由 10％到浓醋酸，沸点下)中，铬镍奥氏体不锈钢的腐蚀速率可达 1mm/a。

(4)铁素体-奥氏体双相不锈钢。奥氏体和铁素体双相不锈钢在一定程度上兼有奥氏体不锈钢和铁素体不锈钢的特点，双相不锈钢的理想组织是铁素体和奥氏体各占 50％(见图 5-17)。在通常情况下，奥氏体含量增大，脆性降低，韧性、可焊性增强；铁素体含量增大，最低屈服强度上升，抗晶间应力腐蚀开裂能力增强。通过正确控制化学成分和热处理工艺，可将奥氏体不锈钢的优良韧性和焊接性与铁素体不锈钢的较高强度和耐氯化物应力腐蚀性能结合在一起。代表钢种有 2205 型双相不锈钢(Cr21 型：0Cr21Ni5Ti，1Cr21Ni5Ti)和 2507 型双相不锈钢(Cr25 型：0Cr25Ni5Mo2)，在高含 $CO_2+H_2S+Cl^-$ 油气田腐蚀环境中得到广泛应用。

双相不锈钢铁素体/奥氏体的最佳比例问题是其耐蚀性的关键。由于 Cr，Mo 在铁素体中的固熔度高，而 Ni 和 N 倾向于在奥氏体中固熔，因此相对于铁素体/奥氏体的最佳比例，双相不锈钢中奥氏体相的增加将减少 Cr，Mo，Ni 等合金元素的整体固熔含量，降低不锈钢的耐蚀性。另外，铁素体中的 Cr，Mo 含量增加还容易析出 σ 相和 χ 相，使材料韧性降低，应力腐蚀敏感性增加。增加铁素体的比例相当于降低了铁素体中 Cr，Mo 的含量，同样会降低耐蚀性能。同时奥氏体相减少一方面会降低双相不锈钢的冲击韧性，另一方面还会使氮化物析出。因此，双相不锈钢的组织不仅与成分有关，而且还与热加工和处理工艺有关，控制不好就容易使材料的力学性能和耐蚀性能受到损害，也在一定程度上影响了双相不锈钢的使用。

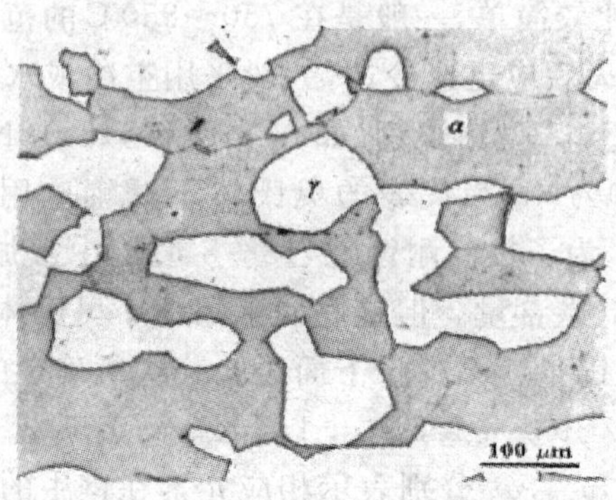

图 5-17　2205 双相不锈钢显微组织

双相不锈钢应力腐蚀最主要的影响因素为 Cl^- 浓度、温度、H_2S 分压、pH 值和应力水平。其机理是破坏钝化膜，最终影响裂纹行为。从材料角度，影响因素包括奥氏体/铁素体的比例、成分等级以及冷变形。铁素体相比奥氏体具有较高的横向裂纹敏感性，脆性的 σ 相将显著增大双相不锈钢的脆性；大晶粒裂纹敏感性高于小品粒。H_2S 一方面会显著增加双相钢对氢原子的吸收，另一方面会增加铁素体在活性区的溶解以及奥氏体的活化/钝化转变。一旦铁素体表面的钝化膜遭到破坏，将很难修复，最终导致局部腐蚀和裂纹。当然，这其中有 Cl^- 的催化作用，当溶液中没有 Cl^- 时，不会产生局部腐蚀或裂纹。

三、耐蚀非金属材料

目前，在石油工程的腐蚀防护中，金属材料仍占主导地位。但随着材料科学的发展，非金属材料由于良好的耐蚀性和某些其他特殊性能，在石油工程中得到越来越广泛的应用。

非金属材料种类很多，按其性质可分为有机高分子材料、无机非金属材料和复合材料。

1. 有机高分子材料

大多数有机高分子材料在一般的酸、碱、盐介质中有较好的化学稳定性。在很多情况下，高分子材料的耐蚀性优于金属材料，可制成各种类型的塔、槽、管、阀门、泵、容器及各种防腐衬里等。如一般塑料都具有较好的耐酸、碱和一定的耐溶剂性能，其中以聚氯乙烯、聚丙烯和聚乙烯应用较广，若要求耐强酸或强氧化性酸和耐碱，则可选用氟塑料、氯化聚醚等。

通常认为高分子材料有良好的化学稳定性的原因主要是：① 大分子链上各原子都是由共价键结合而成的，键能较高，结合牢固。② 高分子的特殊形态，使大分子链上能够参加化学反应的基团在接触上比较困难。如晶态高聚物由于长链分子间堆砌紧密，具有相当高的化学稳定性。无定型高分子处于玻璃态时，因大分子链不能自由运动，反应基团被固定，化学反应难以进行。即便在高弹态和黏流态时，也因大分子链杂乱无章、彼此缠结，许多基团被包裹起来，难以与其他反应介质接触。因此，与低分子物质相比，化学反应比较缓慢。③ 高分子化合物大都是绝缘体，不会产生电化学腐蚀。

根据力学性能和使用状态，高分子材料可分为塑料、橡胶、合成纤维、胶黏剂和涂料等五类。常用塑料和橡胶的力学性能和主要用途分别如表 5-6 和表 5-7 所示。

表 5－6　常用塑料的力学性能和主要用途

塑　料	抗拉强度 MPa	抗压强度 MPa	抗弯强度 MPa	冲击韧度 $kJ\cdot m^{-2}$	使用温度 ℃	主　要　用　途
聚乙烯	8～36	20～25	20～45	＞2	－70～100	一般机械构件，电缆包覆，耐蚀，耐磨涂料等
聚丙烯	40～49	40～60	30～50	5～10	－35～121	一般机械零件，高频绝缘，电缆，电线包覆等
聚氯乙烯	30～60	60～90	70～110	4～11	－15～55	化工耐蚀构件，一般绝缘，薄膜，电缆套管等
聚苯乙烯	≥60	—	70～80	12～16	－30～75	高频绝缘，耐蚀及装饰，一般构件等
ABS树脂	21～63	18～70	25～97	6～53	－40～90	一般构件，减摩耐磨传动件，一般化工装置、管道、容器等
聚酰胺	45～90	70～120	50～100	4～15	＜100	一般构件，减摩耐磨传动件，高压油润滑密封圈，金属防蚀、耐磨涂层等
聚甲醛	60～75	≈125	≈100	≈6	－40～100	一般构件，减摩耐磨传动件，绝缘耐蚀件及化工容器等
聚碳酸酯	55～70	≈85	≈100	65～75	－100～130	耐磨受力受冲击的机械和仪表零件，透明、绝缘件等
聚四氯乙烯	21～28	≈7	11～14	≈98	－180～260	耐蚀件、耐磨件、自润滑密封件，高温绝缘件，化工容器等
聚砜	≈70	≈100	≈105	≈5	－100～150	高强度耐热件、绝缘件、高频印刷电路板等
有机玻璃	42～50	80～126	75～135	16	－60～100	透明件、装饰件、绝缘件等
酚醛塑料	21～56	105～245	56～84	0.05～0.82	≈110	一般构件，水润滑轴承，绝缘件，耐蚀衬里等，用做复合材料
环氧塑料	56～70	84～140	105～126	≈5	－80～155	塑料模，精密模，仪表构件；电气元件的灌注、包封、修补，金属涂覆材料；用做复合材料

表 5-7 常用橡胶的性能及用途

名称	通用橡胶						特种橡胶				
	天然	丁苯	顺丁	丁醛	氯丁	丁腈	聚氨酯	乙丙	氟橡胶	硅橡胶	聚硫
代号	NR	SBR	BR	HB	CR	NBR	UR	EPDM	FPM	Si	TR
抗拉强度/MPa	25～30	15～20	18～25	17～21	25～27	15～30	20～35	15～25	20～22	4～10	9～15
延伸率(%)	650～900	500～800	450～800	650～800	800～1 000	300～800	300～800	400～800	100～500	50～500	100～700
使用温度/℃	−50～120	−50～140	−73～120	120～170	−35～130	−35～175	−30～80	−40～150	−50～300	−70～275	−7～130
抗撕性	好	中	中	中	好	中	中	好	中	差	差
耐磨性	中	好	好	中	中	中	好	中	中	差	差
回弹性	好	中	好	中	中	中	中	中	中	差	差
耐油性	差			中	好	好	好		好		好
耐碱性	好	好	好	好	好		差	好	好		好
耐老化	中	中	中	好	好	中		好	好	好	好
特殊性能	高强、绝缘、防震	耐磨	耐磨、耐寒	耐酸碱、气密、绝缘	耐酸碱、耐燃	耐油、耐水、气密	高强、耐磨	耐水、绝缘	耐油、耐碱、耐热、真空	耐热、绝缘	耐油、耐碱
用途举例	通用制品、轮胎	通用制品、轮胎、胶板、胶布	轮胎、耐寒运输带	内胎、水胎、化工衬里、防震品	胶管、电缆、胶黏剂、汽车门窗嵌条	油管、耐油密封垫圈、汽车配件	实心轮胎、胶辊、耐磨件	汽配件、散热管、耐热胶管、绝缘件	化工衬里、高级密封件、高真空橡胶件	耐高低温制品、耐高温绝缘件、印模	腻子密封胶、丁腈橡胶改性用

2. 无机非金属材料

陶瓷材料具有优良的耐腐蚀能力。由于陶瓷的结构很稳定，当以离子晶体为主要结构时，金属离子嵌入在氧离子的间隙之中，受到氧离子的屏蔽作用，很难再与介质中的氧发生作用。当以原子晶体为结构时，共价键结合力大，难以发生键的破坏，所以陶瓷在常温下抵抗各种化学物品的侵蚀力强。陶瓷与许多金属熔体也不发生作用，是很好的坩埚材料。

二氧化硅含量多的陶瓷材料具有优良的耐酸能力。含有大量碱性氧化物(如 CaO，MgO 等)的陶瓷材料，对碱有良好的耐蚀能力，不耐酸的腐蚀。其中化工陶瓷是化学、化工、石油等工业和实验室中的重要材料，用于制造耐蚀容器、管道、塔器、搅拌器、过滤器、阀门、泵和实验器皿等。不同陶瓷材料的耐蚀性如表 5-8 所示。

表 5－8　硅酸盐材料耐腐蚀性能的比较

材　料	酸性介质			碱性介质	酸碱交替介质	有机溶剂
	氧化性酸	非氧化性酸	氢氟酸			
瓷制品*	耐	耐	不耐	不耐	尚耐	耐
陶制品**	不耐	耐	不耐	不耐	不耐	耐
搪瓷衬里	耐	耐	不耐	不耐	耐	耐
辉绿岩铸石	耐	耐	不耐	耐	耐	耐
天然花岗岩	耐	耐	不耐	不耐	不耐	耐
天然文石	耐	耐	不耐		尚耐	耐
石棉	耐	耐	不耐	不耐	不耐	耐
水玻璃胶泥	耐	耐	不耐	不耐	不耐	耐

注：* 表中的陶制品是指砖瓦等粗陶瓷，属于多孔材料。

** 表中的瓷制品是指具有致密结构的上等陶瓷。

3. 复合材料

复合材料一般由基体相和增强相两部分组成。按基体相可分为树脂基复合材料、陶瓷基复合材料和金属基复合材料；按增强相可分为玻璃纤维复合材料、碳纤维复合材料和硼纤维复合材料等。复合材料的结构特征使其具有高的强度和比模量，高的抗疲劳性能，高的高温性，高的抗断裂性能以及良好的耐蚀能力。目前，石油防腐工程中使用较多的是玻璃纤维增强复合材料，即玻璃钢。

玻璃钢强度高，比强度高于钢和铝合金，甚至超过高强度钢。同时，玻璃钢具有良好的耐蚀性，在一定范围内可代替碳钢和不锈钢，用做石油化工容器（如储槽、塔器、反应罐、除尘与分离设备等）、石油化工机械（如泵、离心机、风机等）和石油化工管道及附件（如输油管、输气管、酸液管、废水管、阀门等）。

有关非金属材料在石油工业中的其他应用，可参见第九章。

第六章　耐磨材料

摩擦现象普遍存在于自然界中，伴随物体的相对运动就必然产生摩擦。摩擦消耗大量能量，例如汽车发动机中30%的功率、纺织机械中85%的功率耗费在摩擦上。材料的磨损问题在石油工业中也很突出，如油用钻头与地层之间，钻杆与套管、井壁之间，抽油杆与油管之间，泥浆泵活塞与缸套之间等。摩擦带来磨损，势必造成机器的可靠性降低，使用寿命缩短。摩擦学是研究两相对运动表面摩擦、磨损和润滑这三项相互关联的科学与技术的总称，其中，摩擦是现象，磨损是摩擦的结果，润滑是降低摩擦、减少磨损的重要手段。

第一节　摩擦与磨损

一、基本概念

1. 摩擦的定义

摩擦是抵抗两物体接触而产生相对运动趋向或发生相对运动的现象，也可以说，在两相对运动物体的接触面上产生切向阻力(即摩擦力)的现象。如图6-1所示，两物体A，B在法向力P作用下压紧，在切向力F'作用下发生相对运动或有相对运动趋向时，表面间就出现阻止运动的摩擦力f。

当切向力F小于临界静摩擦力f_s时，两物体有运动趋势，却无宏观的相对运动。实际上，此时有与切向成正比的微观滑动(预位移)。图6-2表明，在微观滑动OA区，f_i为不完全静摩擦力。当$f_i = f_s$(即图中A点)时，在很短的时间内f_s值下降至A_1点，也有微观滑动。A_1－B范围内，两物体出现宏观相对运动，$f = f_k$(动摩擦力)。通常，临界静摩擦力f_s是在预位移区域内测得的最大摩擦力。所谓预位移是两物体由静止过渡到滑动前的小的相对位移。

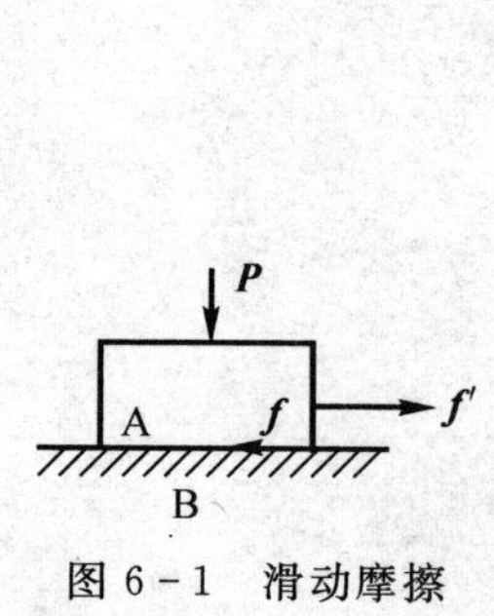

图6-1　滑动摩擦

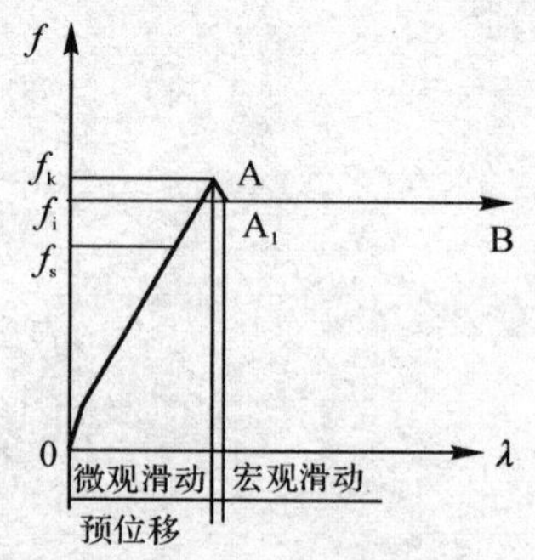

图6-2　摩擦力f与位移λ的关系

2. 磨损的定义

伴随着摩擦必然会出现磨损，磨损是相互接触的物体在相对运动时，表层材料不断发生损失的现象。磨损不仅造成材料和能源的耗费，更重要的是将严重影响机器设备的使用寿命和可靠性。对大多数情况而言，磨损比摩擦显得更为重要。磨损现象必须包含三方面：一是接触表面上的作用并不局限于机械作用，视工况条件有可能存在其他作用，如电化学作用、热作用或放电作用等；二是接触面间要产生相对运动；三是要出现接触物体表面的材料损失和材料性能的变化。简言之，磨损是相对运动过程中，两接触物体表面材料产生形变、性能变化，且物质不断损失的现象。

3. 润滑状态

润滑是改善摩擦副的摩擦状态以降低摩擦阻力，减缓磨损的技术措施。一般通过润滑剂来达到润滑的目的。根据摩擦副之间的润滑状态的不同，摩擦副可以分为以下几种：

(1)干摩擦。干摩擦即两接触表面间无任何润滑介质存在时的摩擦。

(2)边界摩擦。边界摩擦即摩擦表面间存在一层薄膜(0.1～1 μm)时的润滑状态，可使摩擦力减少 2～10 倍。这层薄膜与物体表面和润滑剂有关：一类为吸附膜，由润滑剂中的极性分子吸附在摩擦表面所形成的膜，包括物理吸附膜和化学吸附膜；另一类为化学反应膜，是润滑油中的添加剂与金属表面起化学作用生成能承受较大载荷的表面膜。

(3)流体摩擦。流体摩擦即两接触表面被一层连续不断的流体润滑膜(厚度在 1.5～2 μm 以上)完全隔开时的摩擦。根据润滑膜压力的产生方式不同又可分为两种：一种为流体动压润滑，靠摩擦表面的几何形状和相对运动由黏性流体的动力作用产生压力平衡外载荷；另一种为流体静压润滑，由外部将一定压力的流体送入摩擦表面间，靠流体的静压平衡外载荷。

(4)固体润滑摩擦。固体润滑摩擦即摩擦副对偶表面添加有一层低剪切阻力的固体润滑材料，如固体粉末、固体复膜、自润滑复合材料等。对于这类材料，除了要求具有低剪切阻力外，与基底表面之间还应具备较强的键联力。这也就是说，载荷由基底承受，而相对运动发生在固体润滑剂内。通常可以在高温、高负荷、高真空条件使用。

二、磨损的类型

关于磨损的分类，大致可以概括为两类：一类是根据磨损结果着重对磨损表面外观的描述，可分为点蚀磨损、胶合磨损、擦伤磨损等；另一类则是根据磨损机理分类，可分为黏着磨损、磨料磨损、疲劳磨损及腐蚀磨损。磨损类型在不同的条件下可以发生转化，由一种损伤机制变成另一种损伤机制。例如随着滑动速率的增快，磨损类型由氧化磨损转化为黏着磨损，又从黏着磨损转化为氧化磨损，最终恢复为黏着磨损，磨损量也由小到大直至材料失效。因此，解决实际磨损问题时，要分析参与磨损过程的条件特性，确定磨损类型，这样才能采取有效的措施，减少磨损。

1. 黏着磨损

摩擦表面的不平度凸峰在相互作用的各点处发生“冷焊”后，当相对滑动时，接触表面的材料从一个表面转移到另一个表面，便形成了黏着磨损(Adhesive Wear)，也可以称为咬合磨损或摩擦磨损。这种被转移的材料，有时也会再附着到原来的表面上去，出现逆转移，或脱离所黏附的表面而形成游离颗粒，严重的黏着磨损或造成摩擦副的卡死。黏着磨损多发生在摩擦副相对滑动速率小、接触面氧化膜脆弱、润滑条件差及接触应力大的滑动摩擦条件下，通常的磨损速率为 10～15μm/h，如涡轮-涡杆、凸轮-挺杆、缸套-浴塞环等摩擦副之间。黏着磨损的表面有细的划痕，磨损产物为片状或小颗粒，即有大小不等的结疤。

实际材料表面接触仅发生在少数的微凸体顶尖上，产生很高的应力而发生塑性变形。倘若接触面上的润滑油膜、氧化膜等被挤破，使裸露材料的新鲜表面直接接触，就会发生熔合黏着(冷焊)，或因表面摩擦生热、温度升高使相接触的材料直接焊合。在随后的滑动中，刚形成的黏着点被剪断、拉开，并转移到一方材料表面，然后脱落下来形成磨屑，之后又在其他地方形成新的黏着点，如此黏着—剪断—脱落—再黏着不断地循环。也就是说，黏着磨损的过程就是黏着点不断形成又不断被破坏并脱落的过程。

设在法向力 P 的作用下，摩擦面上有 n 个微凸体接触黏着，每个黏着点均是直径为 d 的球体，磨损只发生在下半球的软材料上，如图 6-3 所示。

因摩擦副接触处为三向压应力状态，故接触压缩屈服强度可近似为单向压缩屈服强度 σ_{sc} 的 3 倍。该接触面的真实面积计为 $\pi d^2/4$，当有 n 个相同的接触点同时塑性接触时，作用在接触点真实面积上的法向力 P 应满足

$$F=n(d^2/4)3\sigma_{sc} \tag{6-1}$$

根据这种模型，只要滑动 d 距离就能产生一定量磨损，故单位滑动距离内出现的接触点数

$$N=n/d=4P/(3\pi\sigma_{sc}d^3)$$

在实际相对滑动中，软材料上被拉拽出半球的几率为 K，则滑动一段距离 L 后，总拉拽出磨损量 w 可表示为

$$w=KNV'L=\frac{4P}{3\pi\sigma_{sc}d^3}\cdot\frac{2}{3}\cdot\left(\frac{d}{2}\right)^3\cdot L=K\frac{PL}{9\sigma_{sc}}=K\frac{PL}{3H_V} \tag{6-2}$$

式中，V' 是下半球软材料上被磨损的半球体积；H_V 为材料的硬度。

式(6-2)表明，黏着磨损量与接触压力 P、滑动距离 L 成正比，与材料硬度值成反比。式中 K 值为黏着磨损系数，反映配对材料黏着力大小，决定于摩擦条件和摩擦副材料。当压力 P 不超过摩擦副材料硬度值的 1/3 时，实验证实该式反映的规律是正确的。此外，黏着磨损量还受到温度、润滑条件等因素的影响。

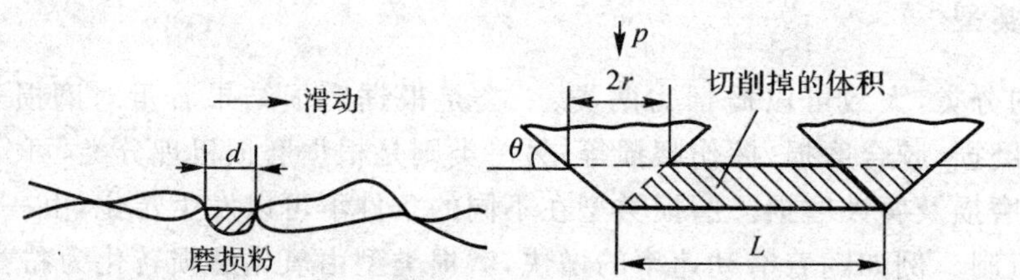

图 6-3　黏着磨损表面黏着点　图 6-4　切削作用的磨粒磨损模型

2. 磨粒磨损

磨粒磨损又称为磨料磨损或研磨磨损，是摩擦副的一方表面存在坚硬的细微凸起或在接触面存在硬质粒子(从外界进入或从表面剥落)时产生的磨损。前者称两体磨粒磨损，如锉削过程；后者称三体磨粒磨损，如抛光过程。依据磨粒受的应力大小，磨粒磨损可分为凿削式、高应力碾碎式、低应力擦伤式三类。磨粒磨损的主要特征是摩擦面上有擦伤或因明显犁皱形成的沟槽，通常的磨损速率为 10～15 μm/h，如矿山机械、农业机械(包括农用犁铧、斗齿等)、球磨机用磨球与衬板之间的磨损。

图 6-4 所示为切削作用的磨粒磨损模型。

设在法向力 P 的作用下，摩擦面上的磨粒为圆锥型。对于切削作用的磨粒磨损，被切削下

来的软材料体积即为磨损量 w,可表示为

$$w=\frac{1}{2}\cdot 2r\cdot r\cdot \tan\theta\cdot L=r^2L\tan\theta \tag{6-3}$$

其中,接触压力(P)与材料的硬度关系为

$$P=(3\sigma_{sc})\pi r^2=H_V\pi r^2 \tag{6-4}$$

将式(6-4)中的 r^2 代入式(6-3),可得

$$w=\frac{FL\tan\theta}{3\pi\sigma_{sc}}\approx K'\frac{FL\tan\theta}{H} \tag{6-5}$$

其中,K' 为系数。可见磨粒磨损量 w 与接触压力 P,滑动距离 L 成正比,与材料的硬度 H_V 成反比,与硬材料凸出部分或磨粒形状 θ 有关。实际上,影响磨粒磨损的因素十分复杂。这是因为磨粒不总是圆锥型的,其棱面相对摩擦表面的取向也各不相同,磨粒的切削表面只有部分能成磨屑,大部分磨粒嵌入较软材料中使之塑性变形,造成擦伤或沟槽,形成沟槽时并没有直接去除摩擦副表面的材料,堆积在沟槽两侧的材料在随后的滑动过程只有部分形成磨屑等。影响磨粒磨损的因素还有基体材料力学性能(硬度与韧性)、基体显微组织、磨粒硬度等。钢铁材料各种基体组织的耐磨粒磨损特性和常见金属材料的磨粒磨损相对耐磨性分别如图6-5和图6-6所示。

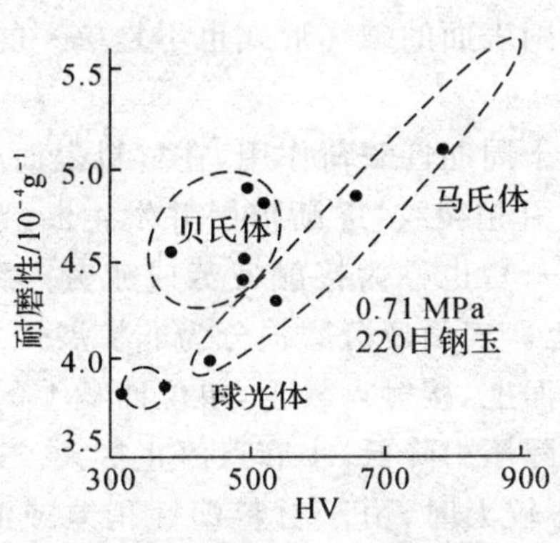

图6-5　钢铁材料各种基体组织的耐磨粒磨损特性

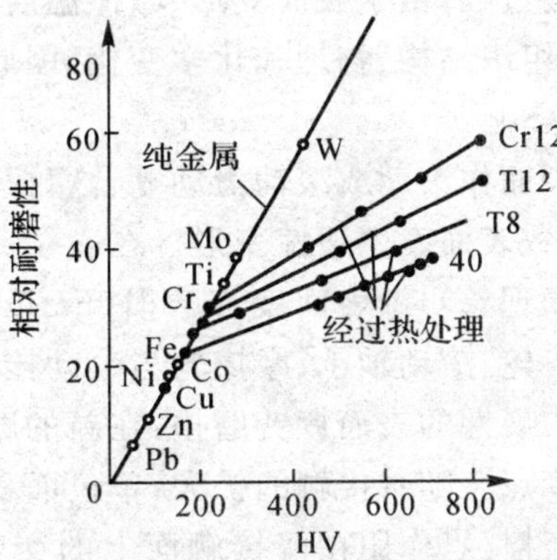

图6-6　常见金属材料的磨粒磨损特性

3. 磨蚀磨损

摩擦副对偶表面在相对滑动过程中,表面材料与周围介质发生化学或电化学反应,并伴随机械作用而引起的材料损失现象,称为磨蚀磨损。磨蚀磨损通常是一种轻微磨损,但在一定条件下也可能转变为严重磨损。常见的磨蚀磨损有氧化磨损和特殊介质腐蚀磨损,在水力发电机的翼轮、船舶的推进器、水管弯曲处最为常见。

(1)氧化磨损。除金、铂等少数金属外,大多数金属表面都被氧化膜覆盖着。纯净金属瞬间即与空气中的氧起反应而生成单分子层的氧化膜,且膜的厚度逐渐增长,增长的速率随时间以指数规律减小。在形成的氧化膜被磨掉以后,又很快形成新的氧化膜,可见氧化磨损是由氧化和机械磨损两个作用相继进行的过程。同时应指出的是,一般情况下氧化膜能使金属表面免于黏着,氧化磨损一般要比黏着磨损缓慢,因而可以说氧化磨损能起到保护摩擦副的作用。

(2)特殊介质腐蚀磨损。在摩擦副与酸、碱、盐等特殊介质发生化学腐蚀的情况下而产生

的磨损，称为特殊介质腐蚀磨损。其磨损机理与氧化磨损相似，但磨损率较大，磨损痕迹较深。金属表面也可能与某些特殊介质起作用而生成耐磨性较好的保护膜。

(3)微动磨损。在相互压紧的金属表面间由于小振幅振动而产生的一种复合型式的磨损称为微动磨损。在有振动的机械中，螺纹联接、花键联接和过盈配合联接等都容易发生微动磨损。一般认为，微动磨损的机理是：摩擦表面间的法向压力使表面上的微凸体黏着。黏合点被小振幅振动剪断成为磨屑，磨屑接着被氧化。被氧化的磨屑在磨损过程中起着磨粒的作用，使摩擦表面形成麻点或虫纹形伤疤。这些麻点或伤疤是应力集中的根源，因而也是零件受动载失效的根源。根据被氧化磨屑的颜色，往往可以断定是否发生微动磨损。如被氧化的铁屑呈红色，被氧化的铝屑呈黑色，则振动时就会引起磨损。有氧化腐蚀现象的微动磨损也称微动磨蚀。在交变应力下的微动磨损称为微动疲劳磨损。

微动磨损的特点：在一定范围内磨损率随载荷增加而增加，超过某极大值后又逐渐下降；温度升高则磨损加速；抗黏着磨损好的材料抗微动磨损也好；金属氧化物的硬度与金属硬度之比较大时，容易剥落成为磨粒，增加磨损；若氧化物能牢固地黏附在金属表面，则可减轻磨损；一般湿度增大则磨损下降。在界面间加入非腐蚀性润滑剂或对钢进行表面处理，可减小微动磨损。螺纹联接加装聚四氟乙烯垫圈也可减小微动磨损。微动磨损和其他类磨损一样，是一个极其复杂的过程，由于表面变形、摩擦温度、接触压力和环境介质等因素的影响，表面层将发生机械性质、组织结构、物理和化学变化，因此接触副表面的破坏形式也不是单一的。

4. *疲劳磨损*

两接触表面作滚动或滚动滑动复合摩擦时，由于周期性载荷作用，在材料表面产生很大的交变应力，导致表面发生塑性变形。在表层薄弱处引起裂纹，逐渐扩展并发生断裂，而造成的点蚀或剥落的现象叫做表面疲劳磨损(Fatigue Wear)，也称为接触疲劳或疲劳点蚀。这种磨损常产生在齿轮、滚动轴承、摩擦轮与滚动接触面上。表面疲劳磨损分为非扩展性及扩展性两类。一是非扩展性的表面疲劳磨损：在新的摩擦表面上，接触点较少，单位面积上的压力较大，容易产生小麻点。随着接触的扩大，单位面积的实际压力降低，小麻点停止扩大。二是扩展性的表面疲劳磨损：当作用在两接触面上的交变应力较大时，由于材料塑性稍差或润滑选择不当，在跑合阶段就产生小麻点。有的在短时间内，有的在稍长的时间内，小麻点就发展成痘斑凹坑，使机件失效。

表面疲劳磨损是在摩擦接触面上不仅承受交变压应力，使材料发生疲劳，同时还存在摩擦和磨损，而且表面还存在塑性变形和温度升高现象，因此，情况比一般疲劳更为严重。表面疲劳磨损中的裂纹产生机理主要有以下几种。

(1)裂纹从表面产生。在滚动接触过程中，由于外界载荷的作用，表面层的压应力引起表层塑性变形，导致表层硬化，开始出现表面裂纹。当润滑油楔入裂纹中时，滚动体在运动时又将裂纹的口封住。裂纹中的润滑剂被堵在缝中，形成巨大的压力，迫使裂纹向前扩展。经过多次交变后，裂纹将扩展到一定的深度，形成悬臂状态，在最弱的根部发生断裂，出现痘斑状的凹坑，称为点蚀。这种现象在润滑油黏度低时容易发生。

(2)裂纹从接触表层下产生。由于接触应力的作用，离表面一定深度的最大剪切应力处，塑性变形最剧烈。在载荷作用下反复变形，使材料局部弱化，在最大剪应力处首先出现裂纹，并沿着最大剪应力的方向扩展到表面，从而形成疲劳磨损。如在表层下最大剪应力区附近，材料有夹杂物或缺陷，造成应力集中，极易早期产生疲劳裂纹。

(3)脱层理论(分层理论)。接触的两表面相对滑动,硬表面的峰顶划过软表面时,软表面上每一点都经受一次循环载荷。在载荷的反复作用下,产生塑性变形。塑性变形沿着材料的应力场扩展到距表面较深的地方,而不是表面上。因此,在表面以下,金属出现大量位错,并在表层以下一定距离内将出现位错的堆积。如遇金属中的夹杂或第二相质点,位错遇阻,导致空位的形成和聚集,此处更易发生塑性流动。这些地方往往是裂纹的成核区域。表层发生位错聚集的位置取决于金属的表面能和作用在位错上正应力的大小。一般来说,面心立方金属的位置比体心立方金属的深。根据表面下的应力分布状况,裂纹都是平行于表面的。每当裂纹受一次循环载荷,就在同样深度处向前扩展一个短距离。扩展到一定的临界长度时,裂纹与表面之间的材料由于剪切应变而以薄片形式剥落下来。裂纹产生的深度由材料的性质及摩擦因数所决定。此外,勃士(Berthe)等还提出微观点蚀概念,认为实际表面是粗糙的,真实接触在粗糙表面的每个峰顶上的接触应力引起的点蚀称为微观点蚀。这种点蚀大约是宏观点蚀的1/10左右,而这种微观点蚀往往都是宏观点蚀的起因。

含有夹杂物的钢材在交变应力作用下很容易发生疲劳磨损。对于不同类型的摩擦副,均有各自的最佳硬度值。如滚动轴承用的钢材,硬度以HRC62为最佳(实验结果)。高于或低于此值,轴承寿命都将随之降低。对于齿轮材料,一般来说,小齿轮的硬度应该略高于大齿轮的,这样有利于磨合,使接触应力分布均匀。同时,表面硬化层可以提高耐疲劳磨损的能力,但硬化层不能过薄。如果在芯部材料与表面硬化层过渡区,恰逢位错聚集区,则容易造成表层剥落。作为滚动或滚滑摩擦件而言,表面光洁度应当尽量高些。特别是硬度较高的零件,光洁度更应提高,但过高的光洁度对提高疲劳磨损寿命的影响并不显著。此外,润滑油的黏度也会影响材料的抗疲劳磨损性能。润滑油黏度越高,接触部分的压力越接近平均分布,则抗疲劳磨损能力越好。

第二节　耐磨材料

一、耐磨铸铁

耐磨铸铁分为减磨铸铁和抗磨铸铁两类。前者通常是在有润滑剂、受黏着磨损条件下工作的,如机床导轨和拖板,发动机的缸套和活塞,各种滑块等。后者通常是在无润滑剂、受磨料磨损条件下工作的,如轧辊、犁铧球磨机磨球等。

1. 减磨铸铁

减磨铸铁的组织通常是软基体上分布有坚硬的相。软基体在磨损后形成的沟槽可保持油膜,有利于润滑,而坚硬相可承受摩擦。

细片状珠光体为基体的灰铸铁基本上能满足减磨的要求。其中铁素体基体为软基体,渗碳体为坚硬相,同时石墨还有储油和润滑的作用。为了进一步提高珠光体灰铸铁的减磨性,可加入适量的Cu,Cr,Mo,P,V,Ti等合金元素。

常用的合金减磨铸铁有高磷铸铁,它含有0.4%～0.7%的磷。磷在基体中能形成各种Fe_3P共晶的坚硬骨架,使铸铁的减磨性提高。另一种减磨铸铁是磷铜钛铸铁,在这种铸铁中,磷的作用同高磷铸铁;铜能促进第一阶段石墨化并能细化珠光体;钛能促进石墨细化,并可形成高硬度的TiC。含高磷的铬钼铜铸铁也是一种有价值的减磨铸铁。

2. 抗磨铸铁

抗磨铸铁的组织应具有均匀的高硬度。普通白口铸铁就是一种抗磨性高的铸铁,但其脆性大,因此常加入适量的Cu,Cr,Mo,W,Ni,Mn等合金元素,增加其韧性,并具有更高的硬度和耐磨性。其中镍硬铸铁和铬白口铁应用最为广泛。

(1)镍硬铸铁。镍硬铸铁是1928年由国际镍公司研制、开发的一种合金白口铸铁。镍硬铸铁含有Ni,Cr合金元素,其显微组织由奥氏体基体和呈网状分布的M_3C型共晶碳化物组成。镍硬铸铁的硬度可达HRC62,它的抗磨性能远优于硬度相同或略高的耐磨钢及非合金白口铸铁,而且无需热处理,只需经过200~320℃较长时间回火即可使用。然而,由于碳化物呈网状分布,韧性较低,只适用于制造承受较小冲击载荷的工件,常用于辊、衬板、输送管道、泵件等。

美国材料试验学会(ASTM)把镍硬铸铁分为A,B,C,D四种类型,其化学成分和力学性能分别见表6-1和表6-2。

表6-1 镍硬铸铁的化学成分 单位:%

类型	代号	C	Mn	Si	Ni	Cr	Mo	P	S
A	Ni-Cr-HC	3.0~3.6	1.3	0.8	3.3~5.0	1.4~4.0	1.0	0.30	0.15
B	Ni-Cr-LC	2.5~3.0	1.3	0.8	3.3~5.0	1.4~4.0	1.0	0.30	0.15
C	Ni-Cr-GB	2.9~3.7	1.3	0.8	2.7~4.0	1.1~1.5	1.0	0.30	0.15
D	Ni-Hi-Cr	2.5~3.6	1.3	1.0~2.2	5.0~7.0	7.0~11.0	1.0	0.10	0.15

注:表中无成分范围的元素含量均为最大值。

表6-2 镍硬铸铁的力学性能

类型	铸造方法	硬度(HRC)	抗弯强度 N/mm²	挠度 mm	抗拉强度 N/mm²	弹性模数 kN/mm²	冲击功 J
A	砂型铸造	53	585~730	2.0~2.8	276~345	165~179	27.1~40.7
	金属型铸造	56	658~994	2.0~3.0	345~414	165~179	33.9~54.2
B	砂型铸造	53	658~804	2.5~3.0	310~379	165~179	33.9~47.5
	金属型铸造	56	804~1023	2.5~3.0	413~517	165~179	47.5~74.6
C	砂型铸造	53	—	—	—	—	—
	金属型铸造	56	—	—	—	—	—
D	砂型铸造	53	730~877	2.0~2.8	517~586	165~179	47.5~61.0
	金属型铸造	53	804~1023	2.5~3.8	552~758	165~179	47.5~61.0

注:抗弯强度及挠度试验均用Φ30.5 mm(1.2 in)试棒,支点距离305 mm(12 in)。冲击功测定采用Φ30.5 mm(1.2 in)无缺口试样,在夹持点以上75 mm处冲击试样(艾氏AB冲击试验)。

(2)铬白口铁。铬可促进碳化物形成和固熔入奥氏体,因而铬能有效地改变白口铸铁的组织和性能,显著提高抗磨能力。已开发出适用不同服役条件的铬白口铁有低铬白口铁和高铬白口铁。

1)低铬白口铁。低铬白口铁一般指含有渗碳体型(M_3C)碳化物的铬白口铁。低铬铸铁的耐磨性优于碳钢和一些低合金钢。目前应用成熟的低铬白口铸铁的成分范围为2.4%~

3.2%C,0.6%～1.5%Si,0.4%～2.5%Mn,2.0%～5.0%Cr。根据需要,可加入 Mo,Ni,Cu 等合金元素,以增加渗透性,提高耐磨性能。

2)高铬白口铁。高铬白口铁的铬含量大于 11%,其基体组织为奥氏体、马氏体等,在基体上分布着 M_7C 碳化物。M_7C_3 硬度高(HV1300～1800),由于 M_7C_3 型碳化物呈短棒状弥散分布,与低铬白口铁呈网状分布的 M_3C 型碳化物相比,大大增强了基体的连续性,因而材料的韧性显著提高,已成为抗磨白口铁的主导产品。

高铬铸铁由于含有较多的铬等元素,硬度高、耐磨性高、耐热性好。根据使用目的不同,含 20%～28%Cr 的高铬铸铁用于耐磨、耐蚀工件;含 30%～35%Cr 的高铬铸铁用于耐热、耐蚀工件。高铬铸铁的耐磨性比高锰钢和低合金钢的耐磨性提高几倍至几十倍,比镍硬铸铁和低铬铸铁也有成倍提高,广泛用于衬板、轧辊、磨球等耐磨、耐热和耐蚀件。

一种 28 Cr 高铬铸铁的化学成分及力学性能见表 6-3。

表 6-3　28Cr 高铬铸铁的化学成分及力学性能

化学成分/(%)				力学性能				
C	Si	Mn	Cr	硬度 HRC	抗弯强度 MPa	挠度 mm	冲击韧性* J	断裂韧性 K_{IC} MPa·$m^{1/2}$
2.82	0.71	0.26	28.1	54.3	926	3.04	10.3	34.1
2.52	0.65	0.34	28.5	51.5	1083	3.20	12.5	38.7
3.28	0.84	0.31	28.1	64.8	908	2.23	6.1	26.8
2.82	0.66	3.21	28.6	51	864	2.84	12.5	—
2.80	0.66	0.97	29.9	50.1	1046	3.47	11.7	—

注:* 试样尺寸 20 mm×20 mm×110 mm,无缺口,跨距 70 mm。

二、耐磨钢

耐磨钢是耐磨性优良的钢铁材料的总称,是当今耐磨材料中用量较大的一种。耐磨钢种类繁多,大体上可分为高锰钢,中、低合金耐磨钢,铬钼硅锰钢,耐气蚀钢,耐磨蚀钢以及特殊耐磨钢等。一些通用的合金钢如不锈钢、轴承钢、合金工具钢、合金结构钢及碳素钢等也都在特定的条件下可作为耐磨钢使用,因它们来源方便,性能优良,故在耐磨钢的使用中占有一定的比例。如 GCr9,GCr15,GCr18Mo 等轴承钢,W18Cr4V 等高速钢等都有高的耐磨性。

1. 碳钢

碳钢不是理想的耐磨材料。但是通过渗碳、氮化、碳氮共渗、渗硼、喷涂等表面处理技术,可以改善其抗磨性能。由于碳钢价格低廉,韧性良好,大量应用于要求不高的耐磨零件,如小齿轮、摩擦片等。

2. 低合金耐磨钢

低合金耐磨钢一般可分为锰系合金钢和铬系合金钢,同时添加硅、钼、钒、钨等合金元素。

低合金耐磨钢的耐磨机制主要是:①形成固熔体的合金元素,通过强化基体而提高耐磨性;②形成碳化物元素,通过不同类型、形态、大小和体积分数的碳化物的形成来提高材料的耐磨性。

典型的低合金耐磨钢有:履带钢 40MnSi;犁铧钢 65Mn,65SiMnRC;轻轨钢 36CuPCr,55PV;矿山链条钢 35SiMnV;钢丝绳钢 75MnNb,95MnNb;抽油杆钢 40Mn2Nb 等。其中,抽油杆钢 40Mn2Nb 的化学成分和力学性能见表 6-4 和表 6-5。

表 6-4　抽油杆钢 40Mn2Nb 的化学成分　　单位:%

C	Si	Mn	P	S	Nb
0.36~0.44	0.17~0.37	1.45~1.80	≤0.03	≤0.03	0.02~0.05

表 6-5　抽油杆钢 40Mn2Nb 的力学性能

	σ_b/MPa	σ_s/MPa	δ_5/(%)	ψ/(%)	E/(J·cm^{-2})	HB	σ_{-1}/MPa	σ_{-1N}/MPa
40Mn2Nb	≥850	≥760	≥18	≥60	≥90	265~315	450.8	274.4
API-11B 规范要求	≥830	≥690	≥13	≥53	≥97	240~280	470.4	284.2

3. 高锰钢

高锰钢是一种优良的耐磨钢,由英国的 Hadfield 于 1882 年发明。高锰钢使用状态的组织为奥氏体,它具有良好的韧性和加工硬化能力。在较大的冲击载荷或接触应力作用下,其表层迅速产生加工硬化,并有高密度位错和形变孪晶形成,从而产生高耐磨的表面层(硬度可从原始的 HV250 左右提高到 HV700 以上),而内层仍保持良好的韧性。因此,高锰钢广泛应用于高载荷下的耐磨件,如坦克、拖拉机履带,破碎机,挖掘机,道叉等。用高锰钢制造的耐磨钻杆,利用奥氏体在摩擦形变诱发下转变成马氏体的机理,使得钻杆具有很强的加工硬化能力,耐磨性得以大大提高。

常用高锰钢碳含量为 0.9%~1.3%,锰含量为 11%~14%,典型钢种为 ZGMn13。

我国高锰钢的化学成分和力学性能分别见表 6-6 和表 6-7。

表 6-6　我国高锰钢铸件的化学成分　　单位:%

牌　号	C	Mn	Si	Cr	Mo	S	P
ZGMn13-1	1.00~1.45	11.00~4.00	0.30~1.00	—	—	≤0.040	≤0.090
ZGMn13-2	0.90~1.35	11.00~4.00	0.30~1.00	—	—	≤0.040	≤0.070
ZGMn13-3	0.95~1.35	11.00~4.00	0.30~0.80	—	—	≤0.035	≤0.070
ZGMn13-4	0.90~1.30	11.00~4.00	0.30~0.80	1.5~2.5	—	≤0.040	≤0.070
ZGMn13-5	0.75~1.30	11.00~4.00	0.30~1.00	—	0.9~1.2	≤0.040	≤0.070

注:ZGMn13 系铸造高锰钢,"一"后阿拉伯数字表示品种代号。

表 6－7　我国高锰钢铸件的力学性能

牌　号	σ_s/MPa	σ_b/MPa	δ_5/(%)	α_{kU}/(J·cm^{-2})	HB
ZGMn13－1	—	≥635	≥20	—	—
ZGMn13－2	—	≥685	≥25	≥147	≤300
ZGMn13－3	—	≥735	≥30	≥147	≤300
ZGMn13－4	≥390	≥735	≥20	—	≤300
ZGMn13－5	—	—	—	—	—

三、硬质合金

硬质合金是由过渡族金属的难熔碳化物，如碳化钨、碳化钛、碳化钽、碳化铌和碳化钒等，以铁族金属钴或镍等作黏结金属所组成的，用粉末冶金方法制造的合金材料。硬质合金的特点是硬度高、耐磨性好，在较高温度下，仍能保持较高的硬度。

作为超硬材料，硬质合金不仅用于制造刀具、量具，而且已经用于耐磨零件的生产，如应用于矿山采掘、油井钻进、地质勘探等，成为重要的耐磨材料。

硬质合金按其成分和性能，主要分为钨钴（WC－Co）合金、钨钛钴（WC－TiC－Co）合金、钨钛钽（铌）钴（WC－TiC－(Ta，Nb)C－Co）合金、碳化钛基合金和铸造碳化钨合金等，典型牌号如 YG3，YG3X，YT30 等。

四、工程陶瓷

耐磨工程陶瓷具有优异的耐磨损、耐腐蚀性能。通过合理的结构设计和复合工艺与金属部件基体结合，将陶瓷作为工作的表面，在降低整体成本的前提下可以大幅提高设备的使用寿命。

陶瓷金属结合强度达到 300 kg/cm^2，使用温度可达 500℃。使用耐磨陶瓷制造的设备，使用寿命可提高 5 倍以上，性能价格比可提高 3 倍以上。

1. 耐磨陶瓷主要性能特点

(1)硬度高，一般硬度大于 HRC80 以上，最高可达到 HRC92 以上；

(2)耐磨性能好，至少是普通碳钢的 200 倍以上，锰钢的 100 倍以上，高铬铸铁的 10 倍以上；

(3)质量轻，氧化铝密度一般只有 3.6 g/cm^3 左右，碳化硅为 2.7 g/cm^3 左右，氧化锆为 6 g/cm^3 左右；

(4)耐热性能好。

2. 耐磨陶瓷的用途

耐磨陶瓷主要用于输送各种高硬度、高磨耗性颗粒物质的设备上，包括电力、热力、钢铁、煤炭、水泥、矿山、冶炼、石油、建材化工、风机、造纸、机械、粉体工程、粮食机械、烟草等行业的各种输煤、输料系统，制粉系统，排灰、除尘系统等机械设备上。根据与金属基体结合方式的不同，既可用于静止部件的内表面，如管道、弯头、分离器、溜槽、阀门和各种壳体等，也可以用于高速转动设备上，如各种风机转子、叶轮、滚筒等。并可根据需要定制加工各种异型件、高精度耐磨件以及陶瓷金属复合件。在本书第九章中，详细介绍了工程陶瓷在石油工业中的应用。

每一种工程陶瓷材料都有其自身的优点和缺点，因此必须针对陶瓷使用的工况进行充分的分析和研究。使用条件不满足，陶瓷将无法达到预期的使用效果。一般情况下，影响陶瓷使用性能的主要因素如下：

(1)使用温度范围及变化；

(2)腐蚀介质；

(3)受力情况；

(4)硬颗粒碰撞入射角；

(5)粒子冲蚀强度。

五、金刚石

1.特点

金刚石的化学成分为C，其晶体属等轴晶系同极键四面体型构造，碳原子位于四面体的角顶及中心，具有高度的对称性，C原子的配位数为4，C-C之间形成共价键。在金刚石晶体中，质点不作紧密堆积，加上C原子质量较轻，所以金刚石的密度较小。由于C-C之间形成很强的共价键，所以金刚石具有非常高的硬度和熔点，其硬度是自然界所有物质中最高的，同时具有很好的导热性能。金刚石的硬度是刚玉的4倍，石英的8倍。因此，金刚石常被用做硬切割材料和磨料以及钻井用钻头。

天然金刚石是已知所有材料中最硬的的材料，金刚石与其他几种非金属硬质材料的性能特征比较分别见表6-8、表6-9和表6-10。

表6-8　金刚石与几种硬质材料的硬度

材料	莫氏硬度	努普硬度/GPa	显微硬度/GPa
金刚石	10	60～102	80～120
立方氮化硼($CBNB_4$)	9.8	44.1	75～90
碳化硼(B_4C)		26.9	37～43
碳化硅(SiC)		24.3	
碳化钨(WC)	9.5	21.5	
刚玉($\alpha-Al_2O_3$)	9	16～20	20.6
石英(SiO_2)	7	8.2	11.2

表6-9　金刚石与几种硬质材料的强度

材料	弹性模量/10^{11} Pa	抗压强度/GPa	抗拉强度/GPa
金刚石	10.54	8.69～16.53	3～4
碳化钨(WC)	2～6	3.7	
碳化硅(SiC)	3.9	5	
刚玉($\alpha-Al_2O_3$)	3.5	2.9	

表 6-10　金刚石与几种硬质材料的相对磨耗量

材料	金刚石	碳化钨	刚玉	尖晶石
相对磨耗量	1	3.4	4～150	2 000

2. 人造金刚石

当用摩氏硬度来表示相对硬度时，金刚石的硬度为 10，而石墨的硬度为 1。尽管石墨与金刚石硬度差别如此之大，但人们还是希望能用人工合成方法来获取金刚石，因为自然界石墨（碳）藏量很丰富。要使石墨变成金刚石，通常需要高压、高温条件，即在 5～6 万大气压（(5～6)×10^3 MPa）及 1 000～2 000℃高温下，再用金属铁、钴、镍等做催化剂，可使石墨转变成金刚石。

聚晶金刚石钻头（PDC 钻头：Polycrystalline Diamond Compact Bit）的切削齿就是利用上述原理，在 WC 硬质合金基体（含有 15%左右的 Co）上与随机生长的聚晶金刚石通过烧结而成的复合片。随着钻头设计、复合片加工工艺水平的显著提高，在成本、尺寸和力学性能（硬度、韧性）等方面，PDC 钻头逐渐显现出巨大优势。PDC 钻头已经适应各种地层钻井的要求，并将逐步取代牙轮钻头，成为油用钻头市场的主角。

第七章　海洋工程材料

第一节　概　　述

海洋占地球面积约 7/10，海洋开发领域比较广泛，除了舰船，还包括海上石油、海上采矿、海洋生物、潮汐发电和海上建筑等。海洋开发已形成一门新兴综合性科学。由于世界能源危机，海上石油开发得到了优先发展。据报道，目前海洋石油产量占全世界石油产量的 30%，海洋油气储量占全球储量的 30%～40%。同时，在海洋石油中，深水油田的产量正在增加。未来 10 年深海石油产量将增长 300% 以上，到 2015 年，深水油田产量将占海上石油总产量的 25%。

海上采油始于 19 世纪 90 年代，1947 年建起第一艘钢制采油平台，20 世纪 60 年代开始大规模开发。世界上海上石油占总采油量的比重也是逐年增加，如 1975 年为 15%，1980 年为 22%，1990 年为 30%，21 世纪达到 50%。随着海上石油的生产比重逐年增加，世界上建造的海洋平台数量也逐年增加。我国近期计划建造海洋平台近 80 座，海洋平台需用高等级系列钢材约 160 万吨左右。海洋平台建造需要大量钢材（见表 7－1），因此海洋工程材料具有广阔的发展前景。

表 7－1　中国渤海平台用钢量

序号	平台名称	结构型式	结构用钢材				平台三材用量及投资				平台变迁情况
			甲板/t	导管架/t	桩/t	合计/t	钢材/t	木材/m^3	水泥/t	投资/万元	
1	1 号钻采平台	钢质桩基	213	103	133	449	642	52	132	47.4	1977 年定产作为观察实验平台
2	2 号钻采平台	钢质桩基	184	100	152	436	513	94	36	115.6	1969 年被海水推倒
3	新 2 号钻井平台	钢质桩基	284	414	372	1066	1206	85	195	385.7	1976 年改为采油生活生产平台
4	3 号钻井平台	钢质桩基	193	388	260	814	958	92	118	143.3	1975 年迁海 17
5	4 号钻井平台	钢质桩基	159	141	159	459	538	98	5	76.3	1975 年改为采油平台

续 表

序号	平台名称		结构型式	结构用钢材				平台三材用量及投资				平台变迁情况
				甲板 t	导管架 t	桩 t	合计 t	钢材 t	木材 m^3	水泥 t	投资 万元	
6	4号采油平台	生活	钢质桩基	372	555	575	2 005	2 440	36	42	250	烽火台1977年被海水推倒
		生产		118	184	79						
7	5号钻井平台		钢质浮沉式	347	481	481	877	998	134	42	61.2	1976年12月起浮时落入海中
8	6号钻井平台		钢质桩基	680	643	370	1 693	1 928	42	8	396	1975年甲板迁至8钻井平台
9	6号采油平台	储罐	钢质桩基	390	643	370	2 127	2 615	31	222		
		生产		264	264	175						
10	7号钻井平台		钢质桩基	710	452	274	1 405	1 612	57	4	365	1979年甲板迁至10号钻井平台
11	7号采油平台	储罐	钢质桩基	333	460	290	2 238	2 668	20	5	243	生产平台由新2号平台改建
		生产		292	624	240						
12	8号钻井平台		钢质桩基	680	751	519	1 950	2 211	42	247		甲板由6号钻井平台迁来
13	9号采油平台	生产	钢质桩基	218	325	207	1 536	1 822	13	4	294.9	渤海2号单井采油已停产
		储罐		103	321	237						
14	10号钻井平台		钢质桩基	710	751	473	1 934	2 193	57	4		甲板由7号钻井平台迁来
15	8号采油平台		钢质桩基					571	10	11		
16	12号钻井平台		钢质桩基					5 230	54	130		
17	煌北油田钻采平台		钢质桩基	1 650	1 150	1 100	4 800	4 800				根据煌北油田开发日方资料
18	煌北储油平台		钢质桩基	1 300	1 050	900	3 250	3 250				1983年投产
19	煌北油田公用生活平台		钢质桩基	300	340	580	1 220	1 220				
	总　计							9 270				

第二节 海洋平台

海洋工程结构主要分为海洋平台、管线、油井管和舰船等类型。与石油工程相关的管线、油井管在第一章和第二章已有论述，本节主要讨论海洋平台，海洋平台也称为海上人工岛。

海洋平台分为两大类：固定式平台和移动式平台。平台类型的选择主要根据施工生产的需要，技术要先进，经济要合理。由于海区水深、风、浪、油质条件等都不一样，平台的设计也都不一样，所以每个平台的设计从来都是单一专门设计的。每座平台都具有各自的特点，因此不能定型为一个统一的结构型式。

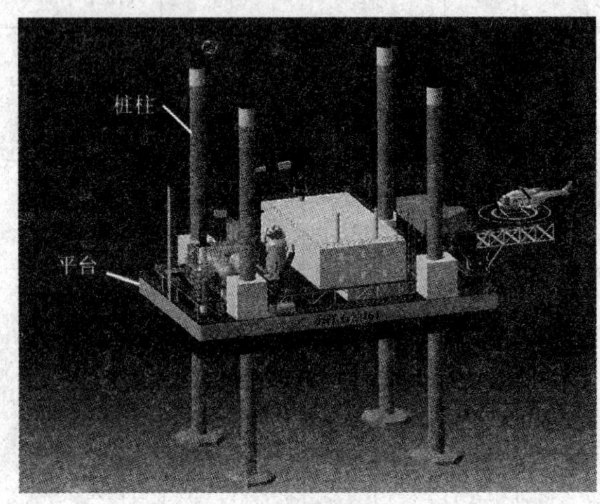

图 7-1 固定式平台

图 7-2 移动式平台

一、固定式平台

固定式平台多为生产平台，用于石油开发阶段。这种平台一经建立就不能再搬迁了，是目前建造较多的一种型式。固定式平台一般为导管架式全焊钢结构。整个平台可分为 4 个组成部分：导管架、上甲板、上层建筑模块和桩基。管形断面结构设计具有比其他断面形式更好的强度，可以减少风浪作用，有良好的流体动力性，又可节省材料。导管架结构是由管子组成的空间结构，管子的连接处即所谓管节点，是结构生命之所在，设计工作者对平台节点设计都极为重视。节点结构型式主要有 T 型、Y 型、K 型、扩散型、箱型等。由于节点是几个圆管交接在一起的空间结构，应力状态非常复杂。

二、移动式平台

移动式平台多为石油勘探平台，根据生产需要可移动到指定位置。移动式平台可分为 3 种类型：自升式、半潜式和浮船式。

1. 自升式平台

自升式平台具有驳船式船体平台和桩腿所组成的空间结构。自升式钻井平台使用过程包括拖航状态、定位状态和升降状态。结构强度设计时，必须对三种使用工况条件都要进行强度计算。桩腿结构有封闭式和桁架式，由于有自升式平台桩腿的高度限制，其工作水深一般在15～100m之间。自升式平台的主要特点是具有可以升降的桩腿，在不同水深下工作，可以转移，具有较大的灵活性。拖航到井位后，通过升降结构，把桩腿打入海底，再把平台举升到波浪打不到的高度。钻井完毕，把平台降到水面，拔起桩腿，拖航到新的井位。

2. 半潜式平台

半潜式平台由甲板、立柱和浮体三部分所组成，适合于在较深的海域工作，不受水深限制，有灵活的移动性。半潜式平台可拖航，也可自航，一般靠锚来定位。

3. 浮式钻探船

浮式钻探船或称钻井船，和普通船舶大体相似。与普通船舶不同之处在于，该船的中心处有一个贯穿整个船体的开口，以便进行钻井。作业船上设有井架以及其他钻探用设备，船的定位方法是靠动力定位或抛锚定位，在有些情况下两种方式同时使用。该类钻探船的优点是机动性高，建造和维修较为方便。

第三节　服役条件及性能要求

海洋石油平台长期工作在海上，设计使用寿命一般按25年设计，工况条件主要考虑气候条件和海洋条件。气候条件包括极端风速(50年一遇值)、极端风压(50年一遇值)、最高温度、最低温度、湿度等。海洋条件包括海水表面温度、极端波浪特性值、最大潮差、最大潮流、海流等。除上述因素之外，还需考虑地震、海区工程地质条件、腐蚀、海生物附着以及海底冲刷等情况。

一、材料强度

根据GB 712－200《船舶及海洋工程用结构钢》标准，平台结构钢分为一般强度船舶及海洋工程用结构钢、高强度船舶及海洋工程用结构钢和超高强度船舶及海洋工程用结构钢三类，按海洋工程设计要求，分别选用不同强度等级的钢种。

1. 一类构件

该构件如果被破坏之后将引起整个结构的破坏，例如导管架就属此类构件。此类构件钢材用量占整个结构钢材用量的10％～15％，钢材性能要求比较高，一般要用Z向钢，钢材抗层状撕裂性能要高。国内外一般选用屈服强度为360 MPa以上级钢材。

2. 二类构件

其构件破坏后不会很快引起整个结构的破坏，经过修复之后还可使用。平台上大部分构件属于此类构件，钢材用量约占80％左右。国内外一般选用屈服强度为240 MPa的D,E级钢材。

3. 三类构件

此类构件不承受主要载荷，如楼梯栏杆、隔板等部位属此类构件，对钢材要求不高，钢材用量约占10％左右。

二、材料韧性

脆性破坏和疲劳破坏是海洋工程结构破坏的主要形式。海洋工程结构处于恶劣的使用环境之中，像英国北海油田的气候条件就相当恶劣，最低温度在－30℃以下，风速达 50 m/s 以上，波高 30 m 以上。我国的渤海地区也处于低温、海冰、风暴、波浪、海流、地震等恶劣条件下。在这样的工况条件下，对钢材的低温韧性就有一定要求，尤其在严寒地区，材料的低温韧性要求更显得重要。平台用钢板厚达 170 mm 左右，属全焊结构，节点结构复杂，所以钢材、焊接接头及热影响区都要求有较好的韧性储备。目前，各国海洋工程用钢材韧性指标采用 V 型夏比冲击功。美国验船局(ABS)规范中规定的钢材韧性指标见表 7.2。目前有些国家，用断裂力学方法来研究韧性指标，确定允许最小缺陷尺寸标准。如挪威船级社把 COD 列入 NV 移动式近海装置建造与入级规范，规范中的标准规定 COD 试验适用于厚度大于 50 mm 的钢板的焊接接头。对焊接状态和局部焊后热处理要求 δ_c 为 0.25～0.35 mm，对炉内焊后热处理的焊件要求 δ_c 为 0.25 mm。各国规范规定钢材 V 型夏比冲击功通常为 27.4～34.3 J，但实际钢板测试的夏比冲击功储备很大。

表 7－2　ABS 近海移动式平台结构钢 V 型冲击要求

<table>
<tr><th rowspan="3">屈服强度/kg/mm²</th><th rowspan="3">工作温度/℃</th><th colspan="6">V 型夏比冲击功试验(纵向)</th></tr>
<tr><th colspan="2">特殊结构</th><th colspan="2">主要构件</th><th colspan="2">次要构件</th></tr>
<tr><th>试验温度/℃</th><th>a_K/J</th><th>试验温度/℃</th><th>a_K/J</th><th>试验温度/℃</th><th>a_K/J</th></tr>
<tr><td>24～31</td><td>T_D</td><td>T_D-30</td><td>27.4</td><td>T_D-10</td><td>27.4</td><td>T_D</td><td>27.4</td></tr>
<tr><td>32～41</td><td></td><td>T_D-30</td><td>34.3</td><td>T_D-10</td><td>34.3</td><td>T_D</td><td>34.3</td></tr>
<tr><td rowspan="4">42～70</td><td>0</td><td>－40</td><td>34.3</td><td>－30</td><td>34.3</td><td></td><td></td></tr>
<tr><td>－10</td><td>－50</td><td>34.3</td><td>－40</td><td>34.3</td><td></td><td></td></tr>
<tr><td>－20</td><td>－50</td><td>34.3</td><td>－40</td><td>34.3</td><td></td><td></td></tr>
<tr><td>－30</td><td>－50</td><td>34.3</td><td>－50</td><td>34.3</td><td></td><td></td></tr>
</table>

注：T_D为设计温度。

三、疲劳性能

海洋平台在海上要经受风、浪、流、冰等各种环境因素考验，会使平台结构产生疲劳问题，尤其对节点影响更大。节点是整个结构的重要环节，应力集中系数较大，交变载荷的承载能力也会因此而降低。各国发生的平台事故，其原因往往是由于节点的疲劳破坏所引起的，所以在设计选材时必须考虑材料疲劳性能。目前在石油平台结构疲劳分析中广泛采用 S－N 曲线以及 Miner 疲劳累积准则。

四、腐蚀性能

海洋工程结构一般要使用 25 年以上。有的部位处于海洋大气区，有的部位处于海水和大气交替条件下的海水飞溅区，有的部位长期处于不同深度的海水中，所以腐蚀的形式和程度亦有所差异。有一般腐蚀、局部腐蚀、应力腐蚀、腐蚀疲劳等。在结构设计及其选材时一定要考虑腐蚀性能问题，同时还必须采取有效的保护措施。

(1)材料要有一定的耐海水腐蚀性能。

(2)处于海洋大气部位的结构采用油漆保护。

(3)处于飞溅区的结构采用复层保护方法(在钢桩表面包覆或涂上耐腐蚀性能好的材料，国外有用蒙乃尔合金包覆钢桩，保护效果很好)。

(4)处于水下结构采用电化学保护方法，其中包括牺牲阳极方法和外加电流保护方法，一般多采用油漆和牺牲阳极联合保护措施。牺牲阳极材料有铝合金、镁合金和锌合金。牺牲阳极保护方法比较可靠，平时不需专人看管，但初始投资较大。

目前趋于发展长寿命大尺寸的阳极材料。一个平台所用牺牲阳极材料重达 200 t，每块阳极材料重达 200 kg。外加电流保护方法则需专人看管，但较经济，保护效果也是可靠的。牺牲阳极法和外加电流法在我国都得以应用。

五、焊接性能

海洋石油平台一般都是全焊钢结构，桩腿是钢板焊接而成的，结构件之间连接也是焊接而成，所以要求钢板可焊性要好。海洋石油平台结构应选用焊接无裂纹钢(如日本的 CF—50，CF—60，CF—80)，这类钢的碳当量较低，可以焊前不预热或降低预热温度，从而简化焊接工艺。当钢的碳含量等于或小于 0.12%时，采用的碳当量公式为

$$CE_{pcm}=w_C+\frac{w_{Si}}{w_{30}}+\frac{w_{Mn}+w_{Cu}+w_{Cr}}{20}+\frac{w_{Mo}}{15}+\frac{w_{Ni}}{60}+\frac{w_V}{10}+5w_B$$

当管线钢的碳含量大于 0.12%时，采用的碳当量公式为

$$CE_{IIW}=w_C+\frac{w_{Mn}}{6}+\frac{w_{Cr}+w_{Mo}+w_V}{5}+\frac{w_{Ni}+w_{Cu}}{15}$$

同时，由于海洋石油平台通常选用较厚的 Z 向钢钢板，因此需要在大焊接热输入(如 $E=70\sim80$ kJ/cm)下良好的焊接性。由于在深水管道敷设过程中需要偏离预定位置焊接，低至 4 kJ/cm的热输入广泛应用于 GMAW 工艺，因此需要在低热输入下良好的焊接性。为了满足海洋工程结构焊接性的这种需要，钢中的微合金设计和多元合金设计是必要的。

六、抗层状撕裂敏感性

采用焊接连接的钢结构中，当钢板厚度不小于 40 mm 且承受沿板厚度方向的拉力时，为避免焊接时产生层状撕裂，需采用抗层状撕裂的钢(Lamellar Tearing Resistant Steel)，通常简称为 Z 向钢。厚板存在层状撕裂问题，故要提出 Z 向性能测试。

一般钢板和型钢是经过滚轧成型的，多层钢结构所用钢材为热轧成型的，热轧可以破坏钢锭的铸造组织，细化钢材的晶粒。钢锭浇注时形成的气泡和裂纹，可在高温和压力作用下焊合，从而使钢材的力学性能得到改善。然而这种改善主要体现在沿轧制方向上，因钢材内部的非金属夹杂物(主要为硫化物、氧化物、硅酸盐等)经过轧压后被压成薄片，仍残留在钢板中(一般与钢板表面平行)，而使钢板出现分层(夹层)现象。这种非金属夹层现象使钢材沿厚度方向受拉的性能恶化。因此，钢板在三个方向的力学性能是有差别的：沿轧制方向的性能最好；垂直于轧制方向的性能稍差；沿厚度方向的性能又次之。

一般厚钢板较易产生层状撕裂，因为钢板越厚，非金属夹杂缺陷越多，且焊缝也越厚，焊接应力和变形也越大。为解决这个问题，最好采用 Z 向钢。这种钢板是在某一级结构钢（称为母级钢）的基础上，经过特殊冶练、处理的钢材，其含硫量为一般钢材的 1/5 以下，断面收缩率在 15％以上。钢板沿厚度方向的受力性能（主要为延性性能）称为 Z 向性能。钢板的 Z 向性能可通过做拉伸试验得到，一般用 Z 向断面收缩率 ψ_Z 来评定。我国生产的 Z 向钢板的标志是在母级钢钢号后面加上“Z”字母，Z 字母后面的数字为断面收缩率的指标（％），如 Z 向钢板等级标志 Z15，Z25，Z35。钢材厚度方向断面收缩率采用 GB/T 5313 的规定。Z 向钢的要求通常为：$\psi_Z>25\%(15;35)$；$S<0.002\%$；Z 向抗拉强度≥纵向抗拉强度×0.9。日本钢管公司海洋结构用抗层状撕裂钢板规范如表 7－3 所示。

表 7－3　日本钢管公司海洋结构用抗层状撕裂钢板规范

等级	硫含量/(％)	ψ_Z/(％)		超声波检查
		平均值	单样值	
Z15	≤0.010	≥15	≥10	逐张检查
Z25	≤0.007	≥25	≥15	逐张检查
Z35	≤0.005	≥35	≥25	逐张检查

第四节　海洋工程用钢

2008 年，我国出台了等同采用国外先进标准（九国船级社规范）的 GB 712—200《船舶及海洋工程用结构钢》标准。在引用国家基础标准的基础上，纳入高强度、超高强度的新钢级，推动了企业技术进步，为我国企业加入国际市场竞争创造了更有利的条件。

一、化学成分特点

当今国际上船舶及海洋工程用结构钢朝着高强度、超高强度发展，普遍采用低碳含量（低碳当量）、微合金化、控轧控冷、热处理等工艺技术路线。微合金元素（Nb，V，Ti 等）的加入不但能起到提高强度、补偿降低碳含量所带来的强度损失，同时它们也提高了钢材的焊接性能、力学和工艺性能。成分设计充分考虑了正火轧制、TMCP 等控制轧制工艺的应用，使之相适宜。同时考虑了保证微量元素在钢中所起作用的最小量，也考虑其含量增加对钢材焊接性能的影响。其成分特点为：

(1)C，Si，Mn，N 等基础元素含量等同采用船规规定，普遍采用降低碳当量的成分设计，从而改善钢的焊接性能和提高热影响区的韧性。

(2)对钢中 P，S 有害元素严加控制，以保证结构钢的质量。低硫、低磷控制可显著提高结构钢的断裂韧性，同时改善钢的可铸性而使铸坯裂纹最小化，也可降低钢在轧制过程中的热变形抗力，提高钢的塑性。

(3)对钢中添加 Al，Nb，V，Ti，Mo，Cr，Ni 及 Cu 等合金元素，等同采用船级社规范的规定。考虑到实际生产中,可加入微B进行处理,故在船规的基础上,增加了B含量规定。

二、冶炼

近20年来我国国民经济快速发展,我国冶金工业也得到了高速发展。特别是近年来,我国钢铁企业技术进步很快,装备和工艺也已经达到世界先进水平。国产船舶和海洋工程用钢的品种不断开发、实物质量大幅提升,不仅在产量上,而且在质量上已能够基本满足我国船舶工业发展的需要,为我国造船业提供了坚实的钢铁基础。全国已有50余条中厚板生产线,产能达5600万吨,在建、拟建10余套3 500 mm以上轧机,新增产能约1 500万吨,许多条生产线工艺装备达到国际一流水平,至2010年中厚板产能已达到7000万吨。从以前大量使用的一般强度级A,B,D和高强度级AH32,AH36,DH32,DH36发展到E,EH32,EH36,直至高强度级的AH40,DH40,EH40,FH40和超高强度钢级的420,460,500,550钢级,甚至有更高强度要求和-196℃冲击试验的特殊船钢(LNG船)。

一般船舶和海洋工程用钢的冶炼过程为铁水预处理、转炉顶底复吹或电炉冶炼、钢包喷粉及吹氩、钢包真空脱气、连续电磁搅拌钢,用户需要时,应进行炉外精炼。

冶炼中控制下列元素含量:S含量小于或等于0.002%,H含量小于或等于0.0002%,O含量小于或等于0.002%,N含量小于或等于0.008%。

三、轧制(交货状态)

钢厂根据各国船级社认可证书上确定的钢材及规格所对应的交货状态进行组织生产,它与钢材钢级、质量等级、厚度等直接相关。调质:淬火+回火(高温回火获得回火索氏体、低温回火获得回火马氏体),这是生产工艺路线的反映,也是在满足顾客对产品质量要求的前提下,生产工艺和成本优化。一般对强度低且厚度薄的钢材采用热轧或控轧,强度低且厚度大钢材采用正火,对屈服强度大于450 MPa的钢材采用调质,厚度小于50 mm的钢材采用控轧控冷工艺。

钢材交货状态分为AR-热轧、CR-控轧、N-正火、TM(TMCP)-控轧、控冷和QT-调质(淬火+回火)。

四、分类与分级

目前,国内外船舶及海洋工程用结构钢板、钢带和型钢的生产都已标准化。2008年,我国出台了等同采用国外先进标准(九国船级社规范)的GB712—200《船舶及海洋工程用结构钢》标准,具体规定了船舶及海洋工程结构用钢的订货内容、尺寸、外形、质量及允许偏差、技术要求、试验方法、检验规则、包装、标志和质量证明书。该标准等效采用中国船级社(CCS)规范:2006《材料与焊接规范》、美国船级社(ABS)规范:2006《钢质海船入级与建造规范》、法国船级社(BV)规范:2005《钢质船舶入级规范》、挪威船级社(DNV)规范:2007《船舶、高速轻型船舶和海军水面舰艇规范》、德国船级社(GL)规范:2005《钢质海船入级与建造规范》、韩国船级社(KR)规范:2006《船用钢材入级规范》、英国船级社(LR)规范:2005《钢质海船入级与建造规范》、日本船级社(NK)规范:2005《钢质海船入级与建造规范》、意大利船级社(RINA)规范:

2005《船体结构和入级规范》及中国渔船级社(ZY)规范:2005《钢质海洋渔船建造规范》。

船用钢按用途分为一般强度船舶及海洋工程用结构钢、高强度船舶及海洋工程用结构钢和超高强度船舶及海洋工程用结构钢三类,见表7-4。其中A,B,D,E钢级符号表示为屈服强度235 MPa的一般强度船舶及海洋工程用结构钢的四个牌号,但其冲击试验温度不同,按A,B,D,E的顺序,表示冲击试验温度分别为20℃,0℃,-20℃,-40℃;高强度船舶及海洋工程用结构钢包括A,D,E,F的32,36,40三个强度级别,牌号中A,D,E,F等字母表示同一钢级的冲击试验温度不同,按A,D,E,F的顺序表示冲击试验温度分别为0℃,-20℃,-40℃,-60℃;字母后面的数字分别为屈服强度32 kg(315 MPa),36 kg(355 MPa),40 kg(390 MPa);超高强度船舶及海洋工程用结构钢包括A,D,E,F的420,460,500,550四个强度级别,分别代表其上屈服强度为420 MPa,460 MPa,500 MPa,550 MPa四个钢级,A,D,E,F等字母分别表示同一钢级不同的冲击试验温度,按A,D,E,F的顺序表示冲击试验温度分别为0℃,-20℃,-40℃,-60℃。

表7-4 船用钢的牌号、Z向钢级别及用途

牌 号	Z向钢	用 途
A,B,D,E	Z25,Z35	一般强度船舶及海洋工程用结构钢
AH32,DH32,EH32,FH32 AH36,DH36,EH36,FH36 AH40,DH40,EH40,FH40	Z25,Z35	高强度船舶及海洋工程用结构钢
AH420,DH420,EH420,FH420 AH460,DH460,EH460,FH460 AH500,DH500,EH500,FH500 AH550,DH550,EH550,FH550 AH620,DH620,EH620,FH620 AH690,DH690,EH690,FH690	Z25,Z35	超高强度船舶及海洋工程用结构钢

船用钢的牌号、Z向钢级别及用途见表7-4,各国典型海洋平台和船舶用钢见表7-5。

钢的牌号由代表质量级别的英文字母、屈服强度数值两个部分组成。

例如:D36。其中,D表示质量等级为D级;36表示屈服强度数值,单位为kg/mm^2。

若造船、海洋工程对钢材厚度方向性能提出了具体的要求,则在上述规定的牌号后加上代表厚度方向(Z向)性能级别的符号,例如D36Z25或D36Z35,目前不太使用Z15。

一般强度船舶及海洋工程用结构钢按其化学成分属碳素钢,高强度船舶及海洋工程用结构钢属低碳高强钢,超高强度船舶及海洋工程用结构钢属通过先进工艺冶炼与轧制的微合金化低碳高强钢。

表 7-5　各国典型海洋平台和船舶用钢

标准	钢号	化学成分/(%)												钢材厚度直径 mm	强度/MPa		冲击吸收功或韧度			其他性能	交货状态
		C ≤	Si	Mn	P ≤	S ≤	Cr ≤	Ni <	Mo <	V	Nb	Ti	其他		σ_s ≥或范围	σ_b ≥或范围	试样种类	温度 ℃	规格值 J(≥)		
CB712 中国船舶检验局	A32 D32 E32	0.18	0.10~0.50	0.70~1.60 0.90~1.60	0.040	0.0540	0.20	0.40	0.08				Cu≤0.35 Al_s≥0.015	不区分	315	440~590	夏比V型	0 −20 −40	34 31 31	冷弯，横向，冲击，伸长率	热轧，正火，控轧
	A36 D36 E36	0.18	0.10~0.50	0.70~1.60 0.90~1.60						0.03~0.10	0.015~0.05		Cu≤0.35 Al_s≥0.015	不区分	355	490~620	夏比V型	0 −20 −40	34	冷弯，横向，冲击，伸长率	热轧，正火，控轧
英国劳氏船社	AH32 DH32 EH32	0.18	0.10~0.50（生产率镇静钢不适用）	0.90~1.60	0.040	0.040	0.20	0.40	0.08				Cu≤0.35 Al_s≥0.015 AH32，AH36可生产半镇静钢	不区分	315	400~590	夏比V型	0 −20 −40	31	冷弯，横向冲击，伸长率	热轧，正火，控轧
	AH36 DH36 EH36									0.05~0.10	0.015~0.05			不区分	355	490~620	夏比V型	0 −20 −40	34	冷弯，横向冲击，伸长率	热轧，正火，控轧

续表

标准	钢号	化学成分/(%) C ≤	Si	Mn	P ≤	S ≤	Cr ≤	Ni <	Mo <	V	Nb	Ti	其他	钢材厚度直径 mm	强度/MPa σ_s ≥或范围	σ_b	冲击吸收功或韧度 试样种类	温度 ℃	规格值 J(≥)	其他性能	交货状态
日本海事协会	KA32 KD32 KE32	0.18	0.10~0.50	0.90~1.60	0.040	0.040	0.20	0.40	0.08	Nb或V可代替Al_s,此时Nb≤0.05 V≤0.10			Cu≤0.35 Al_s≥0.015	不区分	315	470~590	夏比V型	0 −20 −40	31	冷弯,横向,冲击,伸长率	热轧,正火,控轧
										≤0.10 0.05 0.05	≤0.05 0.02 ~0.05		Cu≤0.35 Al_s≥0.015	不区分	355	490~620	夏比V型	0 −20 −40	34	冷弯,横向,冲击,伸长率	热轧,正火,控轧
ASTMA131	AH32 DH32 EH32	0.18	0.10~0.50	0.90~1.60	0.040	0.040	0.25	0.4	0.08				Cu≤0.35 Al_s≤0.06	不区分	315	470~585	夏比V型	−20 −40	34	冷弯,横向,冲击,伸长率	热轧,正火,控轧
	AH36 DH36 EH36									≤0.10	≤0.05			不区分	350	490~620	夏比V型	−20 −40	34	冷弯,横向,冲击,伸长率	热轧,正火,控轧

五、海中钢结构的腐蚀行为

国际标准在强度、韧性、焊接性及化学成分等性能上对海洋工程用钢做了规定，但由于海洋环境太复杂，对其耐蚀性没有做具体的限定。在各种海洋服役环境下，即使有各种保护措施，普通钢的抗腐蚀性仍然远远低于专门为海洋环境下服役而设计制造的海洋工程钢。大型海洋钢结构，如固定式钻井采油平台，作为一个整体遭受包括海洋大气、浪花飞溅带、潮差带、海水全浸带以及海底土壤等五种海洋环境条件下的腐蚀，加上结构本身受力情况和异种金属间的相互接触，使腐蚀破坏形式十分复杂。最重要的表现形式有三种：全面腐蚀、局部腐蚀和应力腐蚀。

全面腐蚀即均匀腐蚀，是海洋结构中最常见的一种腐蚀表现形式。图 7－3 是海洋结构腐蚀状态图。显然，从海洋大气至海底土壤各带，腐蚀最严重部位是浪花飞溅带，其次是平均低潮位以下附近大约 0.5 m 范围内的海水浸泡部分，其余各带相对较轻，特别是在平均中潮位附近，形成一最低腐蚀谷。据资料报道，飞溅带最大腐蚀峰值约为海水全浸中腐蚀深度的 3～7 倍，甚至达到每年平均腐蚀深度为 1 mm。当然，飞溅带腐蚀峰值大小及其出现的距平均高潮位的高度随环境条件不同而不同。在波浪大、气温高、降雨量少的环境中，飞溅带腐蚀十分严重。潮差带之所以形成一腐蚀谷，是由于随着潮差变化着的水线上下产生氧浓差腐蚀电池所致。也正因为氧浓差电池作用，使在平均低潮位以下海水全浸区，经常成为一个相对缺氧的阳极区而加速腐蚀。显然，在流速大、附着生物少且海水中携带大量泥沙的场合中，这一腐蚀峰值增大。在海水全浸区和海底土壤中，一般地说，钢的腐蚀是比较轻的。但是，如果海水或海底泥土被严重污染，则由于大量的硫酸盐还原菌存在，也会导致钢的严重腐蚀。不同钢铁材料在海洋环境中的腐蚀速率的统计结果见表 7－6。

表 7－6　海洋环境中钢铁材料腐蚀速率　　单位：mm/a

海洋环境		碳素钢	耐海水腐蚀钢	耐大气腐蚀钢
海洋大气	远离海岸	0.04～0.1	0.025～0.05	0.025～0.05
	靠近海岸	0.04～0.2	0.03～0.10	0.03～0.10
飞溅带		0.2～0.5	0.1～0.2	0.2～0.3
潮差区		约 0.1	约 0.1	约 0.1
	海面至海面下 50 m	0.06～0.25	0.03～0.15	0.06～0.2
	海面下 50～200 m	0.02～0.15	0.015～0.10	0.015～0.10
	海面下 200 m 以下	<0.025	<0.025	<0.025
海底土壤		<0.1	<0.06	<0.06

对某些钢结构，如船类和管线，比全面腐蚀威胁更大的是局部腐蚀。引起局部腐蚀的重要原因是钢表面形成局部的阳极区（相对缺氧区）。因此，某些海生物附着物、漆膜或轧制氧化铁皮局部破坏或剥落的地方、经大规范焊接而在焊前焊后未经任何热处理的焊缝热影响区等均有利于局部腐蚀发生。当然，材质本身对局部腐蚀发生、发展也有着重要的影响，钢中含硫化夹杂物比较高的，则往往容易引起局部腐蚀。

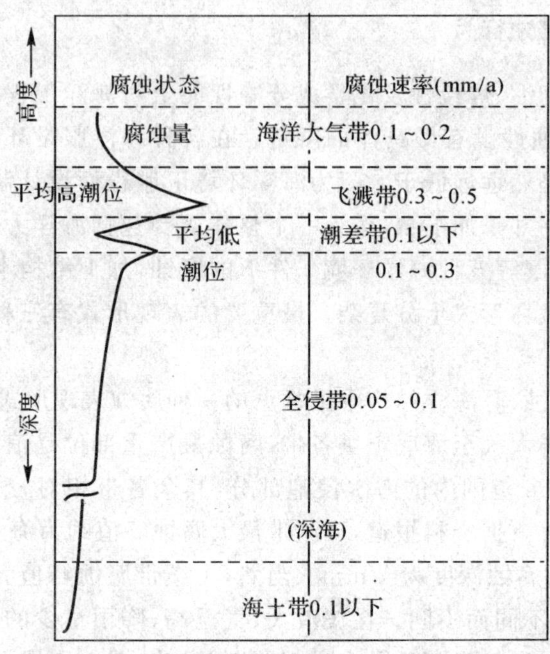

图 7-3　海洋结构腐蚀状态图

应力腐蚀是应力与腐蚀(局部腐蚀)共同作用下产生的一种十分危险的破坏形式。对于海中固定式平台,据查任一破坏事故都是在波浪超过 10 m 时发生,裂纹的起源大多在焊接结点集中的地方,这是因为在节点处,本身就是应力集中的地方。一般地说,对于大型海洋工程设施,由于采用的钢材抗张强度大多在 600 MPa 以下,因此应力腐蚀对它关系不大,但是对于腐蚀疲劳问题必须引起高度的重视。

六、不同服役条件下的海洋工程结构钢的特点

海洋工程结构在海洋环境下将受到潮流、盐分、水温、微生物等腐蚀影响,并且在海水中的不同部位(海洋大气带、飞溅带、潮差带、全浸带和海土带)受到的腐蚀情况不同,因而选用的钢种也具有不同特点。

1. *海洋大气耐蚀钢*

海洋大气中有大量含盐微粒的水气,加上雨、雾、风速、相对湿度等气象因素,海洋大气腐蚀要比其他类别的大气腐蚀严重。耐海洋大气腐蚀的有效合金元素有 Cu,P,Si,Al,Mo,Cr 等,其中效果最显著的元素为 Cu,P,不与海水直接接触的海洋结构物部分可采用耐海洋大气腐蚀钢。

1962 年,美国 Larrabee 和 Coburm 公开发表了他们所收集的 270 种不同组成低合金钢分别在半乡村大气、工业性大气和海洋大气中进行长达 15.5 年的暴露试验结果。这些资料表明了低合金钢中铜、镍、铬、硅和磷等合金元素对抗大气腐蚀性能的影响。后来根据发表的实验资料进行统计分析,得到了在海洋大气环境条件下,腐蚀速率与钢中合金元素质量百分数关系的回归方程:

腐蚀速率(密耳/年)=15.49−16.30(%Cu)−4.34(%Ni)−4.79(%Cr)−

$$12.41(\%Si)-32.01(\%P)+2.93(\%Cu\%Ni)+$$
$$2.46(\%Cu\%Cr)+4.36(\%Cu\%Si)+2.74(\%Ni\%Si)+$$
$$12.82(\%Ni\%P)+1.75(\%Si\%P)+16.60(\%Cu)^2+$$
$$1.20(\%Cr)^2+4.25(\%Si)^2$$

这里，1 密耳 $=10^{-3}$ in，%Cu%Ni，%Cu%Cr，%Cu%Si，%Ni%Si，%Ni%P 以及%Si%P 分别是钢中两种合金元素质量百分比的乘积，代表着两种合金元素对腐蚀速率的共同作用。

基于上述回归统计方程，可以解出每一试验点合金元素最佳添加量。在海洋大气中，铜和硅的添加量取中等水平，其他合金元素取最高水平时腐蚀速率为最小。

2. 飞溅带用耐蚀钢

飞溅带一般是指平均潮位受到波浪作用的上限部分，受到海水交替的干湿变化，溶解的氧量也比较多。由于日光的照射使温度升高，再加上海面的污损生物、浮油等的附着以及台风、流水等促进腐蚀因素，所以腐蚀极为剧烈，是海水腐蚀环境中腐蚀最严重的部位，其腐蚀速率可达到全浸带的好几倍。提高钢在飞溅带的耐腐蚀能力的有效合金元素有 P，Cu，Mo，Ni，Cr，Si，W，Ti 等，效果最显著的元素为 P，Cu，Mo。

对于海洋工程结构，如何控制飞溅带腐蚀，是令人头痛的问题。目前广泛应用的还是普碳钢和含锰结构钢，某些范围采用高强度钢。20 世纪 70 年代初，美国开发了适用于海洋钢结构特别是与海水断续接触时具有良好耐蚀性的低合金高强度钢，其基本成分范围如下：

C：0.001%～0.3%　　Si：0.1%～2.0%　　Mn：0.3%～2.0%

Cr：0.01%～0.5%　　Cu：0.1%～0.29%　　P：0.001%～0.4%

该钢的特点是通过铬、硅共存，并随着含硅量增加，促使表面生成稳定致密的硅酸盐膜，使在污染海水和飞溅带那样的环境中，具有良好的耐蚀性能。

日本新日铁对合金元素在海洋结构钢中腐蚀性能影响进行了系统而广泛的研究，将一些主要合金元素加入量控制在焊接结构钢许可的范围内，通过改变合金元素对钢的腐蚀产生明显的影响。在海水中，铬对增加耐蚀效果最为显著。在飞溅带，硅、铬、钼和铜对增加耐蚀性是有效的，特别是含 0.3%铜的硅、铬、钼钢耐蚀性相对最优。镍有害于改善飞溅带耐蚀性，碳和锰不产生特别的影响。根据上述结果，确定了作为耐蚀钢类型选择的三项原则：

(1)用中硅、高含铬量的含铜钢改善在飞溅带的耐蚀性；

(2)用高含铬量钢改善在海水中的耐蚀性；

(3)用硅、铬、钼、铜钢来同时改善在海水中和飞溅带中的耐蚀性。

潮差带和飞溅带同样也是腐蚀严重的部位，但由于潮差带的供氧情况比下部的全浸带好，在潮差带和全浸带之间形成的氧的浓差电池，使潮差带作为该电池的阴极而受到保护，因此腐蚀的速率和程度降低。提高钢在潮差带的耐腐蚀能力，可选用与飞溅带相同的有效合金元素。

3. 全浸带耐蚀钢

全浸带指潮差带与海底之间海水浸没的部分。全浸带由于上述氧浓差电池作用和海水流动造成金属上氧的不均匀分布形成的氧浓差电池及海洋生物的作用，加上不同的金属接触所产生的电化学腐蚀，所以除了金属的均匀腐蚀，还会产生局部腐蚀或点蚀。减轻材料在全浸带腐蚀的有效元素有 Cr，P，Al，Mo，Si 等，特别是 Cr。在深海，由于含氧量少，海水温度随水深而降低，海洋生物附着减少，同时海水流速也减慢，所以腐蚀速率反而较慢，合金元素效果也变得不明显。

4. 海土带耐蚀钢

海土带中氧极少，所以腐蚀也最轻。对部分埋在海底、部分裸露在海水中的钢结构，由于氧的氧浓差电池作用，加快了埋在海土中的部分钢的腐蚀。在海土中，特别是在浅海海土中，由于从陆地上流入的污染土中存在大量促进腐蚀的微生物，腐蚀较为剧烈。在这种情况下，铬是改善钢耐蚀性的主要元素，耐蚀性随含铬量的增加而增加，铬与铝复合添加效果更好，含硅的铬钢有利于改善在污染海水中的耐蚀性能。钢中添加铜或镍均无明显耐蚀效果，而锰、碳和硫化物夹杂均有损于钢的耐蚀性能。冶金因素及设备制造工艺是耐腐蚀研究中不可忽视的问题。提高钢的纯净度，减少钢中硫化物夹杂有利于钢的耐蚀性。另外，必须选用与母材相匹配的焊接材料，如果选用焊条相对母材来说是阳极的话，将使整个焊缝遭受严重的加速腐蚀破坏。在焊缝热影响区，应避免出现脆硬性的马氏体组织，马氏体组织降低钢的力学性能，还会引起严重的焊缝热影响区沟槽腐蚀。由于电化学性的差异，钢表面轧制氧化皮局部剥落或者漆膜局部破坏，将导致局部腐蚀，因此海洋钢结构制造中，应对所用钢材表面氧化铁皮去除干净，同时在以后的使用过程中经常保持钢表面漆膜的完整性。

七、耐海水腐蚀用钢典型钢种

海洋环境对钢的腐蚀情况非常复杂，目前还没有一个低合金钢号能全面达到海洋环境的要求。国外工业生产的低合金耐海水腐蚀用钢按成分系列可分为 Ni－Cu－P 系、Cr－Nb 系、Cr－Cu 系、Cr－Al 系、Cr－Cu－Si 系、Cr－Cu－Al 系、Cr－Cu－Mo 系、Cr－Cu－P 系、Cr－Al－Mo 系等，通常认为 Cu，P，Si，Al，Mo，Cr 是有效元素，Cu，P 是显著有效元素。

以下介绍典型的钢号。

1. 美国的 Mariner 钢

Mariner 钢是美国 1964 年投入市场，属 Ni－Cu－P 系的半镇静钢，其屈服强度和抗拉强度分别为 355 MPa 和 490 MPa 以上，特点是在飞溅带的耐海水腐蚀性能好，为普通碳素钢的 2～3 倍，即使在没有混凝土包履等防护措施的情况下，也能长期使用，而且很少发生点蚀。但此钢中含 P 量较高(0.08%～0.15%P)，不适宜厚度大于 20 mm 钢板的焊接，不能用于焊接的海洋结构物，主要用做护堤、筑堤等用的钢桩。

2. 日本的 Mariloy 钢

Mariloy 钢是针对美国 Mariner 钢 P 含量高、焊接性能差及全浸带耐腐蚀性能差的问题而研制的耐海水腐蚀钢。该钢包括 2 个强度级别($\sigma_s \geqslant 400$ MPa 和 $\sigma_s \geqslant 490$ MPa)、三种不同海水部位(飞溅带、全浸带、飞溅带和全浸带)的 6 个钢号(Mariloy P50，Mariloy S41，Mariloy S50，Mariloy G50，Mariloy T50)，它们属钢中含 P 量≤0.03%的 Cr－Cu 系低合金耐海水腐蚀钢，其中 Mariloy 钢 P50 的 $\sigma_s \geqslant 325$ MPa，$\sigma_b \geqslant 490$ MPa，在飞溅带的耐腐蚀性能是普通碳素钢的 2 倍左右，用于系船浮标、钢桩等，适用厚度为 6～25 mm。

3. 法国的 APS 钢

APS 钢由法国 Pompey 公司研制，属 Cr－Al 系。该钢包括 APS20A，APS20M，APS25 三个钢号，它们均含有 4%Cr，APS20A 含有 0.90%Al，APS20M 含有 0.90%Al 和 0.15%Mo，APS25 含有 0.60%Al 和 0.15%Mo 及 0.80%Ni。正火后 20 mm 以下钢材的强度为：APS20A 的 $\sigma_s \geqslant 310$ MPa；APS20M 的 $\sigma_s \geqslant 490$ MPa，APS25 的 $\sigma_s \geqslant 590$ MPa。在海水中全浸 46 个月的对比腐蚀试验表明，它们的耐海水腐蚀性能大大优于碳钢，为碳钢的 2.18～3.23

倍，它们在焊接时不需要预热或焊后热处理，但以650℃消除应力为宜；缺点是该钢有晶粒长大倾向，因此要防止过热，并且除氩弧焊外，不能做到含Al均匀的焊缝。APS钢一般用于制造船舶管道、海水制水设备、防波堤的护板、闸门、渡船、救生艇、盐器设备等。

4. 我国研制的耐海水腐蚀钢

从1965年起，我国开始试验钢号近200种，其中10Cr2MoAlRE，08PVRE，09MnCuPTi，10MnPNbRE，10NiCuAs，10CrMoAl等已通过鉴定，但除了少数用户因个别工程需要订货外，尚未推广开来，应用少，产量也少，多用在钢板桩、海水冷凝器、输海水管线、管桩、船坞闸门等方面，尚未涉及大型的固定式和移动式海洋结构物。

第八章　石油矿场工程钢

石油矿场工程钢一般是指用于石油矿场工程机械设备的制造，包括石油勘探开发工程所涉及的钻采、完井、压裂酸化、修井等装备及其与之配套的通用设备、仪器仪表、专用工具、专用电气、特车等的材料。除了前面几章介绍的石油行业用各种材料外，石油矿场工程钢也是石油行业用量较大的一类材料。

石油矿场工程机械的生产及材料选用一般可依据相关规范来执行。例如生产钻机提升设备（主要包括绞车、辅助刹车、天车、游车、大钩、钢丝绳以及吊环、吊卡、吊钳、卡瓦）的 API Spec 8A《钻井提升设备规范》，材料可依据 ASTM A781《一般工业用碳钢及合金钢铸件通用规范》、ASTM A688《一般工业用碳钢及合金钢锻件规范》和 ASTM A788《锻钢件通用要求规范》来选择；井口装置（主要包括防喷器、井口阀门、阀体、阀盖、螺栓、螺钉等）主要依据 API Spec 6A《井口采油树装置规范》、API Spec 6A《钻穿设备规范》生产；抽油杆（包括钢抽油杆、玻璃纤维抽油杆和空心抽油杆等三种类型）主要依据 API Spec 11B《抽油杆规范》生产。

第一节　石油矿场工程常用钢

石油矿场工程常用钢不像前几章所述的诸如管线钢、油井管钢和海洋工程用钢那样，有特殊的针对服役环境的性能要求，它具有一般机械工程材料的共性，主要针对材料的力学性能有要求。一方面，机械工程材料是结构材料，为保证其整体结构强度，要求材料有良好的综合力学性能（主要是强韧性）；另一方面，机械工程材料在服役中往往是处于运转当中的，为保证其使用寿命，则要求材料有良好的动态力学性能（主要是表面耐磨性和疲劳强度）。基于以上两点，石油矿场工程材料用量最多的是两类钢：渗碳钢（主要是通过渗碳提高材料的表面耐磨性）和调质钢（主要是通过调质处理提高材料的强韧性）。

一、渗碳钢

1. 特点与分类

渗碳钢是指可以经过渗碳淬火使表面硬度和耐磨性提高而心部保持适当强度和韧性的钢。其成分特点是低的碳含量，碳含量一般在 0.1%～0.25%之间；主要合金元素有 Ni，Cr，Mn 等，它们的主要作用是提高钢的淬透性，从而提高心部的强度和韧性；辅助合金元素有 W，Mo，V，Ti 等强碳化物形成元素，这些元素通过形成稳定的碳化物来细化奥氏体晶粒，同时还能提高渗碳层的耐磨性。

渗碳钢是复合显微组织体系。渗碳后淬火得到的组织主要是马氏体，渗碳层内马氏体的碳含量为 0.8%～1.0%，而心部马氏体的碳含量为 0.2%，因此，渗碳件直接淬火，表面得到片状马氏体，往里逐渐变成板条马氏体。使用状态下的组织为：表面是高碳回火马氏体加颗粒状碳化物加少量残余奥氏体（硬度达 HRC58～62），心部是低碳回火马氏体加铁素体（淬透）或铁素体加屈氏体(未淬透)。

渗碳钢一般应先借助于固体、液体以及气体方法进行渗碳。碳从含碳约 0.2% 的低碳合金钢的表面由表及里地进行扩散、渗透,在钢表面含碳量提高后再淬火。因此,渗碳层中不同深度处的碳含量不同,通过改变淬火加热温度、淬火冷却速率等热处理条件,可以得到各种不同的混合组织。渗碳件一般的热处理工艺路线为:下料→锻造→正火→机加工→渗碳→淬火+低温回火→磨削。渗碳温度为 900～950℃,渗碳后的热处理通常采用直接淬火加低温回火,但对渗碳时易过热的钢种如 20,20Mn2 等,渗碳后需先正火,以消除晶粒粗大的过热组织,然后再淬火和低温回火。淬火温度一般为 $A_{c1}+30$～50℃。

常用渗碳钢根据淬透性不同,可分为 3 类。

(1)低淬透性渗碳钢。典型钢种如 15,20,20Cr 等,其淬透性和心部强度均较低,水中临界直径不超过 20～35 mm,只适用于制造受冲击载荷较小的耐磨件,如泥浆泵活塞心、小轴、小齿轮、活塞销、环、凡尔体、联轴节等。

(2)中淬透性渗碳钢。典型钢种如 20CrMnTi 等,其淬透性较高,油中临界直径为 25～60 mm,力学性能和工艺性能良好,大量用于制造承受高速中载、抗冲击和耐磨损的零件,如汽车、拖拉机的变速齿轮、离合器轴等。

(3)高淬透性渗碳钢。典型钢种如 18Cr2Ni4WA 等,其油中临界直径大于 100 mm,且具有良好的韧性,主要用于制造大截面、高载荷的重要耐磨件,如飞机、坦克的曲轴和齿轮等。

2. 石油矿场工程常用渗碳钢

(1)20 钢与 15 钢。20 钢与 15 钢同属于低碳钢,所以如果需要理想的强度,最好是先表面渗碳(或者碳氮共渗),渗碳深度视情况而定(一般为 1～3 mm),然后淬火,如此,表面能够有比较高的硬度,内部又能基本保持原有的韧性。

正火规范:温度 920～950℃,出炉空冷。硬度为 HB131～156。

对 20 钢的钢件工艺路线为:下料→锻造模坯→退火→机械粗加工→冷挤压成型→再结晶退火→机械精加工→渗碳→淬火、回火→研磨抛光→装配。

20 钢属于优质低碳碳素钢,可冷挤压。该钢强度低,韧性、塑性和焊接性均好,抗拉强度为 253～500 MPa,伸长率大于或等于 24%。15 钢与 20 钢特性基本相仿,但强度稍低,未热处理态的硬度大于或等于 HB156。

20 渗碳钢适用于制造汽车、拖拉机及一般机械制造业中建造不太重要的中小型渗碳、碳氮共渗等零件,如汽车上的手刹蹄片、杠杆轴、变速箱速叉、传动被动齿轮及拖拉机上凸轮轴、悬挂均衡器轴、均衡器内外衬套等;在重、中型机械制造业中,如锻制或压制的拉杆、钩环、杠杆、套筒、夹具等;在铁路、机车车辆上用于制造十字头、活塞等铸件;在石油工程中可用于制作拉杆、弯头、小齿轮、小轴等。

(2)25 钢(AISI 1025)。25 钢与 15,20 钢都属于优质碳素结构钢。碳含量在 22%～29% 之间。

25 钢焊接性及冷应变塑性高,无回火脆性倾向,一般用于制造重型和中型机械中负荷不大的冷冲压件、小锻件和机械加工小零件,如垫圈、销轴、螺栓、螺母等;进行渗碳或碳氮共渗处理后,可制造摩擦片、活塞销和不重要的齿轮;经正火处理,可用做－20～475℃的压力容器锻件用钢。

(3)20Cr(AISI 5120)。20Cr 是一种含碳含量为 0.18%～0.24%、铬含量为 0.70%～

1.00%合金结构钢。它用以制作截面尺寸小于 30 mm,形状简单,心部强度和韧性要求较高,表面受磨损的渗碳或氰化件。

与 15Cr 钢相比,20Cr 钢有较高的强度及淬透性,在油中临界淬透直径达 4～22 mm,在水中临界淬透直径达 11～40 mm,但韧性较差。此钢渗碳时仍有晶粒长大倾向,降温直接淬火对冲击韧性影响较大,所以渗碳后需二次淬火以提高零件心部韧性,无回火脆性;钢的冷应变塑性高,可在冷状态下拉丝;可切削性在高温正火或调质状态下良好,但退火后较差;焊接性较好,焊后一般不需热处理,但厚度大于 15 mm 的零件在焊前需预热到 100～150℃。

这种钢大多用于制造心部强度要求较高、表面承受磨损、截面在 30 mm 以下的或形状复杂而负荷不大的渗碳零件(油淬),如机床变速箱齿轮、齿轮轴、凸轮、蜗杆、活塞销、爪形离合器等。对热处理变形小和高耐磨性的零件,渗碳后应进行高频表面淬火,如模数小于 3 的齿轮、轴、花键轴等。此钢也可在调质状态下使用,用于制造工作速率较大并承受中等冲击负荷的零件。这种钢还可用做低碳马氏体淬火用钢,更进一步增加钢的屈服强度和抗拉强度(增加 1.5～1.7 倍)。在石油工程中,这种钢可用于制造支架、小齿轮、联轴节等。

(4)20CrNiMo 钢(AISI8620)。20CrNiMo 碳含量在 0.17%～0.23%之间,铬含量为 0.50%～0.70%,镍含量为 0.35%～0.75%,钼含量为 0.20%～0.30%。

20CrNiMo 钢原系美国 AISI. SAE 标准中的 AISI8620,淬透性能与 20CrNi 钢相近。虽然钢中 Ni 含量为 20CrNi 钢的一半,但由于加入少量 Mo 元素,使奥氏体等温转变曲线的上部往右移;又因适当提高 Mn 含量,故使此钢的淬透性较好,强度比 20CrNi 钢高。它常用于制造中小型汽车、拖拉机的发动机和传动系统中的齿轮,亦可代替 12CrNi3 钢制造要求心部性能较高的渗碳件、氰化件,如石油钻探和冶金露天矿用的牙轮钻头的牙爪和牙轮体。20CrNiMo 因含有钼,除了有很好综合性能外还能耐一定温度,用于制造汽轮机的齿轮、转子、内燃机连杆和汽门等。

(5)EX55 钢。EX55 钢的化学成分为:0.15%～0.20%C,0.70%～1.00%Mn,1.65%～2.00%Ni,0.45%～0.65%Cr,0.65%～0.80%Mo。

EX55 钢是一种专门为油用钻头生产的高淬透性的渗碳钢,经渗碳、淬火和回火的 EX55 钢质牙轮的心部组织为低碳板条状马氏体。标准的心部性能为:硬度 HRC41,抗拉强度 1 303 MPa,屈服强度1 103 MPa,冲击功 71 J/cm^2。由于 EX55 钢的性能优良,已成为制造大型碳化钨镶齿钻头牙轮的标准材料。

二、调质钢

所谓调质钢,一般是指碳含量在 0.25%～0.65%的碳素钢或低、中合金钢。一般用这类钢制作的零件要求具有很好的综合力学性能,即在保持较高的强度的同时又具有很好的塑性和韧性。这种综合力学性能通常需采用调质处理获得,所以习惯上把这一类钢称做调质钢。各类机器上的结构零件大量采用调质钢,它是结构钢中使用最广泛的一类钢。

应用最广的调质钢有铬系调质钢(如 40Cr,40CrSi)、铬锰系调质钢(如 40CrMn)、铬镍系调质钢(如 40CrNiMo,37CrNi3A)、含硼调质钢等。常用的合金调质钢按淬透性和强度分为 4 类:①低淬透性调质钢;②中淬透性调质钢;③较高淬透性调质钢;④高淬透性调质钢。

调质钢的调质热处理工艺是在临界点以上一定温度加热后淬火成马氏体,并在 500～650℃回火。热处理后的金相组织是回火索氏体。这种组织具有强度、塑性和韧性的良好配合。

调质钢的质量要求除一般的低倍和高倍组织要求外，主要为钢的强塑性能以及与结构可靠性和寿命密切相关的冷脆转变温度、断裂韧性和疲劳抗力等。在特定条件下，还要求具有耐磨性、耐蚀性和一定的抗热性。由于调质钢最终采用高温回火，能使钢中应力完全消除，钢的氢脆破坏倾向性小，缺口敏感性较低，脆性破坏抗力较大，但也存在特有的高温回火脆性。

大多数调质钢为中碳合金结构钢，屈服强度在490～1 200 MPa之间。以焊接性能为突出要求的调质钢为低碳合金结构钢，屈服强度一般为490～800 MPa，有很高的塑性和韧性。少数沉淀硬化型调质钢，屈服强度可达到1 400 MPa以上，属高强度和超高强度调质钢。

1．合金元素对力学性能的影响

各种成分的合金钢可以调质到不同硬度，淬透性能相同的钢调质到相同硬度时，抗拉强度基本相同，硬度与抗拉强度大致成直线关系。当硬度值为HB400（抗拉强度约为1 400 MPa）时，屈强比值最高，约为0.9，淬火状态的组织对屈强比有很大影响。

调整增加钢材淬透性的合金元素的含量，可以得到相同的淬透性能、相同的抗拉强度和屈服强度。因此，在选择合金元素时，应优先选择增加淬透性能作用显著而价格较低的元素，如硼、锰、铬等。但是合金元素不同的钢要调质到相同的硬度所采用的回火温度各不相同，即各种钢的抗回火性能不同。

淬透性能相同的钢调质到相同硬度时，抗拉强度和屈服强度虽基本相同，但是脆性破坏倾向差别很大，低温冲击试验尤为明显。成分不同的钢调质后硬度与疲劳极限的关系不同。硬度在HRC35以下时，疲劳极限和硬度成直线关系，疲劳极限的波动范围为130 MPa。硬度超过HRC35时，疲劳极限的波动范围变宽。如硬度为HRC55时，疲劳极限的波动范围达380 MPa。

2．调质零件硬度的确定

当零件的淬透情况相同时，调质后的硬度即可反映零件的屈服强度与抗拉强度，因此零件图纸和技术条件一般只规定硬度数值。只有很重要的零件，才规定其他力学性能指标。

调质零件硬度的确定，必须考虑到制造工艺的要求和使用时的载荷条件。从制造工艺考虑，希望零件在毛坯状态调质，而后进行切削加工和装配。这样零件热处理时产生的变形和脱碳在以后的切削加工中可以消除。但是采用这种制造程序的零件，其硬度不能过高，一般不超过HB300，个别的不超过HB350，否则对切削加工不利。要求硬度更高的零件（如有的汽车半轴要求硬度为BH341～415），只能先切削加工，然后再进行调质处理，这时零件加热时应防止脱碳和变形，有时热处理后要增加校直工序。小批量或单件生产的零件，切削加工所允许的硬度可以适当提高。

确定调质零件硬度时，还必须考虑到生产的特点。小批单件生产的产品，不同零件可以选定不同的硬度，大批量流水生产的工厂希望大部分零件的硬度范围一致或固定在几个硬度范围内，这对组织热处理生产有很大的方便。

从零件使用角度考虑，确定调质零件的硬度时要注意到零件的工作条件和零件的形状。一般地讲，硬度值高，抗拉强度、屈服强度和光滑样品的疲劳强度都高，但是塑性指标降低，脆性破坏倾向和应力集中的敏感性增加，因此，当零件上有起应力集中作用的缺口（花键、槽或断面变化大)时,为使应力分布均匀、减少应力集中现象,这时较低的硬度反而可以获得较高的疲劳性能。

3. *石油矿场机械常用调质钢*

(1)40 钢。40 钢平均碳含量为 0.40%,属中碳钢。热处理规范为:正火,860℃;淬火,840℃;回火,600℃。

40 钢具有较高的强度和良好的切削性,冷变形塑性中等,焊接性不好,经淬火回火后可焊接,热处理时无回火脆性,但淬透性低。它用做承受负荷较大的小截面调质件或应力较小的大型正火零件以及对心部强度要求不高、表面耐磨的表面淬火件,如辊子、轴、连杆、圆盘、车轴等,还可用于冷拉丝、钢板、钢带、无缝管等。在石油工程作业中,它可用做水龙头提环、防喷器闸板、抽油杆接箍等。

(2)45 钢。45 钢是中碳结构钢,碳含量为 0.45%左右,冷热加工性能都不错,力学性能较好,且价格低、来源广,所以应用广泛。它的最大弱点是淬透性低,截面尺寸大和要求比较高的工件不宜采用。

45 钢热处理规范为 850℃正火、840℃淬火、600℃回火,屈服强度大于 355 MPa 。

由于 45 号钢强度较高,塑性和韧性尚好,用于制作承受负荷较大的小截面调质件和应力较小的大型正火零件,以及对心部强度要求不高的表面淬火零件,如曲轴、传动轴、齿轮、蜗杆、键、销等,在模具中常用来做模板、梢子、导柱等。在石油工程中,它常用做制造水龙头接头、泥浆泵凡尔体、离心泵体、离心泵轴等。

(3)30CrMo 钢。30CrMo 为铬钼合金钢,在石油机械中广为应用。

30CrMo 钢具有高的强度和韧性,淬透性较高,在油中临界淬透直径为 15～70 mm;钢的热强度性也较好,在 500℃以下具有足够的高温强度,但 550℃时其强度显著下降;当合金元素在下限时焊接性相当好,但接近上限时焊接性中等,并在焊前需预热到 175℃以上;钢的可切削性良好,冷变形时塑性中等;热处理时在 300～350℃的范围有第一类回火脆性;有形成白点的倾向。

30CrMo 钢通常在调质状态下使用,当碳含量为下限时,也可用做要求心部强度较高的渗碳钢。在中型机械制造业中,它主要用于制造截面较大、在高应力条件下工作的调质零件,如轴、主轴以及受高负荷的操纵轮、螺栓、双头螺栓、齿轮等;在石油化工工业中,它用来制造焊接零件、板材与管材构成的焊接结构和在含有氮氢介质中工作温度不超 250℃的高压导管;在汽轮机、锅炉制造业中,它用于制造 450℃以下工作的紧固件、500℃以下受高压的法兰和螺母,尤其适于制造 300 个大气压、400℃以下工作的导管。

(4)35CrMo。35CrMo 与 30CrMo 一样,都为铬钼合金钢,只是碳含量略高。

35CrMo 经 850℃淬火和 550℃回火的调质处理后,高温下具有高的持久性强度和蠕变强度,低温冲击韧性较好,工作温度可达 500℃,低温至−110℃,并具有高的静强度、冲击韧性及较高的疲劳强度。淬透性良好,无过热倾向,淬火变形小,冷变形时塑性尚可,切削加工性中等,但有第一类回火脆性,焊接性不好,焊前需预热至 150～400℃,焊后需热处理以消除应力。一般在调质处理后使用,也可在高中频表面淬火或淬火加低温、中温回火后使用。

35CrMo 用于制造承受冲击、弯扭、高载荷的各种机器中的重要零件,如轧钢机人字形、曲轴、锤杆、连杆、紧固件，汽轮发动机主轴、车轴，发动机传动零件，大型电动机轴等。在石油机械中，它用于穿孔器、轴、曲拐、吊环、吊卡、中等级别的抽油杆、钻杆、工作温度低于400℃的锅炉用螺栓、低于510℃的螺母等，还可替代40GrNi用于制造高载荷传动轴、汽轮发动机转子等。

(5)42CrMo。42CrMo属于超高强度钢，具有高强度和韧性，淬透性也较好，无明显的回火脆性，调质处理后有较高的疲劳极限和抗多次冲击能力，低温冲击韧性良好，高温时有高的蠕变强度和持久强度。

42CrMo强度高，韧性好，高温时有高的蠕变强度和持久强度。它用于制造要求较35CrMo钢强度更高和截面更大的锻件，如机车牵引用的大齿轮、增压器传动齿轮、压力容器齿轮、后轴、受载荷极大的连杆及弹簧夹，也可用于2 000 m以下石油深井钻杆接头与打捞工具，还可以用于折弯机的模具、天车轴、吊卡等。

(6)40CrNiMo。40CrNiMo是一种性能优良的合金调质钢，淬透性高。经850℃淬火和600℃回火后，有优良的综合力学性能($\sigma_b \geqslant 980$ MPa，$\delta \geqslant 12\%$，$\psi \geqslant 55\%$，$A_{KV} \geqslant 78$ J)。40CrNiMo用做高强度零件，如航空发动机轴等。在石油上，它用做吊环、吊卡、打捞工具、防喷器、级别高的抽油杆等工件。

三、石油工程钢的选用

前已讲述，石油矿场工程机械的生产及材料选用一般可依据相关规范来执行，如钻机提升设备(主要包括绞车、辅助刹车、天车、游车、大钩、钢丝绳以及吊环、吊卡、吊钳、卡瓦)主要依据API Spec 8A《钻井提升设备规范》生产，材料可依据ASTM A781《一般工业用碳钢及合金钢铸件通用规范》、ASTM A688《一般工业用碳钢及合金钢锻件规范》和ASTM A788《锻钢件通用要求规范》来选择；井口装置(主要包括防喷器、井口阀门、阀体、阀盖、螺栓、螺钉等)主要依据API Spec 6A《井口采油树装置规范》、API Spec 6A《钻穿设备规范》生产；抽油杆(包括钢抽油杆、玻璃纤维抽油杆和空心抽油杆等3种类型)主要依据API Spec 11B《抽油杆规范》生产。

目前，石油装置及设备基本是按照API规范生产的，在API规范中对材料的要求有一个显著特点就是给材料强度级别分级，例如，管线钢(X65，X70，X80，X100)，套管(J55，N80，P110)，抽油杆(C，K，D，KD，HL，HY级)等。这并不是意味着规范中确定级别的钢所对应材料的化学成分和生产工艺必须完全相同，而是只要满足API规范要求，生产厂家可以任选材料。例如，API规范对各级抽油杆力学性能的要求见表8－1，而常用的D级抽油杆用钢主要有20CrMo，35CrMo，35Mn2A，SSYD－1，20Ni2Mo等(其中SSYD－1钢是首钢近年来研发的抽油杆专用钢)。某厂在选择生产D级抽油杆的材料时，经试验研究加经济性分析，最后选用20CrMo钢制造D级抽油杆，其原因为：

(1) 抽油杆的特点是细长杆，无法进行整体淬火，20CrMo钢适合中频感应加热＋水淬火工艺，而35CrMo，35Mn2A，SSYD－1水淬后有开裂倾向。

(2) 20CrMo钢属本质细晶粒钢，淬火温度范围广，在850～970℃下淬火，晶粒不长大，淬火效果良好。

(3) 20CrMo钢经合理的调质工艺后，组织细密，各项力学性能指标均达到D级抽油杆要求的上限。

(4) 20CrMo 钢摩擦焊接接头开裂倾向小。

表 8-1 抽油杆力学性能

等级	材料	抗拉强度 MPa	屈服强度 MPa	伸长率 (%)	断面收缩率 (%)	表面硬度 (HRC)	心部硬度 (HB)
C	优质碳素钢或合金钢	620～795	≥415	≥13	≥50	—	—
K	镍钼合金钢	6207～95	≥415	≥13	≥60	—	—
D	优质碳素钢或合金钢	795～965	≥590	≥10	≥50	—	—
KD	镍钼合金钢	795～965	≥590	≥10	≥50	—	—
HL	合金钢	965～1195	≥795	≥10	≥45	—	—
HY	合金钢	—	—	—	—	≥42	≥224

第二节　石油矿场用钢的发展

尽管传统的渗碳钢和调质钢可以满足大部分矿场机械的制造需求，但从降低成本、提高材料使用性能等方面考虑，石油矿场用钢仍需进一步发展。

一、低碳马氏体钢

凡是碳含量小于 0.25%的碳素钢或低碳低合金结构钢经强烈淬火，获得 80%以上甚至 100%低碳马氏体组织，这类钢统称为低碳马氏体钢。一般情况下，含碳量在 0.15%～0.25%范围内的钢淬火强化效果好，综合力学性能高。

1. 低碳马氏体钢热处理工艺特点

(1)获取低碳马氏体的热处理淬火加热温度为 A_{c3}＋(80～120)℃。从淬火强化的效果考虑，适当提高淬火加热温度，有利于奥氏体的均匀化、提高钢的淬透性以及缩短加热时间。

(2) 采用激冷、深冷的强烈淬火冷却方法(5%～10%NaCl 溶液淬火或 10%NaOH 溶液淬火)。低碳钢或低碳低合金钢在强烈淬火后可获得低碳马氏体。

(3) 低碳马氏体淬火后可不经回火而直接使用。

2. 低碳马氏体的微观组织

低碳马氏体的显微组织由不同位向的的马氏体板条组成，板条束间为大角度晶界。由于原奥氏体晶粒被不同位向的板条束所分割，所以材料的有效晶粒得到细化。同时，板条马氏体内有高密度的位错和细小分散呈魏氏组态分布的碳化物，板条马氏体间分布有残余奥氏体薄膜，因而低碳马氏体具有优良的强韧特性。

3. 低碳马氏体钢的性能

经过淬火后低碳马氏体钢具有良好的强度、塑性、韧性的配合以及低的疲劳倾向，同时还有较低的缺口敏感性、过热敏感性、优良的冷加工性、良好的可焊性且热处理变形小等一系列的优点。低碳马氏体钢经过淬火后，可获得脆性较低而塑韧性足够高的位错板条马氏体加板条相界残余奥氏体薄膜，板条内部自回火析出细小分散的碳化物，因而可实现强度、塑性、韧性的最佳配合，是固熔强化、位错强化、晶界强化和沉淀强化等共同作用的结果。低碳马氏体中温回火后代替中碳(合金)结构钢的调质件，其综合力学性能完全可达到要求，而且不论形状如何复杂，淬火后不易变形、开裂，这样不仅可给后工序少留加工量，而且给机加工也带来好处。低碳马氏体钢由于含碳量较低，钢的 M_s 点较高，在淬火过程中就伴随着自回火现象，因而可以省去回火工序，从而节约能源，降低成本，缩短加工周期。

低碳马氏体钢是典型的强塑韧配合材料，用处非常广泛。

4. 典型低碳马氏体钢

典型的低碳马氏体钢有 15MnVB，23SiMnV，23SiMnNiMo，20CrMnSiMoVA 和 20SiMn2MoVA 等，化学成分见表 8－2。

典型低碳马氏体钢 20SiMn2MoVA 和 20CrMnSiMoVA 与典型中碳调质钢 35CrMo 和 40CrNiMo 常规力学性能的对比见表 8－3。由此可见，与调质钢相比，低碳马氏体钢具有优良的综合力学性能，特别是在高强度水平下仍有较大的塑、韧性以及良好的工艺性能。

低碳马氏体钢在吊环、吊卡等石油工程构件中已得到成功的应用。

表 8－2　典型低碳马氏体钢的化学成分　　单位：%

钢　号	C	Si	Mn	P	S	Cr	Ni	Mo	V
15MnVB	0.18	0.40	1.60	0.04	0.04				0.12
23SiMnV	0.26	0.90	1.40	0.04	0.03				0.12
23SiMnNiMo	0.26	0.90	1.30	0.04	0.03		1.10	0.25	
20CrMnSiMoVA	0.19	0.86	1.99	0.02	0.03	1.07	0.109	0.16	0.067
20SiMn2MoVA	0.22	0.98	2.49	0.025	0.002	0.07	0.063	0.32	0.1

表 8－3　典型低碳马氏体钢和典型中碳调质钢性能的对比

钢　号	热处理	HRC	δ_s	Ψ	$\sigma_{0.2}$	σ_b	$\sigma_b/\sigma_{0.2}$	a_k
			(%)		kgf/mm²			kgf·m/cm²
20SiMn2MoVA	900℃淬火 250℃回火	45.5	13.4	69.0	123.8	151.2	1.22	16.1
20CrMnSiMoVA	900℃淬火 200℃回火	44.0	15.7	63.2	122.7	149.5	1.22	14.6
20Cr2Ni4A	900℃淬火 200℃回火	45.0	13.3	57.9	122.8	146.6	1.19	12.1
35CrMo	860℃淬火 350℃回火	46.0	11.7	53.0	132.8	153.0	1.11	5.3
	860℃淬火 600℃回火	31.0	17.5	61.3	103.4	108.0	1.05	12.6

续表

钢号	热处理	HRC	δ_s	Ψ	$\sigma_{0.2}$	σ_b	$\sigma_b/\sigma_{0.2}$	a_k
			(%)		kgf/mm^2			kgf·m/cm^2
40CrNiMo	850℃淬火 380℃回火	46.0	10.2	40.1	134.4	143.5	1.07	4.6
	850℃淬火 600℃回火	32.0	18.9	59.2	103.3	109.4	1.06	15.7

二、非调质钢

非调质钢是指在中、低碳钢中添加微量合金元素 V,Ti,Nb 等,通过控制轧制(锻造)、控制冷却的条件,靠微合金元素的沉淀析出与晶粒细化,使之在轧制(锻造)后不经调质处理,即可获得碳素结构钢或合金结构钢经调质处理后所达到的综合力学性能的钢种。因此,非调质钢同调质钢相比,具有简化生产工艺,取消淬火回火工序,减少矫形工作量,节约合金元素等特点,从而达到降低能耗和生产成本的目的。

1. 非调质钢的主要成分及其作用

(1)C:碳是最有效的强化元素,但在强化的同时却对韧性损害很大。钢碳含量增加,珠光体百分数即会增加,导致强度升高而韧性下降。当碳低于 0.02%时,为得到必要的强度必须增加合金含量,而当碳超过 0.15%时又会损害韧性,为此取 C 含量 0.08%～0.12%。

(2)Mn:微合金钢的成分特点是低碳高锰,即高的锰碳比。锰能降低 $\gamma-\alpha$ 相变温度,而 $\gamma-\alpha$ 相变温度的降低对于热轧状态和正火状态钢材的铁素体有细化作用。因此,锰是高强度低合金钢材中的主要合金元素,通常含量为 1%～2%。

(3)Si:硅除了用做钢的脱氧剂外,还是一种强化铁素体的元素。发挥这些作用的下限含量为 0.10%,过多添加会增加 SiO 等夹杂物的含量,降低钢的韧性和塑性,因而上限定为 0.9%。

(4)Cr:铬是决定钢强度和韧性的重要合金元素,其含量必须大于 0.5%,上限为 1.00%。

(5)V,Ti:在钢中钒、钛是强碳化物和氮化物形成元素,这些元素在比较低的浓度下就能满足这种要求。常用的微合金化元素钒添加量范围为 0.06%～0.12%,钛一般为 0.01%～0.03%。

2. 非调质钢的微观组织

不同非调质钢的微观组织是不同的,大致可以把非调质钢按微观组织不同分为以下 3 种:

(1)铁素体加珠光体型非调质钢。这类非调质钢的显微组织为铁素体加珠光体。根据铁素体是沿原奥氏体晶界析出还是晶内析出,可以分为普通的铁素体加珠光体型非调质钢和晶内铁素体型非调质钢。

(2)贝氏体型非调质钢。此类非调质钢的显微组织为贝氏体。因其强韧性好,故其切削加工性不如铁素体加珠光体型非调质钢。而且,为了获得贝氏体组织,必须添加较多的合金元素,因此会增加钢的成本,使其应用受到了一定的限制。

(3)马氏体型非调质钢。其组织为回火马氏体。这类钢开发较晚,但由于具有较高强度和良好的韧性，正逐步应用于工业生产。

3. 非调质钢的性能

(1)力学性能。

1)硬度和强度。非调质钢锻(轧)后空冷的硬度是基体钢的硬度与钒、钛、铌等合金元素碳(氮)化物析出硬化的总合。其中钒的析出硬化作用比铌强烈得多，这是因为钒的固熔温度比铌低得多(比钛低得更多)。在1 000℃以下，铌基本不固熔，而钒几乎100%固熔到奥氏体中。

不管添加何种元素和添加量多少，中碳非调质钢的抗拉强度一般和硬度成线性关系，屈服强度和硬度的关系则不明显。基于实验数据的回归得出

$\sigma_b=4.49+0.263\ 0(HV)+37.50(C)$

$\delta_s=12.96+0.173\ 6(HV)+3.125(Mn)+60.71(V)-7.326(D)+0.484(GSN)$

式中，HV为维氏硬度；D为钢材直径；GSN为奥氏体晶粒大小的级别；其他字母表示钢中相应元素的含量。

2)塑性和韧性。在强度级别相当的情况下，非调质钢具有与调质碳钢相当的塑性，但冲击韧性较低。表8-4列出了几种调质和非调质钢的性能对比。

表8-4　几种典型调质钢与非调质钢种性能对比

钢号	热处理状态	$\sigma_{0.2}$/MPa	σ_b/MPa	δ/(%)	ψ/MPa	a_k/(J·cm^{-2})	备　注
45	调质	500	700	17	45	80	JIS标准
MF40	锻后空冷	540	800	26	50	60	标准锻件
MF45	锻后空冷	550	850	24	45	50	标准锻件

3)疲劳性能。对比试验表明，非调质钢的σ_{-1}优于调质碳钢的σ_{-1}。

对于实际零件疲劳性能的试验结果表明，非调质钢40MnV(Ti)连杆的疲劳性能优于或相当于45号调质碳钢连杆，非调质钢YF45V曲轴的疲劳强度略高于45钢调质曲轴。

4)断裂特性。在拉伸试验状态下，非调质钢的断裂机制与相同碳含量调质钢的相似。然而，在冲击试验状态下，非调质钢则表现出与调质钢不同的断裂机制。应变速率对断裂机制影响很大。在高应变速率下(如冲击试验，应变速率约为10^2/s)，非调质钢为准解理断裂；而在低应变速率下(如拉伸试验，应变速率约为10^{-3}/s)，非调质钢为剪切韧窝断裂。

非调质钢F35MnVN的冲击试验表明，解理小平面与奥氏体晶粒相当。奥氏体晶粒的细化导致细小的解理小平面，从而阻止裂纹扩展，改善韧性。当断裂小平面尺寸由20 μm降低到11 μm时，冲击功由6.8 J增大到64 J。

(2)切削加工性能。切削加工性能是指钢是否易于被刀具切削的性能。切削加工性能好的材料，刀具磨损少、切削力小、切削量大、加工表面粗糙度小。同时，切削性能与切削加工操作类型有关。因此，应根据多种加工试验来评估非调质钢的切削加工性能。

对硬度波动在HV230～330之间的一系列普碳钢、低合金钢和非调质钢切削性能指数的研究表明：各类钢的切削性能均取决于硬度，在满足零件力学性能的前提下，应尽可能取最低的硬度值。在同样的硬度下，非调质钢的切削性能波动范围比低合金调质钢或普碳调质钢要小，但非调质钢的切削性能受硬度的影响比低合金调质钢和普碳调质钢要大。

为改善非调质钢的切削性能，可在非调质钢中加硫。加硫对非调质钢性能的不利影响，可

通过控制硫含量范围以及加入钙改变硫化物的形态来改善。

(3)热加工工艺性。

1)表面感应淬火性能和氮化性能。机械制造中的零件，如汽车上的曲轴、半轴、花键轴和机床上的光杆、丝杆等，为提高其表面耐磨性能和疲劳性能，在粗加工之后，都要进行表面热处理。因此，如采用非调质钢制造这些零件，应该了解和检验这一类钢的中高频性能和氮化性能。非调质钢 YF40MnV，45 调质钢和 40Cr 调质钢的中高频感应淬火后的性能对比表明，非调质钢具有与调质(正火)碳钢和调质低合金钢相当的中高频淬火性能。

锻造(轧制)后空冷所得到的微合金非调质钢，可以经受高达 600℃的高温回火，而力学性能没有明显的下降。因此，可以用气体渗氮处理(450～570℃范围内)提高零件的表面性能(耐摩擦和抗疲劳性能)，而且不会损害其心部性能。因此，研究和了解非调质钢的渗氮动力学和微量元素(V，Nb)对渗氮后的性能影响可提高非调质钢的应用领域。40MnV(Ti)，40Cr 和 45 钢气体氮化及软氮化后的性能对比表明，钒或钒加钛微合金非调质钢具有良好的氮化处理工艺性能。和 45 钢调质、40Cr 调质相比，在同样的氮化工艺下，虽然渗层中化合物层较浅，但渗层扩散区深度和表面硬度明显高于 45 调质钢和 40Cr 调质钢。

2)焊接性能。非调质钢的焊接性主要受合金碳当量和钢的纯净度(钢中 S，P 的含量)的影响，采用低硫冶炼技术并适当控制合金碳当量，可使非调质钢有和调质钢一样的焊接性。

4. 典型非调质钢

典型非调质钢主要有 35MnVN，40MnV，45V。35MnVN 非调质钢的化学成分为：0.35%C，1.43%Mn，0.365%Si，0.152%Cu，0.143%V，0.021%V。45V 非调质钢的化学成分为：0.45%C，0.3051，0.71%Mn，0.011%S，0.014%P，0.08%V，0.008 6%N，0.03%Al。40MnV 非调质钢的化学成分为：(0.36～0.40)%C，(1.36～1.40)%Mn，(0.8～0.9)%V，(0.011～0.016)%Ti，(0.021～0.045)%Al，(0.007～0.016)%N。这 3 种钢作为非调质钢的典型钢种，因其有良好的力学性能而得到广泛应用。

5. 非调质钢在石油机械上的应用

按应用范围，非调质钢可分为热加工用非调质钢、冷加工用非调质钢和切削用非调质钢。根据上述使用场合，在工程机械上不同的零部件可选用不同类型的非调质钢，可以省去调质工序。下面就不同部件作详细说明。

(1)轴类零件。对于销轴、支重轮轴、履带销轴、油缸杆、抽油杆等轴类零件，可选用直接切削用非调质钢，以替代现有的 40Cr 及 45 调质钢。

采用非调质钢代替调质钢，可以减少加工余量，对于细长轴还可以省去校直工序。

(2)异型热加工锻件。对于履带链轨节、支重轮轮体、引导轮轮体、回转齿圈、标准件、挖臂关节连接部、齿轮、油缸连接头、阀体连接块等异型热加工锻件，可选用热加工用非调质钢，以代替 40Cr，45，35CrMo，40Mn2，35MnB 等调质钢。

采用非调质钢代替调质钢，可以省去调质及其后的表面清理。

(3)冷加工用锻件。对于标准件等行业的标准件，可选用冷加工用非调质钢，以替代 35，45，35CrMo 等调质钢。

三、贝氏体钢

贝氏体钢是一种热加工后空冷所得组织为贝氏体或贝氏体-马氏体复相组织的钢种。它的主要优点概括如下：

(1)热成型后空冷自硬，可免除传统的淬火或淬火回火工序，从而节约大量的热处理费用。

(2)大量节约能源。

(3)免除淬火过程产生的变形、开裂、氧化和脱碳等缺陷。

(4)产品整体硬化，强韧性好，综合力学性能优良。

(5)使用上量大面广。

(6)减少环境污染。

(7)部分产品可将冶金生产与机械生产的工艺流程合并，实现全工序"超短生产流程"。钢厂直接出产品，效益附加值更高，产生显著的经济及社会效益。

贝氏体钢与非调质钢相比，具有更高的塑性和韧性；与回火马氏体钢相比，具有更高的抗疲劳性能(包括冲击疲劳、应变疲劳)和耐磨性能，良好的强韧性配合。国内外学者根据贝氏体相变理论对贝氏体钢进行了大量的研究，设计了不同成分的钢种和生产工艺，形成了不同系列的贝氏体钢，大大推动了贝氏体钢的发展及其应用。

1. 贝氏体钢中主要的合金元素及其作用

目前，关于贝氏体钢的主要设计思路是通过一些合金元素的联合作用，以达到大大推迟珠光体转变曲线，使钢的连续冷却转变曲线(CCT 曲线)上、下分离，出现两个"C"形曲线，这样可以达到大尺寸截面上空冷得到贝氏体组织的中低碳贝氏体钢设计目标。

贝氏体钢中主要的添加元素及其作用：

(1)碳：C 是强间隙固熔强化元素，碳的作用是提高强度。然而，强度不能单纯依靠碳含量的提高来实现，因为高的碳含量既伤害焊接性能又降低冲击韧性，同时碳含量的增加使 B_s 点不断下降。

(2)锰：Mn 含量高时降低 B_s 点，含量少时降低 M_s 点；能影响贝氏体相转变曲线，并提高贝氏体淬透性及贝氏体钢的强度。在低碳钢中，Mn 对晶粒有细化作用。

(3)铬：Cr 含量高时降低 B_s 点，含量少时降低 M_s 点，是压低 $\Delta B_s/\Delta M_s$ 比值最强的合金元素。Cr 对贝氏体相转变"C"曲线影响较大，能提高贝氏体淬透性和强度。

(4)钼：Mo 含量高时降低 B_s 点，含量少时降低 M_s 点，能使铁素体向珠光体转变大大推迟，并使铁素体向珠光体与贝氏体"C"曲线分离，但对贝氏体转变的推迟作用却不明显。Mo 含量大于 0.2%时，便使下临界冷速(与铁素体析出相切的冷速)降低；含量在 0.2%～0.4%时，作用已十分显著；当含量大于 0.6%时，这种影响减小。因此，一般中低碳贝氏体钢 Mo 的加入量为 0.4%～0.6%。它是强烈形成稳定碳化物的元素，显著地阻止奥氏体晶粒粗化。

(5)钨：W 能提高原子结合力、扩散激活能和蠕变激活能，因而在钢中经常加入 W，对基体进行固熔强化，以提高合金的组织稳定性和蠕变抗力。W 能有效地推迟铁素体和珠光体转变，并能抑制回火脆性。在贝氏体钢中加入 W，可以提高淬透性和防止调质处理时的回火脆性。

(6)硅：Si 可起到固熔强化作用，降低 B_s 点，并使贝氏体相转变"C"曲线右移而抑制过冷奥氏体分解，从而促进贝氏体-铁素体间的富碳奥氏体和 M/A 岛状组织的形成。当 Si 含量极少，仅以非金属夹杂物形式存在时，可以阻止奥氏体晶粒粗化。但当含量足够高，作为合金元素溶入固熔体时，则促使奥氏体晶粒粗化。

Si 虽然是非碳化物形成元素，但对贝氏体转变有颇为强烈的滞缓作用，这与 Si 强烈阻止过饱和铁素体的脱溶有关。Si 在钢中的另一个重要作用是增加组织中残余奥氏体量及其稳定性。低碳合金钢中的 Si 可显著提高粒状贝氏体的相对含量，而且在硅含量低于 1.62%时，M/A 岛和岛中马氏体的体积分数随硅含量的升高而明显增加。

(7)硼：在中低碳贝氏体钢中，多边形铁素体转变很快，连续冷却时不可能得到最大量的贝氏体转变。向钢中加入 0.002%左右的 B，就可以抑制多边形铁素体的转变。但是由于 B 在钢中活性很高，极易形成氧化物或氮化物，从而减少了奥氏体中的有效硼含量，所以加硼钢必须用铝脱氧或加钙处理，而且硼的加入量必须适当，在冶炼中难以控制硼的添加量。随着高合金贝氏体钢的发展，B 已被其他合金元素取代。合金元素对 B_s 点和 M_s 点的压低作用直接影响到所获得贝氏体组织的形态和性能，理论上 B_s 点越低，相转变组织中下贝氏体的量就越多，钢的强韧性配合就越好。同时，压低 $\Delta B_s/\Delta M_s$ 比值越大，贝氏体组织长大的温度范围就越窄，贝氏体组织就越细小，从而起到类似于细晶强化的作用，提高钢的强韧性。因此，在添加合金元素时，应充分考虑这种作用。

总之，合金元素在贝氏体钢中的作用主要表现为：降低贝氏体相转变温度(B_s)，细化铁素体晶粒及固熔强化等。

2. 贝氏体钢的分类

国内外学者根据贝氏体相变理论对贝氏体钢进行了大量的研究，设计了不同成分的钢种和生产工艺，形成了不同系列的贝氏体钢，大大推动了贝氏体钢的发展及其应用。

(1)Mo-B 系或 Mo 系贝氏体钢。20 世纪 50 年代，英国人 P. B. Pickering 等发明了 Mo-B 系空冷贝氏体钢。Mo 和 B 的结合可以使钢在相当宽的连续冷却速率范围内获得贝氏体组织。空冷贝氏体钢的加工工艺简单，又节约能源，因此 Mo-B 系或 Mo 系贝氏体钢的开发受到世人的重视。但由于 Mo 原料价格昂贵，同时 Mo-B 钢起始转变温度较高，产品强韧性差，为降低此温度，还必须将 Mo-B 钢合金化，从而提高了生产成本，因此其发展受到一定限制。

(2)Mn-B 系贝氏体钢。20 世纪 70 年代，清华大学方鸿生等在研究中发现：Mn 在一定含量时，可使过冷奥氏体等温转变曲线上存在明显的海湾，使钢的上、下“C”曲线分离；Mn 与 B 结合，使高温转变孕育期明显长于中温转变。他们由此成功地用普通元素进行合金化，发明出 Mn-B 系空冷贝氏体钢。由于适量的 Mn 可导致其在中温下相界处富集，对相界迁移起拖曳作用，与 B 共同作用容易获得贝氏体；同时 Mn 显著降低了贝氏体相变驱动力，使贝氏体相变温度降低，细化了贝氏体尺寸，改善了韧性和强度，突破了空冷贝氏体钢必须加入 Mo，W 和限于以低碳为主的传统设计思想，研制出了不同性能和用途的高碳、中碳、中低碳、低碳 Mn-B 系列贝氏体钢。

(3)新型准贝氏体钢。康沫狂等通过多年的研究，提出了由贝氏体、铁素体(低碳马氏体)和残余奥氏体组成的准贝氏体，并成功研制了系列准贝氏体钢。在钢中加入一些合金元素可以推迟 CCT 曲线中铁素体和珠光体的开始析出线，而对贝氏体的开始析出线影响不大，从而可以在很大的冷速范围内获得贝氏体组织。同时加入 Si，Al 等阻碍碳化物析出元素，保证在很大的冷速范围内获得准上贝氏体、准下贝氏体或其混合组织，形成一般强度、高强度和超高强度系列的准贝氏体钢。与一般结构钢相比，新型准贝氏体钢具有更好的强韧性配合，并具有高的疲劳强度和耐磨性、好的焊接性，其力学性能超过了当前典型的贝氏体钢、调质钢和超高强度钢。

3. 控制钢中贝氏体组织形态的热加工工艺

钢中贝氏体是过冷奥氏体在珠光体转变和马氏体转变之间的中温区域的分解产物，故称中温转变，一般为铁素体和碳化物组成的两相混合物。贝氏体既有珠光体转变的某些特征，又有马氏体转变的某些特征，这给贝氏体带来复杂的相变性质和多样的组织形态。影响贝氏体组织形态的除内在因素诸如钢的化学成分和母相组织以外，热加工工艺也是至关重要的。

(1)等温处理。等温处理获得贝氏体钢铁材料是钢铁冶金领域的重大成就之一，然而等温淬火工艺及设备复杂、能源消耗大、产品成本高、淬火介质污染环境、生产周期长等，致使贝氏体钢铁材料在工程上的推广应用受到限制。但低温下长时间等温处理可得超强低温贝氏体，是发展超级钢、纳米钢铁材料的方向之一。

(2)空冷处理。为了克服等温处理的缺点，材料工作者采用铸后空冷的方法制备了 Mo-B 系贝氏体钢，但为了获得较多的贝氏体必须加入铜、钼、镍等贵重合金元素，这不但成本高，而且韧性也较差。

(3)控制冷却处理。控制冷却原是钢材控轧、控冷工艺过程中的概念，近年来发展成为一种高效、节能的热处理方法。热处理时通过控制冷却可获得所设计的组织，提高钢的性能。控制冷却在钢化学成分适宜时会促进强韧的低碳贝氏体形成。控制冷却常用的方式有压力喷射冷却、层流冷却、水幕冷却、雾化冷却、喷淋冷却、板湍流冷却、水-气喷雾冷却和直接淬火等。它们各有优势，根据具体工艺环境和限定条件来确定。

从一定意义上讲，等温淬火热处理实际是控制冷却的特例，因此，借鉴等温淬火和控制热处理的思想，通过控制冷却，在高温区快冷避开珠光体转变，在中温区缓慢冷却(保温)，以一定手段(如炉中恒温)在贝氏体转变区营造一个“准等温环境”，实现钢中贝氏体转变。利用控轧和控冷相结合，弛豫过程可以充分细化组织，大幅度提高强度和韧性，从而制备出超细晶高强度贝氏体钢。此加工工艺具有操作简单、成本低和生产效率高等优点，是生产贝氏体钢加工工艺的发展方向。

4. 贝氏体钢的强韧化机理

(1)细晶强化。对于贝氏体钢的重要强化机制首先应是细晶强化。细晶强化是贝氏体钢极其重要的强化效应。细晶强化的独特之处，在于唯有它既能有效地提高强度，又能明显地优化塑性和韧性。细化晶粒还可使韧脆转变温度下降。晶界是位错运动的障碍，细化晶粒可使屈服强度提高。细晶可把塑性变形限定在一定范围内，使变形均匀化，因此细化晶粒可提高贝氏体钢的塑性。晶界又是裂纹扩展的阻力，所以细化晶粒还可以改善钢的韧性。

(2)沉淀强化。借助于控制微观组织中其他相，如碳化物、氮化物和碳氮化合物的弥散分布和数量，常常可以进一步相当大地细化组织，即沉淀强化效应，同时又可提高钢的耐磨性。

5. 贝氏体钢在工业生产中的应用

由于贝氏体钢具有良好的综合力学性能，而且其成本相对较低和加工工艺简单，因此贝氏体钢在实际生产中得到了广泛的应用。

(1)准贝氏体钢的应用。准贝氏体钢具有高强、高韧、可焊、耐磨等特点，可以作为一种超级高强钢，具有重要的应用前景。工程机械中不少易磨损的部件都有准贝氏体钢的应用，如采煤机截齿、矿用圆环链、重型钎杆、高强度抽油杆等。目前，国内生产截齿钢材多使用 35CrMnNi，42CrMoA 和 55SiMnMo 等，准贝氏体钢 BZ－30 价格和 35CrMnNi 相当，但寿命提高 2～2.5 倍；准贝氏体钢制造的 BZ－15L 矿用高强度圆环链，部分规格指标已达到 C 级国家标准;准贝氏体钢 BZ－11 制造 H 级抽油杆热处理工艺简单,力学性能达标,目前应用良好。

(2)贝氏体非调质钢。由于低碳贝氏体非调质钢具有较高的综合性能,尤其在低温下具有较高的韧性,因而在机械、汽车、石油等行业得到广泛的应用。提高非调质钢韧性的途径是:①在传统的铁素体-珠光体基体上改变其化学成分和组织状态;② 改变其基体组织。其中,开发以贝氏体为基体组织、具有良好强韧性的低碳含 V,B 以及较高 Mn 的微合金化非调质钢即是一条主要途径。日本新日铁公司在贝氏体非调质钢的研究开发中添加微合金化元素,使这类钢在很宽的冷却速率范围内可获得贝氏体组织,锻后冷却速率越快,强度越高,而塑韧性基本稳定;冷却速率慢,可获得更好的低温性能,适合于要求强度高、韧性好的汽车行走系部件。攀枝花钢铁公司与清华大学、二汽合作开发的贝氏体微合金非调质钢 12Mn2VB 代替 45 调质钢制造汽车前轴,效果良好。

(3)贝氏体耐磨钢。矿山破碎、研磨和矿粉输送等过程中需要消耗大量的耐磨材料。用普通元素锰和微量硼进行合金化,通过控制空冷条件自硬获得的贝氏体钢球在具有整体硬度高的同时,还具有高韧性和低破碎率等优良性能。截齿用钢不仅免去了淬火处理,而且截齿柄杆强韧性高,刀头硬度大于 HRC50,不易磨损;中低碳(0.3%C)SiMnCr 钢离心铸管的组织以贝氏体为主,并复合有回火马氏体及少量残余奥氏体,具有致密程度高、组织细化等优点,在硬度高达 HRC45 时,还具有较优良的韧性($a_k \geqslant 40$ J/cm^2)。该离心铸管现场使用效果良好,其使用寿命较原用材料 16Mn 提高 2 倍。

(4)贝氏体钢板材。管线钢的需求促进了高强韧性、耐低温且易焊接的超低碳贝氏体(ULCB)钢的发展。于 1967 年研制出采用 Mn,Mo,Ni,Nb 合金化的 ULCB 钢,经热机械控制(TMCP)处理后,屈服强度达到 700 MPa,且具有良好的低温韧性和焊接性能。低碳微合金化控轧贝氏体钢研制成功后,受到工程界的注意,逐步得以推广应用,并在此基础上发展了超低碳的控轧贝氏体钢。如 X70 和 X80 超低碳控轧贝氏体钢,其屈服强度高于 500 MPa,脆性转变温度小于－80℃,它既可以作为低温管线钢,也可以作为舰艇系列用钢。

四、双相钢

钢由不同的相结构组成,理论上可以把任何由两个相所组成的钢都叫双相钢。但在实用中,一般把占一定体积分数的铁素体、马氏体、奥氏体及贝氏体等相中的两个“相”并存的钢称为双相钢。

不同的相具有不同的性能,相是决定材料性能的本质因素。通过多相组织的复合搭配,对材料的力学性能、物化性能起到复合增强的作用,这种增强的作用可以通过调整两相的形态、组分和尺寸等来控制,以期达到需要的性能。

目前,工业上应用的双相钢主要有铁素体-马氏体高强度、高成型性双相钢,铁素体-奥氏体双相不锈钢,马氏体-贝氏体高强、高韧型双相钢。

1. 铁素体-马氏体双相钢

(1)获取铁素体-马氏体双相钢方法。从物理冶金原理上讲,获得铁素体-马氏体双相钢的方法很多。但这些方法能否在实际生产中实现,则要决定于生产条件和成本两个因素。因此,目前实际生产中工艺主要有两种。

1)热处理方法。将热轧或冷轧钢板重新于($\alpha+\gamma$)两相区加热后冷却,冷却速率是根据钢的化学成分来确定的,原则是保证一部分奥氏体(大约 10%～25%)转变成马氏体。用这种方法生产的双相钢又称为热处理双相钢。它的主要优点是，对钢的化学成分没有特殊要求。采用一般的低碳钢或低锰含量的成分，都可获得双相组织。但是为了降低获得双相组织的临界冷却速率，以提高双相钢的伸长率，可向钢中加少量的V(0.01%左右)、Ti(0.05%左右)、Mo(0.01%左右)等元素。热处理方法的缺点是，由于需将冷轧或热轧钢材重新加热，附加了生产工艺，提高了成本。同时，在进行亚温区加热时，一般需配备先进的连续退火炉。近来国外研究了在没有连续退火设备时，采用周期炉生产双相钢的可能性。但由于冷却缓慢，为获得双相组织，需向钢中添加2%左右Mn。这不仅增加了成本，而且使构件喷漆附着性能变坏。

总之，采用热处理方法获得铁素体-马氏体双相钢是一条可行而成熟的技术路线。需要进一步研究的工作：一是如何在不加Mo，V，Ti等元素而在更慢的冷却速率下获得性能优越的双相钢；二是在没有连续退火设备时如何实现这种工艺。

在石油矿藏机械中，为提高材料的强韧特性，可采用一种称为“亚温淬火”的热处理方法，以获取马氏体-铁素体双相组织。

2)控制轧制法。钢坯经奥氏体区或两相区终轧后，根据奥氏体连续转变动力学曲线，选择适当的冷却方式，让大量铁素体先分离出来，剩余的奥氏体在更低的温度下转变成马氏体。采用这种方法生产的双相钢也叫热轧双相钢。根据钢板卷取温度的不同，热轧双相钢可分为两种：

ⅰ)高温卷取型。其典型钢种的化学成分为：0.066%C，0.90%Mn，1.35%Si，0.45%Cr，0.40%Mo。采用这种方法生产双相钢的最大优点是，省掉了钢材轧制后的二次加热，不需附加热处理设备，在我国钢厂的现有条件下都可实现。但由于添加较多的Cr，Mo等贵重元素而使钢材成本升高。

ⅱ)低温卷取型。这种钢一般只含1.5%～2.0%Mn，1%～1.5%Si，不含Mo，Cr等贵重元素。将这种钢在两相区终轧或停留，使一大部奥氏体先转变成铁素体，然后快速冷却到M_s点以下温度卷取，使这部分奥氏体转变成马氏体。这种钢虽然由于成分简单而降低了成本，但在较低温度(250～400℃)卷取，卷取设备容量必须足够大，对生产设备要求很高。

(2)铁素体-马氏体双相钢的主要性能特征。

1)屈强比。目前国内外研制和生产的双相钢，根据用途构成不同的强度级别，屈强比一般在0.4～0.6之间。由于屈强比低，因此容易塑性加工，弹性回复较小。双相钢屈强比低，是由于临界退火后生成了铁素体加马氏体组织，致使屈服强度下降，而抗拉强度上升。屈服强度下降的原因是奥氏体转变为马氏体时，发生体积膨胀，使小岛周围的铁素体内产生了大量的可动位错及残余应力，这些可动位错没有C，N等间隙原子钉扎，在低应力下开动，因此表现出低的屈服应力。而抗拉强度上升的原因主要表现在两个方面：一是由于高强度马氏体取代珠光体，二是小岛马氏体与基体铁素体界面较多，马氏体内含碳量又较高(一般在0.3%～0.4%)，并有较高的位错密度。因此在形变时，来自铁素体的位错穿越这些区域变得困难而塞积于铁素体-马氏体界面，致使抗拉强度较高。

2)加工硬化速率。铁素体-马氏体双相钢的加工硬化速率高，尤其在加工初期(应变量$\varepsilon=0.0\sim0.05$)，n值很高。当预应变为3%时，加工硬化约为13 kg/mm^2；预应变为10%时，加工硬化约为20 kg/mm^2，这大约是析出强化钢加工硬化的2倍。

双相钢的力学性能受到铁素体和马氏体的相对量、形状及分布影响。铁素体-马氏体双相组织可以分为两种类型：第一种以铁素体为基体，马氏体含量一般不超过40%。以上所述的即为这一类型，大量用于各种车辆的壳体制造。第二种以马氏体为基体，含一定数量的铁素体。以马氏体为基体的马氏体-铁素体双相组织可通过亚温淬火的热处理方法获得。与其他低合金高强度钢相比，在相同强度水平下，马氏体-铁素体双相钢有较大的塑性和韧性，因而在石油矿藏机械中得到应用。

2. $\alpha-\gamma$ 型双相不锈钢

奥氏体-铁素体双相不锈钢是指不锈钢中既有奥氏体又有铁素体组织结构的钢种，而且此二相组织要独立存在，含量都较大，一般认为最少相的含量应大于 15%。奥氏体-铁素体双相不锈钢是通过正确控制化学成分和热处理工艺而获得的。而实际工程中应用的奥氏体加铁素双相不锈钢（习惯称 $\alpha-\gamma$ 双相不锈钢或双相不锈钢）多以奥氏体为基并含有不小于 30%的铁素体，最常见的是两相各约占 50%的双相不锈钢。其组织特点在第五章中已有论述，在这里主要介绍其特点和应用。

由于具有 $\alpha-\gamma$ 双相组织结构，双相不锈钢兼有奥氏体不锈钢和铁素体不锈钢的特点。与铁素体不锈钢相比，$\alpha-\gamma$ 双相不锈钢的韧性高，脆性转变温度低，耐晶间腐蚀性能和焊接性能均显著提高；同时又保留了铁素体不锈钢的一些特点，如导热系数高、线膨胀系数小、具有超塑性、有磁性等。与奥氏体不锈钢相比，$\alpha-\gamma$ 双相不锈钢的强度高，特别是屈服强度显著提高，且耐晶间腐蚀、耐应力腐蚀、耐腐蚀疲劳等性能有明显的改善。20 世纪 80 年代以后，$\alpha-\gamma$ 双相不锈钢已成为和马氏体型、奥氏体型和铁素体型不锈钢并列的一个钢类。

双相不锈钢有以下性能特点：

(1)含钼双相不锈钢在低应力下有良好的耐氯化物应力腐蚀性能。一般 18－8 型奥氏体不锈钢在 60°C 以上中性氯化物溶液中容易发生应力腐蚀断裂，在微量氯化物及硫化氢工业介质中用这类不锈钢制造的热交换器、蒸发器等设备都存在着产生应力腐蚀断裂的倾向，而双相不锈钢却有良好的抵抗应力腐蚀能力。

(2)含钼双相不锈钢有良好的耐孔蚀性能。在具有相同的孔蚀抗力当量值时，双相不锈钢与奥氏体不锈钢的临界孔蚀电位相仿。双相不锈钢与奥氏体不锈钢耐孔蚀性能与 AISI 316L 相当。含 25% Cr 的，尤其是含氮的高铬双相不锈钢的耐孔蚀和缝隙腐蚀性能超过了 AISI 316L。

(3)双相不锈钢具有良好的耐腐蚀疲劳和磨损腐蚀性能。在某些腐蚀介质的条件下，它适用于制作泵、阀等动力设备。

(4)综合力学性能好。有较高的强度和疲劳强度，屈服强度是 18－8 型奥氏体不锈钢的 2 倍。固熔态的伸长率达到 25%，韧性值 A_{KV} 在 100 J 以上。

(5)可焊性良好，热裂倾向小，一般焊前不需预热，焊后不需热处理，可与 18－8 型奥氏体不锈钢或碳钢等异种焊接。

(6)含低铬（18%Cr）的双相不锈钢热加工温度范围比 18－8 型奥氏体不锈钢宽，热加工抗力小，可不经过锻造，直接轧制开坯生产钢板。含高铬（25%Cr）的双相不锈钢的热加工比奥氏体不锈钢略显困难，可以生产板、管和丝等产品。

(7)冷加工时，双相不锈钢比 18－8 型奥氏体不锈钢加工硬化效应大，在管、板承受变形初期，需施加较大应力才能变形。

(8)与奥氏体不锈钢相比，双相不锈钢导热系数大，线膨胀系数小，适合用做设备的衬里和生产复合板。它也适合制作热交换器的管芯，换热效率比奥氏体不锈钢高。

(9)双相不锈钢仍有高铬铁素体不锈钢的各种脆性倾向，不宜用在高于 300°C 的工作条件。双相不锈钢中含铬量愈低，σ 等脆性相的危害性也愈小。

我国研制开发的 0Cr25Ni6Mo3CuN 双相钢兼有奥氏体不锈钢优良的韧性、可焊性等综合性能，其耐应力腐蚀、耐孔蚀、耐磨损腐蚀等性能较好。

2507 是一种铁素体-奥氏体双相不锈钢，它综合了许多铁素体钢和奥氏体钢的性能特征，由于该钢中铬和钼的含量都很高，因此具有极好的抗点腐蚀、缝隙腐蚀和均匀腐蚀的能力。双向显微组织保证了该钢具有很高的抗应力腐蚀破裂的能力，而且机械强度也很高。

国内外双相不锈钢已广泛地应用于各工业领域，其中石油和天然气工业是双相不锈钢的主要应用领域之一，如国内南海油田油气输送管线、塔里木盆地的集气管线等。炼油工业也是较多使用双相不锈钢的部门，如常减压蒸馏塔的塔顶衬里(或复合板)、塔内构件、空冷器和水冷器等。

3. 马氏体-贝氏体双相钢

20 世纪 60 年代，人们在某些低合金高强度钢中发现马氏体-贝氏体复相组织钢的强韧性优于单一马氏体组织钢，因此贝氏体-马氏体复相组织引起了人们的注意。

获得马氏体-贝氏体双相钢的工艺基本上有两种：

(1)连续冷却复相热处理的相变过程。如图 8 - 1 所示，加热奥氏体化后的钢依靠控制冷却，使约 10%～15%的过冷奥氏体在通过贝氏体转变温度区段时相继分解为不同类型的贝氏体。先析出的贝氏体将奥氏体晶粒进行分割、细化，当冷却至 M_s 温度时，剩余过冷奥氏体全部转变为马氏体，获得马氏体-贝氏体复相组织。与直接淬火的单一马氏体组织相比，复相组织中的马氏体的领域大小、板条尺寸随着先析贝氏体量的增加而愈益细化，解理裂纹的平均自由行程或单位裂纹长度(Unit Crack Path)亦愈益缩短，同时由于马氏体转变时的体积效应，先析出的贝氏体相周围区域受到一定程度的形变。根据 Hall - Peteh 关系，复相钢的屈服强度、冲击韧性和断裂韧性等均能有较大程度的提高，脆性转变温度有所降低。这种连续冷却复相热处理已成为改善强韧性的一种简易工艺方法，特别适用于低碳、低合金钢板材的热处理。

(2)等温淬火的复相热处理。该工艺可分为两种，把等温淬火温度局限于 M_s 温度以上(下贝氏体)和以下的温度区段内。传统的等温淬火工艺通常在 M_s 温度以上进行，可获得下贝氏体组织，如图 8 - 2 所示。后来的研究表明，经 M_s 温度以下等温的复相热处理的双相钢，其强韧性配合优于在 M_s 点以上温度处理的。这种等温淬火工艺已先后在 GCr15 轴承钢、6Cr4WMoV 基体钢及 GCrMo 冷轧辊钢上应用，其强韧性与普通淬火、回火处理的相比有较大幅度的提高。马氏体-贝氏体复相热处理中强韧化工艺，有着广阔的应用前景。

在马氏体-贝氏体双相钢中，板条马氏体具有较高的强度和硬度，而下贝氏体又具有较好的塑性和韧性，因此马氏体-贝氏体双相组织可以获得较好的综合性能。表 8 - 5 为 HY - 140 钢(0. 13C - Ni - Cr - Mo)经直接淬火和等温淬火两种热处理方法所分别获得的马氏体和马氏体-贝氏体复相组织的性能对比。可见，在相近强度水平下，马氏体-贝氏体复相组织有较大的塑性和韧性。

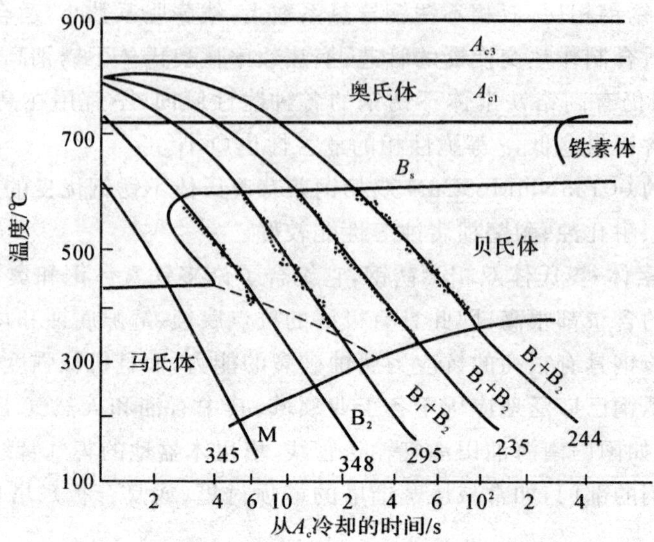

图 8－1　连续冷却复相热处理的相变过程示意图

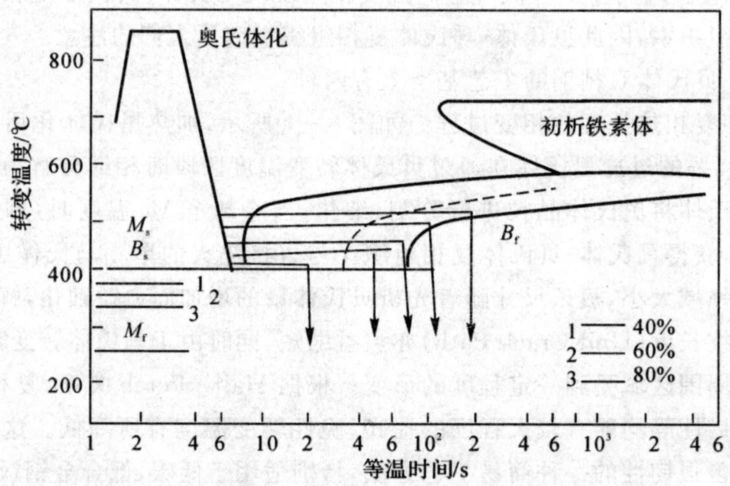

图 8－2　等温温度在 M_s 点以上的复相热处理示意图

表 8－5　HY－140 钢马氏体和马氏体-贝氏体复相组织的性能对比

组织状态	σ_b / kg/m²	σ_s / kg/m²	δ / (%)	δ_u / (%)	ψ / (%)	n	σ_s/σ_b
M	136.3	114.3	14.5	6.1	66.8	0.058	0.84
M＋B	130.8	104.317.6	8.4	66.8	0.073	0.8	

30SiMnCrMoVTi，24SiMnNiCrMo 都是马氏体-贝氏体双相钢的典型钢种。马氏体-贝氏体双相钢现已广泛应用于机械加工、汽车制造以及石油工程行业。一些研究结果表明，以马氏体-贝氏体双相组织代替传统的调质回火索氏体，油井管材料可以实现高的强韧特性。

第三节　矿藏机械用钢的强韧化新工艺

一、超高温淬火

所谓超高温淬火工艺，就是在原有淬火工艺的基础上，提高淬火温度的一种热处理工艺。表 8-6 为中碳合金结构钢的试验结果，表明超高温淬火对强度影响不大，但却不同程度地提高了材料的断裂韧性。

研究表明，提高淬火温度可使碳原子在位错线上的偏聚倾向减少，降低奥氏体的切变强度，使奥氏体向马氏体转变容易进行，M_s点升高，从而减少了马氏体晶体中的孪晶亚结构，使孪晶片状马氏体减少而代之以位错板条马氏体。因此，超高温淬火有助于材料强韧性的提高。

表 8-6　普通淬火与超高温淬火处理后材料力学性能的对比

钢号	奥氏体化温度	淬火介质	$\sigma_{0.2}$/(kg·mm^{-2})	$\frac{K_{IC}或K_Q}{kg/mm^2}$
0.3C-0.6Mn-5Mo	870℃	冰盐水	136	1.5
	1 200℃	冰盐水	150	3.5
0.3C-0.46Mn-0.8Cr-0.20Mo(4130)	870℃	油	141	2.2
	1 200℃	冰盐水	150	3.5
0.4C-0.8Mn-0.72Cr-1.74Ni-0.24Mo(4340)	870℃	油	162	1.4
	1 200～870℃	油	162	2.4

以常用的模具材料 5CrMnMo 为例，为提高热锻模的使用寿命，采用超高温淬火、回火工艺处理(见图 8-3)，淬火温度比常规高出 40℃，再分别经 460℃，180℃二次中、低温回火。经此工艺处理后的热锻模，其硬度为 HRC45～47，在模具投入使用后，能一次性加工毛坯3 000 件以上，其抗热疲劳性能明显提高。

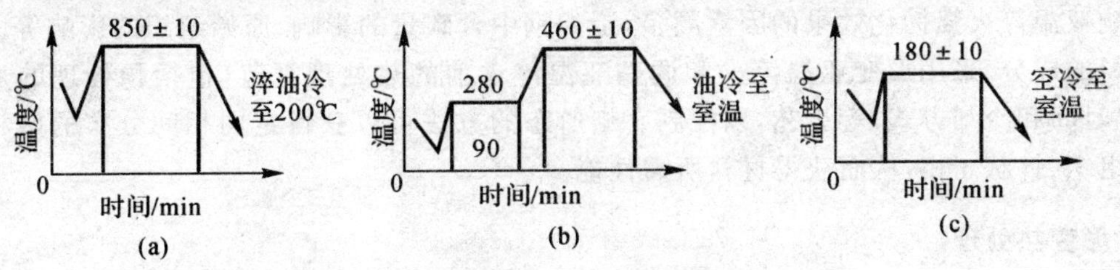

图 8-3　热处理工艺

(a) 高温淬火；(b) 中温回火；(c) 低温回火

超高温淬火最早由美国 V. F. Zackey 于 1972 年首先提出。由于加热温度高引起晶粒粗大，工件易于变形和开裂，因此该工艺的实际应用受到限制。

二、循环加热

循环加热是一种使钢进行多次快速相变重结晶、显著细化原始奥氏体晶粒的方法，可以使材料的强韧性提高。国内外许多钢种的研究结果表明，循环加热热处理较之普通热处理方法，可提高材料强度20%～30%，断裂韧性30%，使韧脆转变温度降低100℃。

循环加热细化晶粒的机理，本质上是与为了细化晶粒而进行的正火（或退火）一样，都是通过在合适的温度下进行相变重结晶而达到的。循环加热只不过是进行多次的相变重结晶而已，而且一般采用快速加热，推荐较低的奥氏体化温度及较小的保温系数20 s/mm，这些条件对于细化晶粒十分有利。奥氏体形核后，由于温度低、时间短，来不及进行粗化就已冷却下来，所以，晶粒数目一次比一次多，晶粒大小就一次比一次细，最后达到超细化的目的。如采用循环加热淬火方法可使65Mn钢获得4μm的晶粒，使9SiCr获得3.5μm的晶粒，从而使材料的强韧性提高。

一般认为，循环加热的次数以3～4次为佳。循环加热的次数过多，由于热应力的增加和显微组织的增多，可能有相反的作用。

三、亚温淬火

许多热处理新工艺已作为钢的强韧化手段而发展起来，利用韧性相的复合组织即为其中之一。亚温淬火就是利用韧性相铁素体的存在而显示出其工艺的生命力。亚温淬火可称为亚共析钢的不完全淬火、两相($\alpha+\gamma$)区淬火或临界区淬火。亚温淬火所获得的组织为马氏体-铁素体双相组织。

按经典热处理的观念，亚共析钢淬火必须进行完全奥氏体化，即完全淬火，而不允许有铁素体存在。因此，($\alpha+\gamma$)两相区对亚共析钢淬火而言曾是一个禁区，亦即亚共析钢不允许进行不完全淬火，理由是铁素体的存在使钢的性能变坏。

然而，国内外的研究结果表明，亚温淬火的优点不仅打破“禁区”这一陈旧观念，而且成为强韧化的基础。对结构钢进行亚温淬火，获得在马氏体基底上保留少量弥散分布的铁素体组织，其优点可归纳为以下几方面：第一，提高钢在室温和低温下的冲击韧性，从而扩大材料的使用范围；第二，降低钢的冷脆转变温度，材料可在更低的温度下处于韧性状态；第三，抑制钢的可逆回火脆性，因而可以降低调质件的回火温度而使强度得到恢复，从而在不牺牲强度的前提下获得高韧性。

影响亚温淬火强韧化效果的因素颇多，诸如钢中含碳量的影响、原始组织的影响等。通过改变材料的成分、采用形变亚温淬火和调整亚温淬火前的热处理规范（包括预处理的加热温度、保温时间和冷却方式）等工艺，以控制α相形态的方法可以获得定向相间分布的两相纤维状复合组织、针状α相，从而获得材料所需性能。

四、形变热处理

形变热处理(Thermomechanical Treatment)是将压力加工与热处理结合起来的金属热处理工艺。利用形变热处理，可以同时达到成形和改善显微组织的双重目的，使工件获得优异的强度和韧性，从而大幅度地改善工艺性能和使用性能，充分发挥金属材料的潜力，提高零件质量和寿命。

锻工在锻造凿子和斧头等工具时，把锻打成形的工件立即放入水中淬火，就是形变热处理的早期应用。采用形变热处理工艺可以省去一般热处理时的重新加热，从而节省能源、加热设备和车间面积，还可避免重新加热时的氧化、脱碳等问题。

形变热处理自20世纪50年代初期开始研究以来，应用的范围日益扩大。它不仅可用于各种碳素结构钢、合金结构钢，还可用于工具钢、不锈钢、耐热钢、高温合金，以及以铝、镁、钛、铜等为基的有色金属合金。这种工艺可以采用各种热变形、温变形、冷变形成形方法，如锻、轧、挤压、拉拔等整体压力加工，旋压、摆动辗压、强力喷丸等表面或局部形变。形变热处理主要用于形状简单、截面变化和加工余量不大的工件。

形变热处理的工艺方法很多，主要有高温形变热处理和低温形变热处理两大类。

1. 高温形变热处理

高温形变热处理又可分为高温形变淬火、高温形变等温淬火和高温形变正火等。

(1)高温形变淬火。将钢件加热到 A_{c3} 以上(950～1 250℃)热锻或热轧，然后在水或油中急剧冷却，达到淬火目的。这种方法适用于低碳、中碳碳素结构钢和各种低合金结构钢，能够提高钢的强度，改善塑性、韧性，减小回火脆性的敏感性，提高在环境低温下的脆断抗力，已在多种调质锻件上获得应用。

(2)高温形变等温淬火。将高温加热和产生形变之后的钢件，置于热浴中保持足够时间，使之发生等温转变。在珠光体温度区域等温转变后，可以获得细密的片层状珠光体组织，从而提高钢的强度和韧性。在贝氏体区域进行等温转变，则可使强度提高得更多。这种工艺可用于钢丝、螺钉等金属制品和零件。

(3)高温形变正火。使高温形变后的钢料在吹风、喷水或喷雾的情况下冷却，以获得较细的铁素体加珠光体组织，从而在提高材料强度的同时降低脆性转变温度。这种工艺主要用于低碳低合金高强度钢。应用越来越广泛的控制轧制就是采取这种方式。

2. 低温形变热处理

低温形变热处理可分为低温形变淬火、低温形变等温淬火等。

(1)低温形变淬火。将钢料加热到正常的奥氏体化温度，然后在500～600℃间停留，待内外温度均匀后立即进行形变量为60％～90％的形变，随之淬火。这种方法适用于合金元素含量较高、过冷奥氏体孕育期较长的钢种，如热模具钢等，可以在几乎不损失塑性的条件下得到很高的抗拉强度。

(2)低温形变等温淬火。低温形变等温淬火可用于含合金元素略低的钢种。首先将钢料加热至奥氏体化温度，然后在下贝氏体区域进行形变，随之淬冷。采用低温形变等温淬火后，工件可以得到中等强度和较好的韧性。

形变热处理的典型应用是在高钢级管线钢的生产上，有关问题详见第一章。

第九章　新材料在石油工业中的应用

工程材料可分为金属材料、陶瓷材料、高分子材料和复合材料。目前，石油工程在大量使用传统钢铁材料的同时，新材料的应用也日益受到重视。本章简要介绍新金属材料、陶瓷材料、高分子材料和复合材料在石油工业中的应用情况。

第一节　形状记忆合金在石油工业中的应用

一般金属材料受到外力作用后，首先发生弹性变形，达到屈服点，就产生塑性变形，压力消除后留下永久变形。但有些材料，在发生了塑性变形后，经过合适的热过程，能够回复到变形前的形状，这种现象叫做形状记忆效应(SME)。具有形状记忆效应的金属一般是由两种以上金属元素组成的合金，称为形状记忆合金(SMA)。形状记忆合金可以分为3种：

(1)单程记忆效应。形状记忆合金在较低的温度下变形，加热后可恢复变形前的形状，这种只在加热过程中存在的形状记忆现象称为单程记忆效应。

(2)双程记忆效应。某些合金加热时恢复高温相形状，冷却时又能恢复低温相形状，称为双程记忆效应。

(3)全程记忆效应。加热时恢复高温相形状，冷却时变为形状相同而取向相反的低温相形状，称为全程记忆效应。

最早关于形状记忆效应的报道是由 Chang 及 Read 等人在 1952 年作出的。他们观察到 Au－Cd 合金中相变的可逆性。后来在 Cu－Zn 合金中也发现了同样的现象，但当时并未引起人们的广泛注意。直到 1962 年，Buehler 及其合作者在等原子比的 TiNi 合金中观察到具有宏观形状变化的记忆效应，才引起了材料科学界与工业界的重视。大部分记忆合金都是通过马氏体相变而呈现形状记忆效应的，马氏体相变具有可逆性，将马氏体向高温相(奥氏体)的转变称为逆转变。形状记忆效应是热弹性马氏体相变产生的低温相在加热时向高温相进行可逆转变的结果。目前已开发成功的形状记忆合金有 Ti－Ni 基形状记忆合金(Ti－Ni，Ti－Ni－Pd，Ti－Nb 等)、铜基形状记忆合金(Cu－Zn，Cu－Sn，Cu－Zn－Al 等)、铁基形状记忆合金(Fe－Pt，Fe－Mn－Si 等)。几十年来，有关形状记忆合金的研究已逐渐成为国际相变会议和材料会议的重要议题，并为此召开了多次专题讨论会，不断丰富和完善了马氏体相变理论。在理论研究不断深入的同时，形状记忆合金的应用研究也取得了长足进步，其应用范围涉及机械、电子、化工、宇航、能源和医疗等许多领域。

形状记忆合金在石油工业中的应用可以追溯到 1975 年，Harrison 等就将具有单程形状记忆效应的 TiNiFe 合金做成管接头，成功地用于管件连接。与传统焊接不同的是，形状记忆合金管接头的原理和连接方法如图 9－1 所示。先将形状记忆合金做成的管接头内径加工成比连接管子的外径小 4%左右，经过形状记忆处理后，在比相变温度低很多的温度环境下，比如 TiNiFe 合金在－150℃左右，把锥形塞柱打入管接头内，使内径扩张 7%～8%，扩管径时可使用一些聚乙烯片作为润滑剂，在管接头处于低温状态时，将被连接管子从两端插入，然后移去保温材料。管接头在室温下逐渐升温，经过马氏体逆相变，回复到扩径前的尺寸，就把被连接管子紧紧卡住。这种形状记忆合金管接头不存在焊管接头的焊接缺陷，接头可靠性高，在150 mm 大口径海底输油管上已经得到应用。

此外，利用形状记忆合金的双向记忆恢复、超弹性性能，还可制作用于石油工业中的热敏元件、机器人、热机、弹簧等。

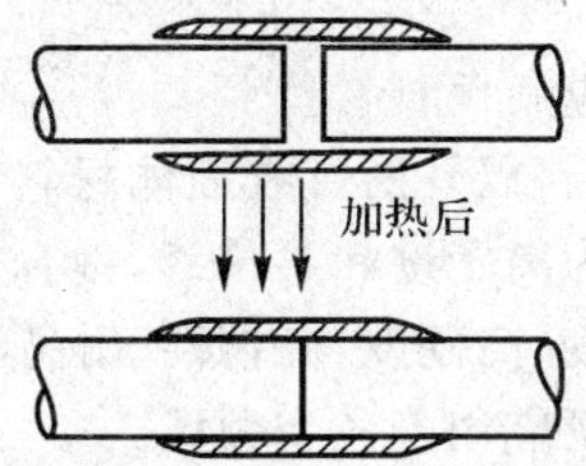

图 9-1　形状记忆合金管接头的原理和连接方法

第二节　非晶态合金在石油工业中的应用

非晶态合金是指一种不具有原子三维周期性排列的金属或合金固体，它在超过几个原子间距范围以外，不具有长程有序的晶体点阵排列。根据金属凝固理论，如果金属的冷却过程很快，冷却过程原子还来不及重新排列就被凝固住了，由此就产生了非晶态合金。可见，产生非晶态合金的技术关键之一就是如何快速冷却的问题。非晶态合金的制备采用的正是一种快速凝固的工艺，将处于熔融状态的高温钢水喷射到高速旋转的冷却辊上。钢水以每秒百万度的速率迅速冷却，仅用千分之一秒的时间就将 1 300℃的钢水降到 200℃以下，形成非晶带材。发达国家对非晶合金制造技术一直严格实施技术封锁。我国科学家历经近 20 年的不懈努力，终于在“九五”期间，实现了在制备非晶态合金领域的技术跨越，掌握了具有自主知识产权的核心技术，并在非晶态合金产业化方面取得了突破性的进展，形成了年产4 000 t的产业规模，填补了我国冶金工业中的一项技术空白。

非晶态合金与晶态合金相比，在物理性能、化学性能和力学性能方面都发生了显著的变化。非晶态金属与合金具有较高的强度、良好的磁学性能和抗腐蚀性能等，通常又称之为金属玻璃或玻璃态合金，可部分替代硅钢、玻莫合金和铁氧体等软磁材料，且综合性能高于这些材料。以铁元素为主的非晶态合金为例，它具有高饱和磁感应强度和低损耗的特点。现代工业多用它制造配电变压器铁芯。目前，我国已能够根据市场需要，生产不同规格的非晶带材，长度可达 220 mm。这种非晶态合金制造的变压器与传统的硅钢铁芯的变压器相比，空载损耗要降低 60%～80%，具有明显的节能效果。如果把我国现有的配电变压器全部换成非晶态合金变压器，那么每年可为国家节约用电 9×10^9 kW·h，这就意味着，每年可以少建一座 1×10^6 kW 火力发电厂，减少燃煤 3.64×10^6 t，减少二氧化碳等废气排放 900 多万立方米。从这个意义上讲，非晶态合金被人们誉为“绿色材料”。

目前，非晶态合金材料已被广泛地应用于电子、航空、航天、机械、微电子等众多领域中。例如，用于航空航天领域，可以减轻电源、设备质量，增加有效载荷；用于民用电力、电子设备，可大大缩小电源体积，提高效率，增强抗干扰能力。微型铁芯可大量应用于综合业务数字网ISDN中的变压器。非晶条带用来制造超级市场和图书馆防盗系统的传感器标签。非晶合金神奇的功效，具有广阔的市场前景，也必将在石油工业中发挥举足轻重的作用。

第三节　陶瓷材料在石油工业中的应用

一、概述

陶瓷材料是指除金属和有机材料以外的所有固体材料，又称无机非金属材料。同一般的金属相比，陶瓷材料的化学键大都为离子键和共价键，键合牢固并有明显的方向性，其晶体结构复杂而表面能小，因而具有高强度、高硬度、高韧性、耐高温、耐腐蚀、易加工等优良特性。陶瓷材料作为结构和功能材料，已广泛应用于各个领域。

陶瓷材料及产品种类繁多，而且还在不断扩大和增多。陶瓷材料的分类方法很多，按原料来源可分为普通陶瓷和特种陶瓷两大类。普通陶瓷以天然硅酸盐矿物，如高岭土($Al_2O_3 \cdot 2SiO_2 \cdot 2H_2O$)、石英($SiO_2$)、长石($K_2O \cdot Al_2O_3 \cdot 6H_2O$)为原料，直接烧结而成，其化学和相组成复杂，显微结构不均匀，多气孔。这类陶瓷按性能特征和用途，又可分为日用陶瓷、建筑陶瓷、电绝缘陶瓷、化工陶瓷等。先进特种陶瓷又称特种陶瓷，是指各种新型陶瓷，多采用高纯度人工合成的原料，如 Al_2O_3，ZrO_2，SiC，Si_3N_4，BN 烧结而成，化学和相组成简单，纯度高。根据特种陶瓷的化学成分不同，可分为氧化物陶瓷、氮化物陶瓷、碳化物陶瓷、金属陶瓷等。按照用途可分为日用陶瓷和工业陶瓷，工业陶瓷又可分为工程结构陶瓷和功能陶瓷。此外，还可以按性能分为高强度陶瓷、高温陶瓷、压电陶瓷、磁性陶瓷、半导体陶瓷、生物陶瓷等。

二、陶瓷材料在石油工业中的应用

1. 结构陶瓷在抽油泵中的应用

结构陶瓷在国外已被认为是仅次于金属和塑料的高新技术材料，它兼具耐强腐蚀、高耐磨损、耐高温、隔热、绝缘、绝磁、耐高温蠕变、自润滑和质量轻等优良特性，同时又具有原料便宜、资源丰富等优点，在石油工业中有着广阔的应用前景。

抽油泵是油田生产中的重要设备，其泵阀质量的好坏直接影响泵的检修周期。美国、澳大利亚等发达国家已大量采用陶瓷阀。美国在油田现场试验后认为，采用陶瓷阀可以使抽油泵的平均工作寿命提高440%。自1993年开始，大港油田、吉林油田、华北油田和江苏油田等已大量应用陶瓷泵阀，效果都较好。如大港油田第一采油作业区的中8－43－1井用陶瓷泵阀后，克服了原来抽油泵阀被磁化和不锈钢材料较软的缺点，其寿命大大提高。通过几个大油田的现场应用，陶瓷阀与金属阀相比，具有以下特点：

(1)耐腐蚀。用陶瓷制造的阀，化学稳定性好，能在各种酸、碱、盐等恶劣环境下长期使用而不被腐蚀。

(2)防磁化。陶瓷本身具有不导磁的特性，在加工中不会被磁化，铁磁化杂质不会被吸附在阀的密封面上，因而避免了磁化杂质引起的泵漏现象。

(3)寿命长。由于陶瓷韧性好，硬度高，耐磨损和抗冲击能力强，阀的使用寿命一般为金属阀的2倍。本溪水泵厂、重庆水泵厂、大港机械厂在其产品上采用陶瓷柱塞，其耐磨能力比原采用的金属或氧化铝材料制品提高 3～6 倍。

在国外，日本碍子公司和美国 PVC 化学品公司采用陶瓷作轴、外壳、转子生产的离心泵，吸入口径有 40 mm，50 mm，80 mm 三种，扬程为 30 m，流量为 0.8 m^3/min，最高使用温度为 140℃，最高使用压力可达 1.1 MPa，用于输送强腐蚀介质。

2. 陶瓷涂层/复膜在油田用钢防腐中的应用

陶瓷涂层/复膜是指在基体材料表面形成一层陶瓷涂层/复膜，利用陶瓷材料的高硬度和化学稳定性，提高基体材料的耐磨性能和防腐蚀性能。在井下工具如封隔器、套管等表面进行陶瓷涂层/复膜处理后，可显著降低工件的腐蚀速率。如 N80 钢和 35CrMo 钢经陶瓷复膜处理后，在模拟腐蚀环境严重的罗家寨气田条件下的抗腐蚀对比试验表明，在延长试验周期的情况下，腐蚀变化很小，抗腐蚀性非常稳定。N80 钢的气相腐蚀速率从 1.23 mm/a 降到 0.010 1 mm/a，抗腐蚀性提高了 120 多倍；液相腐蚀速率从 0.42 mm/a 降到 0.004 4 mm/a，抗腐蚀性提高了近 100 倍。35CrMo 钢的气相腐蚀速率从 0.98 mm/a 降到 0.008 3 mm/a；液相腐蚀速率从 0.78 mm/a 降到 0.007 2 mm/a。

近年来，陶瓷涂层在油气管道防腐中的应用研究较多，已发展了多种制备金属管道陶瓷涂层的工艺，如自蔓延高温合成、热喷涂、化学反应等。由于等离子喷涂陶瓷涂层具有高硬度、高熔点、耐磨、隔热、绝缘等特点，近年来成为国内外陶瓷涂层制备研究的热点。目前，国内已经广泛开展的陶瓷涂层主要有 Al_2O_3，ZrO_2 和 Cr_2O_3 陶瓷涂层。陶瓷涂层使用中最大的问题是涂层与基体材料物理化学性能不匹配，从而通常需要采用特殊的工艺处理提高界面结合力。此外，由于受设备的限制，对于小管径管道的内壁涂层的开发还需不断深入。

随着功能陶瓷元器件向微型化、薄膜化、多功能、高效能、高可靠性和高稳定性方向发展的需要，针对结构陶瓷的弱点之一的脆性，材料科学家围绕陶瓷材料进行了许多卓有成就的研究，其在石油工业中愈来愈多的应用也会更加广泛。

第四节　高分子材料在石油工业中的应用

一、概述

高分子材料是当前高技术领域之一的新材料中很重要的一部分，又称为高聚物。通常，高聚物根据力学性能和使用状态，可分为橡胶、塑料、合成纤维、黏合剂和涂料等五类。各类高聚物之间并无严格的界限，同一高聚物采用不同的合成方法和成型工艺，可以制成塑料，也可制成纤维，比如尼龙就是如此。而像聚氨酯一类的高聚物，在室温下既有玻璃态性质，又有很好的弹性，所以很难说它是橡胶还是塑料。

按照应用范围，塑料分为 3 种。①通用塑料，主要包括聚乙烯、聚氯乙烯、聚苯乙烯、聚丙烯、酚醛塑料和氨基塑料等六大品种。这一类塑料的特点是产量大、用途广、价格低，它们占塑料总产量的 3/4 以上，大多数用于日常生活用品。其中，以聚乙烯、聚氯乙烯、聚苯乙烯、聚丙烯这四大品种用途最广泛。②工程塑料，指能作为结构材料在机械设备和工程结构中使用的塑料。它们的机械性能较好，耐热性和耐腐蚀性也比较好，是当前大力发展的塑料品种。这类塑料主要有聚酰胺、聚甲醛、有机玻璃、聚碳酸酯、ABS 塑料、聚苯醚、聚砜、氟塑料等。③特种塑料，指那些具有某些特殊性能，满足某些特殊要求的塑料。这类塑料产量少，价格贵，只用于特殊需要的场合,如医用塑料等。橡胶是具有高弹性的轻度交联的线型高聚物,它们在很宽的温度范围内处于高弹态。一般橡胶在−40℃～80℃范围内具有高弹性,某些特种橡胶在−100℃的低温和200℃高温下都保持高弹性。橡胶的弹性模数很低,只有1 MN/m²,在外力作用下变形量可达100%～1 000%,外力去除又很快恢复原状。橡胶有优良的伸缩性,良好的储能能力和耐磨、隔音、绝缘等性能,广泛用于制作密封件、减振件、传动件、轮胎和电线等制品。

二、高分子材料在石油工业中的应用

1. 高分子材料在石油工业防腐中的应用

高分子材料及其制品,有其独特的耐腐蚀特性。由高分子材料制成的容器、管道、阀门、储槽、计量槽等,既不渗漏,又耐腐蚀,是理想的化工防腐设备或配件。比如,高分子材料制成的容器盛装酸、铬酸、硫酸等介质时,不与介质发生化学作用,表现出化学惰性,可使聚合物主链结构免遭化学破坏,可以作为防腐材料使用。

高分子材料作为耐腐蚀材料的应用,在本书第五章中已有详细介绍,这里不再赘述。

2. 高分子材料在采油中的应用与展望

在能源日趋紧张的情况下,石油能源的合理开发引起人们的极大关注。因此,提高采收率已经成为石油开采研究的重大课题。传统的注水技术已经难以满足高产率石油的开采,采用水溶性聚合物驱三次采油是提高采收率的一个重要方法。水溶性聚合物是一种亲水性高分子材料,在水中能溶解或溶胀而形成溶液或分散液。水溶性聚合物的亲水性来自其分子中含有的亲水基团,最常见的亲水基团包括羧基、羟基、酰胺基、胺基、醚基等,这些基团不但使高分子具有亲水性,而且可以具有良好的黏合性、成膜性、润滑性、成胶性、分散性、絮凝性、减磨性、增稠性等。水溶性聚合物的强弱和数量可以根据要求进行调节,同时亲水基团等活性官能团还可以进行再反应,生成具有新官能团的化学物质。目前,驱油中常用的水溶性聚合物有两种类型:①人工合成的部分水解聚丙烯酰胺(HPAM);②生物聚合物黄原胶。随着油田驱油技术的发展,研制出适合各种油藏聚合物驱需要的驱油材料是一项复杂工作,迫切需要对水溶性聚合物从分子设计与合成应用方面进行更深入的研究,从而研制开发出价格低廉、耐温、耐盐、抗剪切等综合性能良好的聚合物驱油剂,以满足现代石油工业日益发展的需求。

第五节　复合材料在石油工业中的应用

一、概述

1. 复合材料的定义

复合材料 (Composite Materials)是由两种或两种以上不同性质的材料,通过物理或化学的方法,在宏观上组成具有新性能的材料。在现代材料学界中,复合材料专指由两种或两种以上不同相态的组分所组成的材料,即用经过选择的、含一定数量比的两种或两种以上的组分(或称组元),通过人工复合组成多相、三维结合且各相之间有明显界面的、具有特殊性能的材料。组成复合材料各种相在性能上互相取长补短,产生协同效应,使复合材料的综合性能优于原组成材料以满足各种不同的要求。

2.复合材料的分类

复合材料的种类很多，按基体材料类型，一般可分为有机聚合物基、无机非金属基和金属基复合材料三大类。有机聚合物基复合材料以有机聚合物为基体；金属基体常用的有铝、镁、铜、钛及其合金；无机非金属基复合材料的基体主要有陶瓷、石墨、碳等。若按增强材料，则可分为弥散强化型复合材料、粒子强化型复合材料和纤维强化型复合材料，常见的增强体材料有玻璃纤维、碳纤维、硼纤维、芳纶纤维、碳化硅纤维、石棉纤维、晶须、金属丝和硬质细粒等。

以纤维增强的复合材料具有密度小、比强度和比模量大，同时，还具有优良的化学稳定性、减摩耐磨、自润滑、耐热、耐疲劳、耐蠕变、消声、电绝缘等性能，是理想的航空航天材料。石油工业中目前应用最多的复合材料是玻璃纤维增强塑料，即玻璃钢。玻璃钢的特点是轻质高强、耐腐蚀，几乎不被水、油、盐等介质侵蚀，从 20 世纪 50 年代应用于石油工业到目前为止，已成功应用于油气输送管、油管、套管等油气田开发、生产用管以及抽油杆、各类储罐、储槽、管道和设备内衬等。

二、复合材料在石油工业中的应用

复合材料具有密度小、比强度和比模量大，同时，还具有优良的化学稳定性、减摩耐磨、自润滑、耐热、耐疲劳、耐蠕变、消声、电绝缘等性能，因此选用复合材料可以减少设备质量、节约资金、抗腐蚀、耐燃、抗磁撞，并能把结构性能、热性能、声学性能有机结合在一起，在石油工业的生产、储存、海上平台原油输送等方面的应用日趋明显。

1. 复合材料管

石油工业用管材均在一定压力和温度的腐蚀环境中，按服役环境压力、温度的高低和腐蚀的强弱，可分为高温高压强腐蚀环境（循环工作压力大于 6.9 MPa，温度高于 65℃，如管线管、油管、套管、回注管等）和低温低压环境（如出油管、集输管、污水管等）。因此，要求材料不仅具有良好的抗腐蚀性能，而且有足以承受压力和温度的物理性能。传统的金属管、混凝土管或因易锈蚀，或因质量大，已不能满足现代工业需要。纤维增强复合材料（FRP）管是指由纤维增强聚合物基材料制成的管材，主要类型有玻璃纤维增强型、碳纤维增强型、Kevlar 纤维增强型及混杂纤维增强型等，FRP 具有综合费用低、抗腐蚀、长寿命、较轻质量及易于满足设计要求等特点，使得它在石油工业中的应用具有很强的竞争力。以玻璃纤维增强聚合物塑料（GRP）为代表的复合材料管已被陆上石油工业广泛采纳，并已成功使用了 30 年，其应用范围包括低压输水管、出油管及高压注水管/油管等。与钢管、混凝土管相比（见表 9－1），玻璃钢管具有比强度高、耐腐蚀性能好、流动阻力低、使用寿命长及综合效益高等诸多方面的优点。

表 9－1　各种材质管道性能比较

性能	管道材质				
	玻璃钢	钢板	铸铁	R_{30}混凝土	聚氯乙烯
密度/($g \cdot cm^{-3}$)	1.75	7.85	7.2	2.4	1.4
环向拉伸强度/MPa	500	480	150	2.1	60
轴向拉伸强度/MPa	54	480	137	2.1	60
弯曲弹性模量/GPa	19.5	19.6	88	36	3

续表

性能	管道材质				
	玻璃钢	钢板	铸铁	R_{30}混凝土	聚氯乙烯
热导率/[W·(m·K)$^{-1}$]	0.25	15.1	15.1	2.1	0.28
水力摩阻系数/10^{-4}	9.15	17.9	17.9	23.2	91.5

近年来，随着海洋石油工业的发展，FRP管的应用也已逐渐发展到海上平台作业中。特别是墨西哥湾Mars浮式张力腿平台共使用了1.6×10^4 m^{2}的FRP的花格板，消防水和排水系统均使用FRP管材，使平台上部质量减轻了72.6 t，节约了近300万美元。此外，无接头、便于安装的复合材料连续油管可被用于海上作为延长油管、出油管、输送管及修井作业的油管补管、过油管等，也可用做大斜度井或水平井中的衬管和套管。但像平台下的钻井立管、钻杆、电缆导管及海底油气输送管线等高压管（>4.9 MPa）的应用仅在开发试验阶段，它将是未来复合材料管在海上应用的研究重点。

2. 复合材料阀门和泵

阀门和泵是管路系统中的重要配件，它们的耐腐蚀性对整个管路系统运行寿命和维护起着至关重要的作用。

阀门是流体输送系统中的控制部件，具有导流、截流、调节、节流、防止倒流、分流或溢流卸压等功能。目前，我国各行业生产中普遍使用的阀门为金属阀门，但受金属材料自身条件的限制，金属阀门越来越不能适应高磨损、强腐蚀等恶劣工矿的需要。其主要体现在使用寿命短、泄漏严重，大大影响了系统运行的稳定性。玻璃钢阀门不存在类似金属材料的腐蚀破坏对阀门的作用限制，可靠性高、使用寿命长，具有比金属高得多的结合强度、抗拉强度、弹性模量和硬度等。因此，近年来，玻璃钢材料在石油、化工、机械等领域的应用非常活跃，利用玻璃钢耐腐性制作耐磨耐腐零部件以代替金属材料，是近几年来高技术材料市场的重要发展方向之一。尤其是面对高磨损、强腐蚀、高温、高压等恶劣工况，更显示出玻璃钢复合材料卓越的性能，它能满足高磨损、强腐蚀的使用环境，尤其突出的特点是超长的使用寿命，其性能价格比远远优于其他同类金属阀门。此外，碳纤维/工程塑料合金具有优良的耐化学试剂腐蚀性，用碳纤维/聚偏氟乙烯制备的阀门可耐各种化学腐蚀介质，在氢氟酸和BF介质中也可在140～180℃下使用，而其价格仅为不锈钢阀门一半左右。英国ACO聚合物产品公司采用玻璃纤维和玻璃珠增强环氧树脂复合材料制造的阀动器在与多种不同强腐蚀性液体接触时并未发现腐蚀。

在石油、化工等行业，输送有腐蚀、有毒或稀有贵重液体时，不允许有泄漏，这对泵的轴上密封提出了更高的要求。磁力联轴器传动泵由于可满足密封的要求，获得了较快的发展。早期的磁力泵材料为铁氧体、稀土钐钴合金和铁硼磁铁及铝镍钼磁钢，存在传递功率的磁材料体积大、价格贵、矫顽性低、耐温性差、密封隔套的磁损失大、强度低等问题，使用效果都不理想，而且金属材料耐腐蚀性差，价格高。利用复合材料改造泵来提高泵效率已被证明是一种较有前途的方法。一些制造商使用美国航天上的非金属材料或碳来封堵泵运行中的间隙，从而提高了泵的效率，例如泵叶轮和泵壳体口环的间隙、中间衬套的间隙等；通过改善泵内流道表面质量以减少水阻力，壳体表面越光滑，水阻就越小，泵的效率就越高。复合材料可以被机加工制成平滑的表面，叶轮的叶片被加工成不同的几何形状并被组装到叶轮上。于是，设计工程师就可以不考虑泵壳的表面粗糙度、型芯移位或其他的铸造问题。

3. 复合材料容器

复合材料容器主要包括各类玻璃钢储罐(槽)、压力容器、塔器等。以玻璃钢复合材料为例，玻璃钢容器具有耐腐蚀、质量轻、强度高、易于制造、适用面广、运输和安装费用低等优点，在石油化工厂、城市加油站、采油油田等有着广泛的应用。

玻璃钢容器的结构由内衬层、结构层和外层组成。其中，内衬层的功能是抵抗介质腐蚀；结构层又称强度层，是复合材料容器的主要结构，用来承受外荷载，由连续纤维缠绕成型或纤维织物手糊成型；外层主要用于防止老化，部分要求阻燃。其使用温度一般在 0～110℃，工作压力一般在 1MPa 以下。玻璃钢容器与其他材料容器的综合性能比较如表 9-2 所示。

表 9-2　玻璃钢容器与其他材料容器综合性能比较

性能	玻璃钢整体储罐	不锈钢储罐	钢衬胶储罐	聚氯乙烯储罐	陶瓷酸罐
冲击强度	好	好	好	差	差
拉伸强度	好	好	好	较好	差
弯曲强度	好	好	好	较好	差
耐腐蚀性	好	较好(不耐 HCl)	较好	较好	好
适应性	好	较好	较好	差	差
使用年限	好	较好	较好	较好	差
维修简便性	好	差	较好	较好	差
价　格	一般	高	一般	低	低

地下钢制储油罐使用 10 年左右，会发生大量渗漏，某些土壤条件，特别是导电率和含盐高的土壤，会使渗漏更加严重。美国是开发和应用玻璃钢地下油罐较早的国家，目前美国大约 90%以上的用户采用了玻璃钢地下油罐，约 300～500 万个，最大应用容积达 190 m^3。使用情况表明，玻璃钢地下油罐性能可靠，在对 400 台玻璃钢地下油罐做的测试抽样检测中，仅有 1 台不合格，事故率仅为 0.25%。美国 AMOCO 化学公司的一份调查报告指出，用间苯二甲酸型玻璃钢制造的地下汽油储罐，1963 年埋入地下后，分别按使用 3 年、7 年和 25 年进行了各项力学性能试验。结果表明，罐的强度基本保持不变，工作 25 年后从地下挖出的油罐，其外观完好如初，无任何渗漏现象。表 9-3 列出了玻璃钢地下油罐与钢制地下油罐的特点比较。此外，日本、新西兰、印度、新加坡等国都已推广和应用了玻璃钢地下油罐，有些国家已经制定了相应的标准和规范。我国玻璃钢地下油罐的应用才刚刚起步。

近年来，为了满足环境敏感区域的需求，国外又开发了具有自动报警装置的夹层式的玻璃钢地下油罐。这种罐用静压监测器测定渗漏，内罐用肋牢固地固定，中间注入液体，可以测定内部渗漏。如内罐出现渗漏，则中间夹层液位上升，压力升高；而外罐出现渗漏则相反，敏感的监测器能有效地检测油罐的微小变化及变化量。

表 9-3　玻璃钢与钢制地下油罐特点的比较

材　质	玻 璃 钢	碳　钢
特　点	高强度 质量轻 耐腐蚀 使用寿命长 维护费用低 运输安装费用低	较高的自重 由于罐内冷凝水存在，易于生锈腐蚀（由加伐尼电池形成、杂散电流） 需定期维护 较高的运输和安装费用

玻璃钢塔器包括冷却塔、洗净塔、洗涤塔、碳化塔、反应塔、漂白塔、氯碱中和塔、氯化减压塔等。玻璃钢洗涤塔是应用比较典型的产品，它是一种环境保护装置。随着人类环保意识的加强，为减少对大气的污染，陆续出现了不同设计的几十种塔器，用于解决空气污染问题。用玻璃钢洗涤塔器控制和脱除的部分污染气体有氟化氢雾沫、煤油雾沫、硝酸雾沫、磷酸雾沫、硫酸雾沫、碳酸钠粉尘、硫酸钠粉尘、二氧化硫气体、氨气体、氯化氢气体、磷酸氢二氨粉尘、镀镍雾沫、硫化氢气体、二硫化碳气体、氯化铵粉尘和氰化酸气体等。在先进的湿法工艺中，有害气体同水生成酸性混合液（如稀硫酸、稀盐酸等冷凝液），腐蚀性极强，因此脱硫关键设备采用功能全玻璃钢结构较为理想。如芬兰的 Muotekno 公司，采用间苯二甲酸型或乙烯基聚酯型玻璃钢制作的烟气脱硫洗涤塔，其直径为 9.4 m，高为 33.5 m，最高温度为 70℃，承压 7 MPa，短期承压 11MPa，壁厚为 20～45 mm，富树脂层厚 4 mm。整体塔由 22 块圆杯组成，用缠绕法制成高度达 7～7.5 m 的圆筒节，在现场采用手糊成型法进行筒节间连接。据介绍，这种结构复杂、超大型气体湿式洗涤塔是当今世界上大型耐蚀玻璃钢设备。

第六节　纳米材料在石油工业中的应用

一、概述

近年来纳米技术在国内外科技领域得到了广泛的重视，而且这种技术已经被定义为一门新的学科。纳米材料包括纳米颗粒、纳米薄膜、纳米晶体、纳米非晶体、纳米纤维、纳米块体等。纳米颗粒尺寸大于原子簇，小于超细微粒，在 1～100 nm 之间。纳米颗粒沿一维方向排布则形成纳米丝；沿二维方向排布则形成纳米膜；沿三维方向排布则形成纳米块体。由于纳米微粒的小尺寸效应、表面效应、量子尺寸效应和宏观量子隧道效应等赋予了纳米材料许多奇特的物理、化学特性，为人们在能源开发、生物技术、先进制造技术及环境等应用领域设计新产品及传统产品的改造提供了新的机遇。

石油工业是一个涉及多学科、多领域的技术密集型行业。由于纳米材料具有与传统材料明显不同的一些特性，纳米技术将对石油勘探、石油开采、石化、精细化工等领域产生重大影响。

二、纳米材料在石油工业中的应用

1.纳米材料在石油开采中的应用

纳米技术近期在钻井工艺中最突出的进展体现在纳米粒子的晶状尺寸、形状及相关化学反应可以得到较为精确的控制。实践表明，对于诸多特殊工况下的设备，如海洋平台、高效能运输容器和钻井关键零部件能否有效减轻结构质量，往往显得至关重要。采用纳米技术，特别是利用工程化纳米材料的特殊纳米粒子数量和强度等级，可有效提升设备性能。纳米粒子良好的界面特性和优良的扩散性能，导致纳米金属材料、纳米陶瓷材料和纳米塑料的性能发生本质变化，并由此而导致现有的许多结构和系统发生重大变革。其中最典型的例子为基于各向异性纳米粒子制作的纳米管和纳米盘状蒙脱石黏土。此外，还有一个实例可以充分说明这一点。通过添加常规聚合物，可以制成某种合成材料，但随着聚合物添加量的增加，这种合成材料的刚度和强度指标通常难以同时满足。若采用添加纳米合成聚合物，则可以有效地解决这一问题。日本东京某公司在过去15年间开发的一种六基尼龙黏土纳米化合物就具备这个特点，加入质量分数5%的纳米黏土，所制成的纳米尼龙合成材料能同时提高弹性模量与抗冲击强度，可以有效降低热膨胀效应、减少对水蒸气的渗透性。这种材料的成本虽然较高，但依然具有很好的应用前景。

2.纳米材料在油井管和钻井机械上的应用

石油钻井作业通常在高温高压等非常恶劣的工况下实施，特别是在深水、超深水海域实施钻井作业时，制作井下钻具的材料是否具备高强度、耐腐蚀、抗磨损等高可靠性能显得至关重要。研究开发的纳米碳素钻杆和纳米硅酸盐合成材料钻杆具备了在上述恶劣工况下所应该具备的性能，尤为重要的是，这种材料还具备对自身状态进行自我监测与信息传送的材料状态记忆功能。在常规材料中添加少量的纳米材料，可以有效改善与优化基体材料的原有分子状态和晶体结构，从而获得常规材料无以比拟的优良性能，并且显著减轻结构质量。随着技术的进一步发展，一种具有结构形状记忆与自适应功能的新型纳米材料即将问世。这种材料的形状可以随其应用工况的温度、红外线强度、电流大小，甚至环境pH值大小等参数的变化而变化，这一特殊功能非常有利于提升井下工具和地面某些关键零部件的性能。

3.纳米材料在钻井液、完井液中的应用

钻井液是紧紧围绕着黏土颗粒的利用和抑制而发展的。在钻井液中加入各种处理剂，是为了改变黏土性质，使其保持合适的颗粒状态，保持钻井液合理的流变性、造壁性、润滑性和抑制性。由于黏土在钻井液中的分散过程，颗粒表面聚集了大量的负电荷，负电性钻井液处理剂的加入，进一步加剧了黏土的分散，导致颗粒比表面的增大。充分水化的钻井液中分散的黏土颗粒直径为0.005～2 μm，具有较大的比表面积和较高的负电性。要将钻井液的负电荷进一步降低，就需要开发出一种呈正电性、颗粒粒径极小、比表面积极大的钻井液处理剂，这就是正电性纳米处理剂。正电性纳米处理剂加入钻井液中后，不仅能中和黏土表面的负电荷，更重要的是能进入黏土晶格内，压缩双电层，固结黏土颗粒、防止黏土的水化分散，从而使钻井液具有更优良的抑制能力、稳定井眼能力和更好的油层保护能力。纳米材料技术在钻井液、完井液中的应用，可有望出现一种具有强抑制性的钻井液和相应的新技术，从而有效地解决钻井过程中的井壁稳定及油气储层保护等问题；同时在非直井的钻井过程中，利用纳米钻井液体系较高的表面活性，可以有效地降低水平段的摩阻，使水平段进一步延伸成为可能。

4.纳米材料在化学催化剂中的应用

研究表明，纳米粒子对催化氧化、催化氢化、还原、裂解反应都具有很高的活性和选择性。纳米催化剂具有高的比表面积和表面能，活性点多，因而活性和选择性远远高于传统催化剂，如以粒度小于100 nm的镍与铜锌合金的纳米材料为主要成分制成的加氢催化剂，加氢转化率是传统镍催化剂的10倍。由于纳米材料颗粒的大小可以人工控制，又由于尺寸小，比表面积大，表面的键态和颗粒内部不同及表面原子配位不全等，从而导致表面的活性部位增加；另外，随着粒径的减小，表面光滑程度变差，形成了凹凸不平的原子台阶，这样就增加了化学反应的接触面。这些性质为其在石油化工领域的应用提供了良好的前景。一些纳米材料可用做加氢催化剂，如粒径小于0.3 nm的镍和铜锌合金的纳米颗粒的催化效率比常规镍催化剂高10倍，超细铂粉、碳化钨粉是高效的加氢催化剂。超细的铁、镍与$\gamma-Fe_2O_3$的混合烧结体（纳米材料）可以代替贵金属而作为汽车尾气净化剂。纳米材料稀土氧化物/氧化锌可作为二氧化碳选择性氧化乙烷制乙烯的催化剂。它是以ZnO为载体担载稀土氧化物作为活性组分，载体ZnO是平均粒度为5～80 nm的超细纳米粒子，所用稀土氧化物为镧、铈、钐等稀土元素中的一种或几种混合氧化物，含量为10%～80%。用这种纳米催化剂，乙烷与二氧化碳反应可高选择性地转化为乙烯，乙烷转化率可达60%，乙烯选择性可达90%。

5.纳米合成材料在井下传感装置与成像系统中的应用

与常规材料相比，纳米合成材料的光、电、磁性能发生了本质的变化，尤其在小体积、小尺寸状态下，纳米合成材料依然具有良好的电磁信号传输能力。因此，采用这种纳米合成材料可以制成性能卓越的井下传感装置，获取高清晰度的油藏成像和准确的井下信息。实验研究发现，纳米合成材料各向的力学性能和电磁性能呈现明显的差异。充分利用纳米材料十分突出的各向异性特征，可以制造性能优良的定向定位器。这种纳米合成材料在合适的传输介质中，对油井井下特殊环境下的温度、压力、应力等信号和参数能准确而有效地传输。最独特、最有实用价值的特性体现在，这种纳米合成材料可在非接触状态下获取温度、压力、应力等参数。利用纳米合成材料独一无二的吸光与导光性能，可以制成新型传感器。

此外，利用这种纳米合成材料优良的光、磁识别特性，在优化的相关计算方法帮助下，可以制成高清晰图像传感仪器和井下成像系统。适当改变纳米合成材料的化学特性，使之在油藏的不同液体介质和孔隙状态下，呈现鲜明的分离与渗入特性，通过纳米成像系统，实时监测工作液的流动状态和油藏孔隙尺寸、规模等特征，可以有效提高油气发现率。用纳米合成材料制成的信号采集系统的信号识别与传输能力更强，传导光纤的强度更高，光谱分辨率更高。这一特性使得用于小井眼探井的控制与传导仪器的成功开发成为可能。此外，纳米合成材料的应用还能使钻井装置小型化，可显著降低开发井的钻井成本。

随着纳米技术研究成果转化为实际应用领域的拓展，纳米材料在石油勘探开发、钻采及化工产品等各个领域将发挥举足轻重的作用，纳米材料必将在石油工业获得广泛的应用。

参考文献

[1] 高惠临.管线钢——组织 性能 焊接行为. 西安:陕西科学技术出版社,1995.

[2] 冯耀荣,高惠临,霍春勇,等.管线钢显微组织的分析与鉴别.西安:陕西科学技术出版社,2008.

[3] ASME,Proceedings of the 8th International Pipeline Conference (IPC2010),September 27 - October 1, 2010,Calgary, Alberta, Canada.

[4] ASME,Proceedings of the 7th International Pipeline Conference (IPC2008),September 29 - October 3, 2008,Calgary, Alberta, Canada.

[5] ASME,Proceedings of the 6th International Pipeline Conference (IPC2006),September 25 - 29,2006,Calgary, Alberta Canada.

[6] ASME,Proceedings of the 5th Biennial International Pipeline Conference(IPC2006), October 4 - 8, 2004,Calgary,Alberta Canada.

[7] ASME,Proceedings of the 4th International Pipeline Conference (IPC2002),September 29 - October 3,2002,Calgary,Alberta, Canada.

[8] Seintific Survers Ltd, Proceedings of the International Pipe Dreamer's Conference,November 7 - 8,2002,Yukohama,Japan.

[9] 李鹤林."石油管工程"的研究领域、初步成果与展望.石油专用管,1999, 7(1):1 - 8.

[10] 李鹤林,李平全,冯耀荣. 石油钻柱失效分析及预防.北京:石油工业出版社,1999.

[11] 解仲英.13Cr 马氏体不锈钢在抗腐蚀油管中的应用.石油专用管,1998(2).

[12] Hitoshi Asahi. Akira Kawakami. Development of Sour - Resistant 13% Cr Oil - Country Tubular Goods with Improved CO2 - Corrosion Resistance. NIPPON STEEL TECHNICAL REPORT No 1 721997 2 07.

[13] Copson H R. Effect of composition on stress corrosion cracking of some alloys containing nickel// Physical Metallurgy of Stress Corrosion Fatigue, NY:Interscience Publishers, 1959.

[14] Mannan S, Patel S. A new high strength corrosion resistant alloy for oil and gas applications. 63th NACE Annual Conference, Nea Orleana, Louisana, March 16 - 20, 2008[C]. Houston: Omnipress, 2008.

[15] Aberle D, Agarwal D C. High performance corrosion resistant stainless steels and nickel alloys for oil& gas applications. 63th NACE Annual Conference, Nea Orleana, Louisana, March 16 - 20, 2008[C]. Houston: Omnipress, 2008.

[16] Scarberry R C, Graver D L, Stephens C D. Alloying for corrosion control. Materials Protection, 1967, 6(6): 54 - 57.

[17] Montagnon J. USA Patent No. 6,004,408, dated Dec 21, 1999.

[18] Decker R F. Strengthening mechanisms in nickel - base superalloys, steel strengthening mechanisms symposium, Zurich, Switzerland, May 5 - 6, 1969.

[19] 胡德昌. 现代工程材料手册. 北京:宇航出版社,1992.
[20] 章燕谋. 锅炉与压力容器用钢. 西安:西安交通大学出版社,1984.
[21] 张永弘. 压力容器断裂与疲劳控制设计. 北京:石油工业出版社,1997.
[22] 吴非文. 火力发电厂高温金属运行. 北京:水利电力出版社,1978.
[23] 周顺深. 钢脆性和工程结构脆性断裂. 上海:上海科学技术出版社,1983.
[24] 周顺深. 低台金耐热钢. 上海:上海人民出版社,1976.
[25] 于福洲. 金属材料的耐腐蚀性. 北京:科学出版社,1982.
[26] S. S. 曼森. 金属疲劳损伤——机理·探测·预防和维修. 北京:国防工业出版社,1976.
[27] 平修二. 金属材料的高温强度(理论·设计). 北京:科学出版社,1983.
[28] 陈国邦. 低温工程材料. 杭州:浙江大学出版社,1998:54-71.
[29] 束德林. 工程材料力学性能. 机械工业出版社,2009:59-64.
[30] 叶卫江,张有渝. 影响金属低温韧性因素浅析. 天然气与石油,1997,1(15):34-35.
[31] 杨道明,朱勋,李紫桐. 金属力学性能与失效分析. 北京:冶金工业出版社,1991:282-283.
[32] 刘瑞堂,刘文博,刘锦云. 工程材料力学性能. 哈尔滨:哈尔滨工业大学出版社,2001:68-69.
[33] 王宏伟,张剑. 低温用 9%Ni 钢的焊接[J]. 内蒙古石油化工,2009(7):107-108.
[34] 周维愚. 低温用钢的焊接. 北京:机械工业出版社,1983:6-14.
[35] 胡德昌. 现代工程材料手册. 北京:宇航出版社,1992.
[36] 周维愚. 低温钢的焊接. 北京:机械工业出版社,1983.
[37] 赵麦群,雷阿丽. 金属的腐蚀与防护. 北京:国防工业出版社,2004.
[38] 林玉珍,杨德钧. 腐蚀和腐蚀控制原理. 北京:中国石化出版社,2007.
[39] 黄健中,左禹. 材料的耐蚀性和腐蚀数据. 北京:化学工业出版社,2002.
[40] 姜锡瑞. 船舶与海洋工程材料. 哈尔滨:哈尔滨工程大学出版社,1999.
[41] Capeletti T L, Louthan M R. The tensile ductility of austenitic steels in air and hydrogen. Journal of Engineering Materials and Technology, 1977, 99(3):153-160.
[42] 顾春元,狄勤丰,王掌洪. N80 钢在地层水中的应力腐蚀行为研究. 石油学报,2006,27(2):141-144.
[43] Iofa Z A, Batrakov V V. Influence of anion adsorption on the action of inhibitors on the acid corrosion of iron and cobalt. Electrochimica. Acta, 1964, 9(12):1645-1653.
[44] Shoesmith D W, Taylor P, Bailey M G, et al. Electrochemical behavior of iron in alkaline sulphide solutions. Electrochimica Acta, 1978, 23(9):903-908.
[45] Schmitt G. CO_2 Corrosion of steels-An attempt to range parameter and their effects. 38th NACE Annual Conference, Houston, Texas, March 12-16, 1983. Houston: Omnipress, 1983.
[46] 张学元,邸超,雷良才. 二氧化碳腐蚀与控制. 北京:化学工业出版社,2000.
[47] Dugstad A, Lunde L, Videm K. Parametic Study of Carbon Steel. Corrosion/94, NACE,1994(14).

[48] de Waard C, Lots U, Dugstad A. Influnce of Liquid Flow Velocity on CO_2 Corrosion:a Semi-Empirical Model. Corrosion/95, NACE,1995(128).

[49] Videm K Dugstad A. Effects of Flow Rate, pH, Fe^{2+} ,Concentration and Steel Quality On the CO_2Corrosion of Carbon Steels. Corrosion/87,NACE,1987(42).

[50] Fu S, Matthew L, Bluth J. Study of Sweet Corrosion under Flowing Brine and/or Hydrocarbon Conditions. Corrosion/94,NACE,1994(31).

[51] Denpo K, Ogawa H. Fluid Flow Effects on CO_2 Corrosion Resistance of Oil Well Materials. Corrosion, 1993,49(6): 442.

[52] 温诗铸,黄平. 摩擦学原理. 2 版. 北京:清华大学出版社,2002.

[53] Bharat Bhushan. 摩擦学导论. 葛世荣,译. 北京:机械工业出版社,2007.

[54] 刘正林.摩擦学原理. 北京:高等教育出版社,2009.

[55] 何奖爱,王玉玮. 材料磨损与耐磨材料. 沈阳:东北大学出版社,2001.

[56] 刘佐民.摩擦学理论与设计.武汉:武汉理工大学出版社,2009.

[57] 孙建林.材料成形摩擦与润滑.北京:国防工业出版社,2007.

[58] Legault R A, Leckle H P. ASTM. Corrosion in Natural Environments, 1974:334 - 237.

[59] 喻肇坤. 海上采油平台用钢. 北京:冶金工业出版社,1988.

[60] 张玉文. 海洋工程材料. 机械工程材料,1983(1):1.

[61] 谢东,张树勋,李后军,等. 调质钢的组织分析. 科技创新导报,2010(18).

[62] 王勇,何光楚,揭晓华. 非调质钢的性能与发展及在汽车上的应用. 湖北汽车工业学院学报,1999,13(4).

[63] 林广汤,雷廷权. 双相钢的疲劳行为(上). 材料科学与工艺,1993,1(2).

[64] 雷廷权,姚忠凯. 钢的形变热处理. 北京:机械工业出版社,1979.

[65] 方鸿生,邓海金. 低碳 Fe - Mn - B 钢粒状贝氏体的组织及其强韧性. 机械工程材料,1981,5(1):5 - 14.

[66] 方鸿生,白秉哲,等. 粒状贝氏体和粒状组织的形态与相变. 金属学报,1986,22(4):A283 - 287.

[67] Mangonon P L. Effect of alloying elements on the microstructureand properties of a not - rolled low carbon low alloy bainitic steel. Metall Trans, 1976,9A:1389.

[68] 周鹿宾,赵洁,康沫狂. 低碳贝氏体钢的缺口敏感性. 西北工业大学学报,1990(增刊):148 - 153.

[69] 宋余九,芦锦堂,刘静华,等. 马氏体贝氏体复合组织的强度与韧性. 金属热处理报,1982,3(1):11 - 27.

[70] 方鸿生,郑燕康,周欣. 中碳贝氏体/马氏体复相组织强韧性的研究. 金属热处理报,1986(1):10 - 18.

[71] Fang Hongsheng,Zheng Yankang, Chen Xiuyun, et al. Devel - opment of a Serious of New Air Cooled Bainitic Steels in China[A]. Geoffrey Tither, Zhang Shouhua. HSLA Steels, Processing, Properties and Applications[C]. Beijing:TMS,1992:119 - 125.

[72] Stanley R Seales, Daniel E Diesburg. 制造牙轮钻头用的 Ex55 钢. 石油钻采机械, 1984(5).
[73] 卓均之. 我国首座硅钢环形退火炉制造技术. 武钢技术, 1997, 35(3): 28-35.
[74] 张一, 季之强, 高钢强. 形变处理对 TINICu 合金超弹性的影响. 上海钢研, 1993(3).
[75] 徐佐仁. 论马氏体-贝氏体双相钢的现代发展. 上海金属, 1990, 12(5).
[76] 刘景军, 林玉珍, 雍兴跃. 不同热处理条件下双相钢的磨损腐蚀. 腐蚀科学与防护技术, 2002, 14(3): 129.
[77] 谢文成. PSZ 陶瓷材料及其在石油与化工设备中的应用. 石油机械, 1997, 25(12): 50-53.
[78] 周玉, 雷廷权. 陶瓷材料学. 哈尔滨: 哈尔滨工业大学出版社, 1995.
[79] 刘振武, 方朝亮. 高新技术在石油工业中的应用与前景. 北京: 石油工业出版社, 2003.
[80] 贺会群, 张洪川. 纳米技术在石油领域的独特应用与前景展望. 石油机械, 2007, 35(2): 42-44.
[81] 殷荣忠. 酚醛树脂及其应用. 北京: 化学工业出版社, 1990.
[82] 顾春元. 纳米技术在石油开发中的应用现状. 小型油气藏, 2005, 10(4): 38-40.
[83] 张力德, 牟季美. 纳米材料和纳米结构. 北京: 科学出版社, 2001.
[84] 车剑飞, 黄洁雯, 杨娟. 复合材料及其工程应用. 北京: 机械工业出版社, 2006.
[85] 沃丁柱. 复合材料大全. 北京: 化学工业出版社, 2000.
[86] 张力德, 解思深. 纳米材料和纳米结构——国家重大基础研究项目新进展. 北京: 化学工业出版社, 2005.